北京大学基础课教材

自然地理学

陈效逑 编著

北京大学出版社
北　京

图书在版编目(CIP)数据

自然地理学/陈效逑编著. —北京:北京大学出版社,2001.4
ISBN 978-7-301-04864-1

Ⅰ.自… Ⅱ.陈… Ⅲ.自然地理学 Ⅳ.P9

中国版本图书馆 CIP 数据核字(2001)第 09794 号

书　　　名:	自然地理学
著作责任者:	陈效逑　编著
责 任 编 辑:	赵学范
封 面 设 计:	常燕生
标 准 书 号:	ISBN 978-7-301-04864-1/P・052
出 版 发 行:	北京大学出版社
地　　　址:	北京市海淀区成府路 205 号　100871
网　　　址:	http://www.pup.cn
电　　　话:	邮购部 62752015　发行部 62750672　编辑部 62752021　出版部 62754962
电 子 信 箱:	zpup@pup.pku.edu.cn
印 刷 者:	北京飞达印刷有限责任公司
经 销 者:	新华书店
	787 毫米×1092 毫米　16 开本　13.375 印张　400 千字
	2001 年 4 月第 1 版　2010 年 4 月第 6 次印刷
印　　　数:	13001~16000 册
定　　　价:	22.00 元

未经许可,不得以任何方式复制或抄袭本书之部分或全部内容。
版权所有,侵权必究
举报电话:(010)62752024　　电子信箱:fd@pup.pku.edu.cn

内容简介

本书运用系统科学的思想和方法,以全新的体系阐述自然地理学的研究对象——地球表层系统及其子系统的组成、结构、功能、空间特征、时间动态,以及各子系统之间相互作用的基本过程、驱动力量和基本规律。

全书近40万字,分成13章,主要内容包括自然地理学与一般系统论;地球表层系统的能量流动;地球表层系统的物质循环;地球表层系统的整体特征。此外,本书还注重借鉴物理学、化学和生态学的概念和成果来阐述地球表层中各种自然现象与过程的机理,以反映现代自然地理学的发展趋势和交叉学科的特点。为便于读者进一步深入学习,有些内容排成小号字,可供读者选读;各章后均附有参考书目和思考题。

本书可作为地理学、环境科学、生态学、农学、林学、城市规划等学科和专业本科生的基础课教材,并可作为大气科学、地质学、地球物理学、海洋科学等学科和相关专业的教学参考用书(适用于周学时4,总学时72的教学)。

前　　言

人类对客观世界的认识，从总体到局部，再到总体；从综合到分析，再到综合，是不断地、螺旋式地向着更广、更深发展的。自然地理学在近现代经历了其各分支学科迅速发展之后，正面临一次新的综合。积极地探索自然地理学综合的途径，培养具有综合素质的地理学人才，是学科发展的需要。

从社会发展的角度，伴随着全球工业化的进程，人口、资源、环境问题日益加剧，对地球表层系统产生了猛烈的冲击。解决这些人类所面临的生存与发展问题的根本途径是实施可持续发展战略，也就是要在地球表层系统可以支撑的条件下，在不危害子孙后代生存与发展的前提下，推动经济的发展和文明的进步。这就要求人类必须重新审视作为自己生存环境的地球表层系统的组成、结构和功能，从而为可持续发展战略的制订，构筑坚实的科学基础。

基于上述认识，本书运用系统科学的思想和方法，以全新的体系和综合的观点阐述现代自然地理学的基本原理和自然地理现象的基本规律，强调地球表层系统的整体性、层次性、开放性、自稳定性和自组织性，以及系统内各组成要素之间、人与环境之间的相互作用过程。

全书从内容上，大体可以分为四部分：

第一部分包括第1章和第2章。首先讲述自然地理学的科学体系和当代自然地理学所面临的重要科学问题，然后介绍一般系统论的基本概念和原理，并利用系统论的观点阐释地球表层系统的基本性质。为学习以下章节的内容奠定学科背景和方法论的基础。

第二部分从第3章到第8章。讲述地球表层系统最主要的能量来源——太阳能进入系统并在大气、陆地和海洋之间传输与转化的过程。

第三部分从第9章到第12章。讲述地球表层系统内的物质循环过程与机理。主要的物质循环过程包括水分循环、地质循环和生物地球化学循环。

第四部分为第13章，是全书的总结。讲述地球表层系统的整体特征，包括地球表层系统的结构、功能和概念模型。

本书是在给北京大学城市与环境学系1997、1998和1999级本科生讲授"自然地理学"课程的讲稿基础上编写而成的。"自然地理学"作为北京大学的重点建设课程和主干基础课程，1997年和1998年得到学校课程建设项目经费的支持，1999年被教育部评为"国家理科基地创建名牌课程项目"，并获得专项经费的资助。《自然地理学》教材也被列入北京大学"九五"教材建设项目，得到出版基金的资助。

自从1997年这项教学研究工作启动以来，一直得到北京大学城市与环境学系和自然地理教研室有关领导、同事们的关心与支持。蔡运龙教授为本门课程的建设提供了有益的思路和一些国外的教学参考资料。本书初稿经首都师范大学杨国栋教授认真审阅、修改。在本书出版的过程中，北京大学出版社赵学范编审付出了辛勤的劳动，并得到了该社其他有关人员的大力协助。在此，本人表示衷心的感谢。

作　者

2000年9月

目　录

第1章　自然地理学的科学体系 ··· (1)
　1.1　地理学与自然地理学 ··· (1)
　1.2　自然地理学的分科 ··· (2)
　1.3　当代自然地理学的研究领域 ······································· (2)
　　　参考书目 ··· (3)
　　　思考题 ··· (3)

第2章　自然地理学的系统方法 ··· (4)
　2.1　系统的概念 ··· (4)
　2.2　系统的特性 ··· (5)
　2.3　系统反馈 ··· (6)
　2.4　系统模型 ··· (8)
　2.5　地球表层系统 ··· (9)
　　　参考书目 ··· (11)
　　　思考题 ··· (11)

第3章　太阳辐射 ··· (12)
　3.1　太阳能量的输出形式 ··· (12)
　3.2　太阳常数和太阳活动 ··· (13)
　3.3　天文辐射的时空分布 ··· (15)
　3.4　天文季节与二十四节气 ··· (16)
　　　参考书目 ··· (18)
　　　思考题 ··· (18)

第4章　地球大气 ··· (19)
　4.1　大气的基本物理量 ··· (19)
　4.2　大气的结构与组分 ··· (22)
　4.3　大气对辐射的削弱 ··· (24)
　　　参考书目 ··· (27)
　　　思考题 ··· (27)

第5章　辐射平衡 ··· (28)
　5.1　到达地表的太阳辐射 ··· (28)
　5.2　地球表层的长波辐射 ··· (29)
　5.3　地球表层的辐射平衡 ··· (30)
　　　参考书目 ··· (34)
　　　思考题 ··· (34)

I

第6章 大气温度 (35)
6.1 影响大气温度的因素 (35)
6.2 海平面温度分布特征 (37)
6.3 近百年气温变化趋势 (40)
参考书目 (42)
思考题 (42)

第7章 大气环流 (43)
7.1 大气运动的驱动力 (43)
7.2 大气环流的模式 (47)
参考书目 (55)
思考题 (55)

第8章 大洋环流 (56)
8.1 表层大洋环流 (56)
8.2 深层大洋环流 (62)
8.3 海洋-大气相互作用 (68)
参考书目 (72)
思考题 (72)

第9章 水分循环 (73)
9.1 地球上水圈的结构 (73)
9.2 蒸发过程与凝结过程 (77)
9.3 降水过程与入渗过程 (83)
9.4 地表径流与地下径流 (89)
9.5 水分循环与水量平衡 (95)
参考书目 (98)
思考题 (99)

第10章 全球气候系统 (100)
10.1 气候的概念 (100)
10.2 气候成因与气候类型 (100)
10.3 气候系统与气候变化 (103)
参考书目 (104)
思考题 (105)

第11章 地质循环 (106)
11.1 地球的内部结构 (106)
11.2 地球表面的形态 (109)
11.3 内外力地质作用 (114)
11.4 岩石圈地质循环 (127)
参考书目 (132)
思考题 (133)

第 12 章　生物地球化学循环 ·· (134)
12.1　土壤的组成 ·· (134)
12.2　土壤的性质 ·· (136)
12.3　土壤的生物地球化学循环 ·································· (146)
12.4　生态系统的组成与结构 ····································· (153)
12.5　生态系统内的能量流动 ····································· (157)
12.6　生态系统的生物地球化学循环 ···························· (161)
12.7　地球上的生态系统类型 ····································· (171)
参考书目 ·· (180)
思考题 ·· (181)

第 13 章　地球表层系统的整体特征 ································ (183)
13.1　地球表层系统的结构 ·· (183)
13.2　地球表层系统的功能 ·· (193)
13.3　地球表层系统的概念模型 ·································· (198)
参考书目 ·· (201)
思考题 ·· (201)

索引 ··· (202)

第1章 自然地理学的科学体系

1.1 地理学与自然地理学

地理学作为一门科学,其研究领域是随着时代和学科的发展而不断完善和扩展的。首先采用地理学(geography)这个词的人,是生于公元前三世纪的古希腊学者埃拉托色尼,当时的含义是"对地球的描述"(geo—地球,graphein—描述)。在2000多年后的今天,人类已经从地球的描述者变成了改变地球面目的巨大驱动力之一,因此,改善和协调人类社会、经济、文化发展及生存环境之间的关系,成为现代地理学关注的核心问题。概括地讲,现代科学意义上的地理学是研究地球表层物质系统与人类社会-经济-文化系统在组成、结构、功能、空间特征和时间动态等方面相互作用与相互依存机理的学科体系。按照传统的学科体系的最高一级划分,地理学可以分为自然地理学和人文地理学。

自然地理学(physical geography)研究地球表层物质系统及其要素的组成、结构、功能、空间特征,时间动态,以及各要素之间相互作用的机理。由于地球表层物质系统及其组成要素的运动与变化过程主要由自然力量和人化了的自然力量所驱动,受自然规律的支配,所以,自然地理学通常归属于自然科学的范畴。

人文地理学(human geography)研究人类社会-经济-文化系统及其要素的组成、结构、功能、空间特征、时间动态和人地关系的原理。由于社会-经济-文化系统及其组成要素的运动和变化过程主要由人为力量所驱动,在很大程度上受人类所创造的社会形态、经济制度、文化传统等发展规律的支配,所以,人文地理学通常归属于人文科学的范畴。

图1-1显示出这两大地理学分支内部的次一级学科划分,以及这些学科与相邻基础科学之间的联系。此外,值得指出的是,随着人类活动与自然过程之间相互作用的不断强化,自然地理学与人文地理学研究的交叉和融合将成为一种发展趋势。

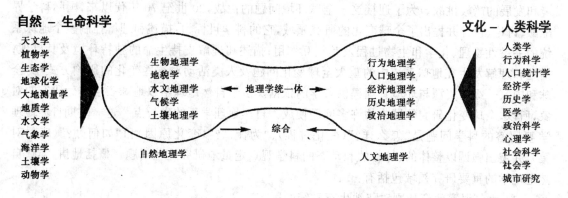

图1-1 地理学学科体系示意图[1]

1.2 自然地理学的分科

依据自然地理学研究对象的复杂性和对其研究的领域分化,目前自然地理学主要有以下几个分科:

(1) 部门自然地理学(sectorial physical geography)。分别研究组成地球表层物质系统的各种自然要素与过程本身,强调以某个要素为核心的分析与综合,包括的学科主要有地貌学、气候学、水文地理学、土壤地理学和生物地理学。与部门自然地理学相关联的基础自然科学包括:天文学,地质学,海洋学,气象学,水文学,植物学,动物学,土壤学,生态学,地球化学,大地测量学等(见图1-1)。

(2) 区域自然地理学(regional physical geography)。研究地球表层物质系统的某个地域和地域组合的自然特征与过程,强调具体区域的个体性,如北美洲自然地理、中国自然地理、莱茵河流域自然地理等。

(3) 综合自然地理学(integrated physical geography)。主要研究地球表层物质系统的形成历史、现代过程、类型特征、地域分异和发展演变,它是自然地理学的理论研究部分,强调综合性。随着本学科和相邻学科的发展,对地球表层进行整体性的研究,即研究地表系统的组成、结构、功能、空间特征、时间动态,以及各种自然要素与过程之间、人与生存环境之间相互作用的机理,已成为综合自然地理学的主要研究方向。

1.3 当代自然地理学的研究领域

传统的自然地理学主要采用定性描述的方法,分别研究地球表层的各种自然要素,如地形、气候、水文、土壤、生物等和自然综合体的空间分布特征,以及它们在空间上的相互依存与联系,旨在揭示不同地域之间在自然性质方面的差异性或相似性。用以描述空间范围与性质的地理语言包括有地点、地方、区域、地带、圈层、距离、界线、类型、分布格局等。它主要回答的科学问题是"是什么?"和"在哪里?"。

当人类具有了从全球尺度上改变其生存环境的能力时,地球表层系统进入了一个前所未有的独特发展阶段,其基本特点是该系统生命支持能力的退化,从而使人类面临人口、资源、环境和发展的严峻挑战。为了迎接这一全球环境问题的挑战,20世纪70年代以来,国际科学界酝酿、讨论、设计并提出了全球变化的研究领域,它的科学目标为:描述和理解控制整个地球系统的关键性物理、化学和生物过程及其相互作用;描述和理解支持生命的独特环境及其机理;描述和理解发生在地球系统中的重大全球变化问题及人类活动对这些变化的影响方式,为全球和国家一级的资源与环境管理提供科学的依据。由于自然地理学以地球表层作为研究的对象,所以,全球变化研究领域中的许多问题便成为自然地理学新的生长点。这一时期自然地理学要回答的科学问题是"怎么样?"(变化过程)、"为什么?"(变化原因)和"如何办?"(应付对策),并突出强调以整体的、综合的和动态的科学观点定量地研究这些问题。概括地讲,当代自然地理学的重要研究领域包括有:

(1) 大气温室效应加剧对陆地生态系统的影响;

(2) 平流层臭氧减少对陆地生态系统的影响;

(3) 氧、碳、氮等重要生命元素的生物地球化学循环及人类活动对这些过程的影响;

(4) 土地利用-土地覆盖变化规律和土地退化机理与恢复重建;

(5) 生物多样性的起源、组成、功能、变化和可持续利用与保护；

(6) 水文、水资源对全球气候变化的响应和水资源可再生性维持机理；

(7) 全球环境变化的区域响应与生态安全和环境风险；

(8) 全球环境变化与人类活动控制模式；

(9) 生态脆弱地区的灾害治理、环境保护、资源开发与环境演变；

(10) 区域环境质量与人体健康。

这些问题的深入研究和解决途径的探寻，需要一种新的思想方法，这便是系统理论。利用这种方法论来阐释地球表层的整体性质、层次体系、自稳定性、自组织性等基本原理，便构成本书第2章的主要内容。用于这种阐释的资料来源于自然地理学各分支学科和相邻的各基础学科的观测、推理、假说和理论；问题来源于人类与地球表层的物理、化学、生物环境相互作用的发展进程；概念和方法来源于系统理论。下面首先介绍系统理论的基本概念和思想范式。

参 考 书 目

[1] Christopherson, R. W.. Geosystems: An Introduction to Physical Geography, 2nd edition, Macmillan College Publishing Company, New York, 1994

[2] А. Г. 伊萨钦科;胡寿田,徐樵利译校.今日地理学,北京:商务印书馆,1986

[3] 潘树荣等.自然地理学(第二版),北京:高等教育出版社,1985

[4] 温刚,严中伟,叶笃正.全球环境变化,长沙:湖南科学技术出版社,1997

[5] 陈述彭主编.地球系统科学,北京:中国科学技术出版社,1998

思 考 题

1. 自然地理学是怎样一门学问？它有哪些主要的分科？
2. 举例说明自然地理学的研究内容和所要回答的科学问题。

第2章 自然地理学的系统方法

2.1 系统的概念

系统(system)是由相互关联、相互制约的若干要素组成的、具有确定结构和功能的有机整体,它具有模糊的或确切的边界,从而与其周围的环境区分开来。系统内部各个组成要素之间相对稳定的联系方式、组织秩序和时空关系等内在表现形式称为系统的结构(structure)系统之所以成为一个整体,就在于系统是通过内部结构联系起来的。系统与环境相互作用中表现出来的性质、能力和功效称为系统的功能(function),它体现了一个系统对于其系统的作用。系统的结构具有相对稳定性,而系统的功能则易于随着环境状态的改变而变化。系统的结构制约着系统的功能,功能在适应不断变化的环境的同时,又反作用于系统的结构,促进系统结构的改变,改变了的结构一般具有更佳的功能。

在边界之内,系统具有几种基本性质。系统的要素是组成系统的实体或成分,它们可以是原子、分子、砂砾、雨滴、草本植物等,每个实体都是存在于空间和时间之中的一个部分。每个要素具有一系列的属性,这些要素和它们的属性可以被感知,或者通过测量和实验被认识。可测量的属性灵数目、大小、压力、温度、体积、颜色、生命周期等。两个或两个以上要素和属性之间存在着各种关系,它们确定了系统的组织结构。系统的状态是指它的每一个性质(要素、属性、关系)所具有的确定的量值。系统内物质运动、能量转换与传输和系统状态变化的历程为过程。

在热力学中,根据系统与环境之间接关系,将其划分为三种类型:

1. 孤立系统

系统的边界是完全封闭的,即系统与环境之间既没有物质的交换又没有能量的交换。一般来讲,这种系统只局限于实验室中制备的条件下,而在自然界是不存在的,但它对于势力学本概念的提出具有重要的作用。此外,整个宇宙可以近似看做是一个孤立系统(isolatedsystem)。

2. 封闭系统

系统边界在物质交换方面是封地的,但能量可以在系统与环境之间实现交换。在地球上,封闭系统(closedsystem)是罕见的。然而,当从较简单的子系统出发来分析复杂的系统时,将这些子系统视为封闭系统往往有助于问题的解决。如果忽略落下的流星和宇宙尘埃,行星地球就可以看做是一个封闭系统,它接受太阳和其了星体的辐射,同时也向星际空间发出辐射。

3. 开放系统

系统边界是开放的,在系统与环境之间物质和能量可以自由地交换,系统从环境中输入物质和能量,同时也向环境中输出物质和能量。在这种系统中,物质的传输本身就代表着能量的传输,因为物质通过其组织功效而具有能量,例如化学潜能。地球表层的各种系统都是开放系统(opensystem)尽管物质和能量在持续不断地通过系统的边界,它闪仍保持着相对稳定的结构。例如植物的一片叶子便是一个开放系统,它通过光合作用从环境中输入太阳能、CO_2和水,并输出O_2;同时,通过呼吸作用输入CO_2、水和热量。

不同类型的系统,其热力学性质是不同的。根据热力学第二定律的数学表述,对于无限小过程,有

$$dS \geq \frac{dQ}{T}$$

其中"="对应可逆过程,">"对应不可逆过程。自然界的实际过程都是不可逆过程。这一表达式的含义是:可逆过程的熵变等于该过程的热温比;不可逆过程的熵变大于该过程的热温比。这里指的是热力学熵,又称为宏观熵。

对于孤立系统或者绝热系统来说,必有 $dQ=0$,从而有 $dS \geq 0$,这就是熵增原理。它表明,在孤立或绝热系统中,系统的熵永不减少。对可逆过程,熵不变($dS=0$);对不可逆过程,熵总是增加的($dS>0$)。这样,我们就有了判断热力学过程演化方向和限度的准则:在孤立或绝热系统中进行的一切不可逆过程向着熵增加的方向演化,直到熵函数达到最大为止。在孤立或绝热条件下,系统自发地由非平衡态趋向平衡态的过程,就是一种熵增的过程,平衡态对应最大熵。

对于开放系统来说,熵的变化由两部分组成:

$$dS = dS_{内} + dS_{外}$$

这时,系统内的熵产生 $dS_{内}>0$,而系统与环境之间的熵交换 $dS_{外}$ 则可正可负:当 $dS_{外}>0$ 时,系统从环境中吸熵;当 $dS_{外}<0$ 时,系统把熵产生排入环境中,相当于系统从外界引入负熵。如果系统充分开放,从外界引入了足够的负熵,使得 $|dS_{外}|>dS_{内}$,则有 $dS<0$,于是系统的总熵降低,有序度提高,这意味着系统可以自发地组织起来,形成有序结构,称为耗散结构。地球上的生命便是呈现出一种耗散结构的开放系统,它依赖负熵为生。

在宏观的理论框架里,熵的本质是看不清楚的,玻兹曼利用统计力学研究热运动,导出了熵的一个微观定义,即

$$S = k \ln \Omega$$

式中的 k 是玻兹曼常数,Ω 是微观量子态的数目,即宏观态出现的概率。通俗地讲,熵是系统内部混乱度的量度。熵高,或者说宏观态的概率大,意味着系统内部混乱和分散(无序);熵低,或者说宏观态的概率小,意味着系统内部整齐和集中(有序)。这样,基于微观熵的熵增原理可以表述为,孤立系统的自发倾向总是向着微观量子态数目增加的方向演化,即从宏观概率小的状态向宏观概率大的状态演化,直到宏观态概率最大为止。热力学平衡态和微观粒子的均匀分布是概率最大的状态,对应最大熵。对于开放系统来说,通过负熵的输入,使系统远离平衡态,向着有序方向发展,表现为微观量子态数目的减少,即宏观态概率的变小。

2.2 系统的特性

(一) 整体性

系统是由若干个要素组成的,要素间存在着紧密的网络联系和协同作用,使得系统成为无法分割的、具有特定结构和功能的有机整体。整体是一个非加和系统,表现为它的性质和功能不同于各个要素性质和功能的简单加和。例如,一棵树作为一个系统,便不等同于根、茎、叶等器官的简单组合,而是各种器官通过协同作用组成的有机整体。

系统具有整体性是由于各要素之间存在着非线性的相互作用,这种相互作用具有不可叠加的性质,也即在非线性系统内,各种要素之间具有复杂的相互联系,它们是相互影响、相互制约的,因此,要素的组合作用不等于每个要素单独作用的简单叠加。一种原因可以导致若干个不同的结果,不同原因也可产生相似的结果,系统输出的结果并不和输入的扰动成比例,甚至某个要素的微小变化就可能引发其他要素乃至整体产生无法预料的戏剧性结果。现实的系统几乎都是非线性系统。

（二）层次性

由于组成系统的各要素具有不同的空间延展性和质量，所以，系统有大有小，大小不等的系统形成一种层次结构。大的系统通常由小的子系统（要素）有机地结合而成，子系统又由更小的二级子系统构成。人类目前观测到的宇宙就是由星系群、星系、星团、恒星、地球、晶体、分子、原子、原子核和电子，以及数百种基本粒子等组成的一个多层次系统。

系统的层次高低是相对的，一个给定的系统相对于它的组成要素来说，是一个高层系统，但相对于由它和环境中的其他系统共同形成的整体来说，则是一个低层系统。一般来讲，较高层次的系统数目较少，要素之间的结合强度较弱，但具有比低层系统更为丰富的性质和功能。

（三）自稳定性

开放系统具有在一定范围内自我调节的能力，以保持和恢复原有的结构、功能和有序状态。如果没有这种自我调节，任何具体系统的稳定形态都不能够存在。系统的自稳定性是一种开放中的稳定性，开放系统通过把熵输给环境或把负熵引进系统，使无序的增长得到抑制，使系统的有序得以保持。系统的自稳定性又是一种动态中的稳定性，这种稳定性只有在与环境之间不断进行物质、能量交换的过程中才能保持。一个系统之所以具有受到干扰后能够纠正偏离、恢复到原有的稳定状态的功能，主要在于系统内部存在着负反馈机制。

（四）自组织性

系统从一种组织状态自发地变成为另一种组织状态的过程，称为系统的自组织性。开放系统在内外两方面因素的复杂非线性相互作用下，使内部要素的某些偏离系统稳定状态的涨落得以放大，甚至发展成为巨涨落，导致系统的自我调节能力遭到破坏，整体上失稳，并自发地重新组织起来，最终达到一个新的稳定状态。这时，系统变得在热力学上更为"不大可能"，概率变小，系统内部要素之间有规则的联系程度提高，系统变得更为有序，从而使系统从无序向有序、从低级有序向高级有序方向演化。一个系统之所以能够通过涨落和自组织达到有序，主要与系统内部存在着正反馈机制有关，这是正向涨落导致系统进化的情形。而负向涨落也可以导致系统退化，使系统从有序向无序方向演化。

2.3 系统反馈

一个系统是由若干个不同等级的子系统（要素）组成的，它的每一个子系统通过各种各样的过程联系起来，既相互依存又相互作用，共同决定着系统的状态。反馈（feedback）通常指一个系统的输出反过来作用于系统的输入，从而对系统的再输入和系统的运作产生影响的机制。对于一个过程来说，则指过程的结果反过来对该过程本身及其原因产生影响的机制。系统输出或过程结果的信息通过反馈回路被传递到系统的输入端或该过程的起因端。按照回返信息所产生的影响的不同，可以将反馈分为正反馈和负反馈。

（一）正反馈

如果这种回返信息使系统输入或过程原因在原来变化方向上得到促进或放大，进一步偏离初始状态，称为正反馈（positive feedback）。考虑两个要素的相互作用：要素 A 发生增强（或减弱)的变化,这种变化通过某种过程使要素B发生变化,若B的改变反过来使A的变化进一步增强(或减弱),这种过程就是正反馈过程。冰雪覆盖、反射率、气温的相互作用就是正反馈过程:全球温度的降低,将导致地球表面冰雪覆盖面积的扩大,从而引起全球反射率的增大,使地球-大气系统吸收的太阳辐射减少,其结果将使温度进一步降低。正反馈过程一般是一种趋势性的变化,具有方向性,它使系统趋于不稳定,产生偏离平均状态的涨落,是导致系统自组织演化的原因。

(二)负反馈

如果这种回返信息使系统输入或过程原因在原来变化方向上得到抑制或缩小,趋向回到初始状态,称为负反馈(negative feedback)。考虑两个要素的相互作用:要素A发生增强(或减弱)的变化,这种变化通过某种过程使要素B发生变化,若B的改变反过来使A的变化受到抑制而减弱(或增强),这种过程就是负反馈过程。云量、气温的相互作用就是负反馈过程:地表气温的升高,将促使空气对流旺盛和蒸发加强,从而导致大气中水汽含量和云量增加,云量的增加使射入到地表的太阳辐射量减少,地表温度随之降低。负反馈过程通常是一种自我调节的变化,具有循环性,它使系统趋于稳定状态,是产生系统动态自稳定的原因。

对于一个系统来说,正、负反馈是相辅相成地起作用的。负反馈使系统保持先前的存在状态(相对静止),正反馈则促使系统朝着一定的方向演化(绝对变化)。这种演化有两种可能的方向:一种把系统引向低熵状态,使其等级结构增加,有序性提高,称为进化;另一种将系统引向高熵状态,使其等级结构减少,有序性降低,称为退化。

正、负反馈也是可以相互转化的。负反馈使系统结构和功能随时间保持稳定状态。当一个系统的物质、能量输入与输出速率相当,且系统的状态维持在一个稳定平均值附近波动时,该系统处于稳态(图2-1a)。系统在平均状态附近的波动,在一定的时段内,可以表现为一种趋势性的变化,这时,系统处于动态稳定状态,例如近几十年来的全球增暖说明地球系统正处于一种动态稳定的状态。如果这种状态发展下去,超过一定阈值,引起涨落放大,就有可能以突变的方式转化为一种正反馈的过程,它通过系统的自组织,使系统进入一个新的稳定状态。此后,系统又通过负反馈使自身维持在这个新的稳定状态上。系统正是在这种正、负反馈的交替过程中不断演化的(图2-1b)。

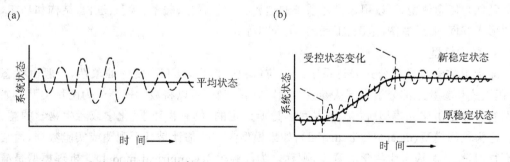

图2-1 系统的反馈与演化[1]

在现实世界中,自然系统的状态往往是在若干种正反馈和负反馈支配下变化和发展的,形成复杂的反馈-响应机制(图2-2)。当负反馈占优势时,系统保持稳态;当正反馈占优势时,系统发生演化,最终达到一种新的稳态。

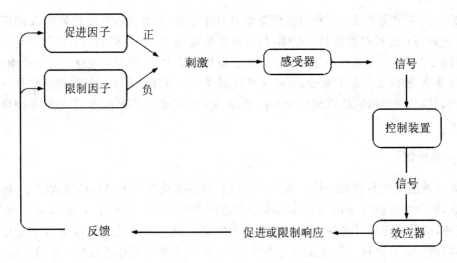

图 2-2　系统的反馈-响应机制[1]

2.4　系统模型

现实世界中的系统是由多种要素按照一定的层序组成的复杂的网络体系,系统与子系统之间,子系统之间,以及系统与环境之间时时刻刻地进行着物质、能量和信息的交换。要对这样一个复杂的动态系统的结构和功能进行研究,必须把握它的本质特征和过程,这就需要用到系统模型。模型是对现实世界的一种抽象的或理想化的描述。实际上,当我们把现实世界看做是一个系统来研究时,已经是在进行抽象和理想化了。因此,系统的概念本身就是一种模型。由于用途的不同,各种模型可以具有不同的概括或抽象程度。系统模型包括实物模型、图解模型和数学模型三类:

1. 实物模型

又称为硬件模型,可细分为原样模型和相似模型两种,通常指工程技术上使用的样机和实验模型。

2. 图解模型

又称为概念模型,可以用来描述系统的边界、要素、属性、关系、状态、过程、结构和功能,具体的形式有框图、示意图、地图、工程图、流程图等。

3. 数学模型

即指用数学符号和公式表达系统结构与过程的模型,具有高度的抽象性,一般由状态变量、函数式和参数三部分组成。从参数的确定方式来看,可以将数学模型分为两种类型。如果模型的参数是由建立模型所依据的某种理论所确定的,具有物理学、化学或者生物学的意义,则称之为机理模型(mechanistic model);如果模型参数的估计是基于观测或实验数据,通常不具有物理学、化学或者生物学的意义,则称之为经验模型(empirical model)。机理模型是演绎性的,经验模型则是归纳性的。前者是从机理上刻画系统的过程与响应,有助于对系统整体行为的理解,具有比较广的适用范围;后者则只是对已有数据的一种定量描述,并不能给出不含在数据内的任何其他信息。从变量之间关系的性质来看,也可以将数学模型分为两种类型。一种是变量之间存在着完全确定的关系,例如经典物理学的一些定律,表示这种确定性关系的数学模型称为确定性模型,这种模型可以确切地给出系统运行的结果;另一种是变量之间的关系具有不确定性,遵从大量观测的统计规律,例如回归方程,表示这种不确定性关系的数学模型称为随机模型,这种模型只能给出系统运行结果的一种可能的估计。在现实世界中的绝大多数情形下,变量之间的关系具有不确定性。

为了表述地球表层系统中某一部分的结构与过程而建立的模型,既有图解模型如理想大气环流模型、水循环模型、岩石循环模型、土壤剖面模型、生态系统的能量流动模型等,也有数学模型,如辐射平衡模型、水量平衡模型、土壤有机质变化模型、生物圈第一性生产力模型等。在这些阐明地球表层系统特定部分秩序的模型基础上进行系统综合,可以建立起阐明系统整体秩序的模型如地球表层系统的概念模型。

系统模型,特别是数学模型的功用不仅是对复杂的系统进行简化,使之易于被人理解和认识,而且更重要的是外推和预测系统未来的变化趋势。由于模型不可能模拟自然界中各种要素的变化及其相互联系,所以预测的结果与实验观测结果之间必然会产生误差,评价误差是否可以接受是与问题的性质和实践的要求相关联的。从这个意义上说,如果强加给现实系统一个数学上过于严格的模型,反而会导致对于客观世界的错误解释和预测。

地理学有两种基本传统,即数学描述传统和文字描述传统,二者不可偏废任何一方。数学可以提供一种定量化的叙述方式,并有助于防止思想上的模糊不清;文字形式的论述往往可以为概念模型提供富有哲理性的解释,而系统概念的开发是数学模型建立过程中必不可少的步骤之一,并可以将地理学的表述引向新的深度和广度。

2.5 地球表层系统

自然地理学所研究的地球表层是一个开放系统,称为地球表层系统(简称为地表系统,the earth surface system),它是地球上大气、水体、岩石、生物相互接触、相互渗透的部分,也是人类生存与活动直接影响的部分。根据前苏联地理学家 А. Г. 伊萨钦科的观点,地表系统的上边界是大气对流层的顶部,距地球固体表面的距离在极地上空约 8 km,赤道上空约 18 km,平均在 10 km 左右。对流层的性质如温度的垂直和水平分布、水分的循环、大气的化学组成等在很大程度上受到地表岩石、水体、生物,以及人类活动的强烈影响。地表系统的下边界是岩石圈上部沉积岩层达到的深度,距地球固体表面的距离约 4～5 km。沉积岩的形成与陆地表面水体、大气、生物等要素对先成岩石的作用密切相关,其性质则受到大陆和海洋沉积环境的影响。

地表系统上边界以外的大气上层和下边界以外的岩石圈下层及岩石圈以下的地幔部分和地核,便构成了地表系统的环境。在那里,大气、水体、岩石、生物等要素之间的相互联系与相互作用程度显著减弱。地表系统的边界是个相对的概念,且具有逐渐过渡的性质,随着人类活动对地球环境的影响范围与影响强度的增加,地表系统的边界呈扩张的趋势。

根据比利时物理学家 I. 普里高津的耗散结构理论,开放系统由于不断与环境交换能量和物质,能够自组织地形成有序、稳定的结构,这样的系统称为耗散结构(dissipative structure)。太阳辐射能是地表系统的主要外部能源,地表系统通过吸收这种低熵的能量,并不断排出高熵的热能,获得负熵流,从而降低了系统的总熵,并使系统远离热力学平衡态,形成从属于太阳辐射能流的耗散结构,它具有稳定的组成、结构、功能和时空有序的特点。

(一) 能量交换方面的充分开放系统

地球表层的能量来源于两个方面:其一是宇宙,包括到达地球上的太阳光能和各种宇宙射线,其中,宇宙射线的能量大约为太阳光能的数十亿分之几;其二是地球内部,主要是从地球深部获得的热能(地热),这种能量一般仅及太阳光能的万分之几(表2-1)。由此可见,太阳光能是地球表层的主要能源。

表 2-1 地球表层系统的能量来源[a]

太阳光能(大气圈外界)	5.9×10^{21} kJ/a	100%
太阳光能(地表和大气圈吸收部分)	3.5×10^{21} kJ/a	59%[b]
宇宙射线	5.4×10^{13} kJ/a	9×10^{-9}
地球内部热能	1.3×10^{18} kJ/a	2×10^{-4}

[a] 引自文献[9],有所改动;
[b] 此处占太阳能量的百分数与新近的资料有出入,详见第3章。

太阳光穿透大气层向地表系统的输入,将地表系统内的各子系统通过能量的流动联系起来,在这种能流过程中,辐射能被转换成机械能、热能、化学能和生物能等,驱动着各种物理过程(大气环流、水循环、地表的侵蚀)、化学过程(化学元素的迁移与转化、土壤养分循环)和生物过程(光合作用、呼吸作用、食物链)的进行。最后,地表系统将接受到的能量,以大致相等的数量和热辐射的形式辐射输出系统之外,从而维持系统能量收支的大致平衡和系统的稳定。由于地表系统与其环境之间不断进行着能量的交换,并且能量交换的数量是巨大的,所以,它在能量方面是充分开放的。

对于地表系统能量收支动态的研究已成为当代地球科学研究的前沿领域,旨在鉴别自然本身的变化和由人类活动引起的变化。随着模拟地表能量-大气-水体系统的大气环流模型的日趋精确化,将使人类在理解和预测地表系统未来的能量平衡状态方面取得显著的进展。此外,20世纪90年代后期作为地球观测系统一部分的太阳同步极地轨道卫星的发射,标志着对地球表层能量开放系统的监测进入到一个新的阶段。

(二) 物质交换方面的微弱开放系统

地表系统与环境之间物质交换的数量与系统内的物质总量相比是很少的,因此,可以认为,地表系统在物质资源方面的开放程度较低。这主要基于以下的事实:自地球形成以来,除了偶尔的流星、陨石、宇宙尘埃的进入和系统内空气分子、某些大气化学物质及少量水分的逸散之外,没有大量的物质通过上边界输入或输出地表系统;同样,除了火山喷发物质的进入和水的渗出,以及漫长地质过程导致的岩石循环等以外,也没有大量的物质通过下边界输入或输出地表系统。可见,地球表层的物质资源是有限的,无论人类如何利用强大的技术力量改造和重组地表物质,系统的物质基础是相对稳定少变的。

地表物质资源的有限性要求人类社会更节约、更有效和尽量循环地利用各种自然资源,以保证代际之间资源的合理分配,实现"满足当前的需要,而不危及下一代满足其需要的能力"的发展,即可持续发展(sustainable development)。这就要求人类在生产和消费过程中,尽可能地延长原生资源和物质从摇篮到坟墓(废物)的利用时间,如使产品具有尽可能长的使用寿命;尽可能地减少单位社会服务或单位产品的资源投入量,如制造耗材少的产品;尽可能地提高废物的重复利用率,如污水的处理和回用,固体废弃物的回收利用。关于可持续发展的理论和实现可持续发展的途径与手段的研究,正在成为自然地理学、环境科学以及其他一些学科的前沿领域。

参 考 书 目

[1] White, I. D., D. N. Mottershead and S. J. Harrison. Environmental Systems, 2nd edition, Chapman & Hall, London, 1992

[2] Christopherson, R. W.. Geosystems: An Introduction to Physical Geography, 2nd edition, Macmillan College Publishing Company, New York, 1994

[3] 欧文·拉兹洛;钱兆华等译.系统哲学引论,北京:商务印书馆,1998

[4] 魏宏森,曾国屏.系统论——系统科学哲学,北京:清华大学出版社,1995

[5] 赵凯华,罗蔚茵.新概念物理教程·热学,北京:高等教育出版社,1998

[6] 陈宜生,刘书声.谈谈熵,长沙:湖南教育出版社,1993

[7] 湛垦华,沈小峰等.普利高津与耗散结构理论,西安:陕西科学技术出版社,1982

[8] 张象枢.农业系统工程概论,济南:山东科学技术出版社,1987

[9] A. Г. 伊萨钦科;胡寿田,徐樵利译校.今日地理学,北京:商务印书馆,1986

思 考 题

1. 系统的基本概念是什么?开放系统具有怎样的热力学性质?
2. 如何理解系统的整体性和层次性?
3. 系统反馈的含义是什么?为什么说正、负反馈是相辅相成和可以互相转化的?
4. 系统的自稳定性和自组织性与系统反馈有什么关系?
5. 什么是系统模型?它有哪些类型?
6. 机理模型和经验模型、确定性模型和随机模型的主要区别分别是什么?
7. 如何理解地球表层系统是个能量充分开放系统和物质微弱开放系统?

第3章 太阳辐射

3.1 太阳能量的输出形式

（一）太阳的结构

太阳是银河系中一颗普通的恒星，它的大小、温度和色度等都与其他恒星没有很大的差别。然而，它又是一颗独特的恒星，因为它是地球生物圈中一切生命过程的能量来源。太阳系有九大行星，地球是靠近太阳的第三颗行星，它到太阳的平均距离为 $1.5×10^8$ km，这样，太阳辐射到达地球约需 8 min 20 s（8 分 20 秒）。

太阳是一个巨大且炽热的气体球，它的直径为 $1.4×10^6$ km，是地球直径的 109 倍；它的体积为 $1.48×10^{18}$ km^3，是地球体积的 130 万倍；它的质量为 $1.989×10^{27}$ t，是地球质量的 33 万倍。太阳从中心向外可以分为三层，即核反应区、辐射区和对流区。

核反应区的范围从太阳中心到 0.25 个半径处，体积仅占太阳的 1.6%，温度高达 $1.5×10^7$ K，中心压力 $3.3×10^{11}$ atm（大气压）①，质量占太阳总质量的 50%。太阳内部最丰富的元素是氢，在这种极端高温和高压条件下，氢核聚变成为氦核，并释放出巨大的能量。例如，每 4 g 多的氢核生成氦核，总共产生的能量为 $2.8×10^{12}$ J。太阳每秒钟消耗大约 $6.57×10^8$ t 的氢，转变成 $6.525×10^8$ t 的氦，即有 $4.5×10^6$ t 的质量变成能量，其数值是极其巨大的。

辐射区范围从 0.25~0.8 个太阳半径，体积占了太阳的一半，由于密度降低，质量只为太阳的 49.9%，温度为 $7×10^5$ K。本区的功能主要是将核反应区产生的能量向外传送。

对流区厚约为 $1.4×10^5$ km，从内向外温度由 $7×10^5$ K 降到 6600 K，质量仅为太阳的 0.1%，由于温度、压力和密度的垂直梯度很大，物质的上下对流非常强烈，从而使内部巨大的能量被传递到光球的底层，并通过光球向外辐射出去。

太阳可见的最外层称为太阳大气，通常分为光球层、色球层和日冕层。

光球层即人们肉眼看到的发光体，温度在 6000 K 左右，太阳光能几乎全部来自此层。光球层上出现的暗黑色气体旋涡，其温度比光球低 1000~1500 K，称为太阳黑子(sunspots)。单个黑子的直径为 10 000~50 000 km，个别可达 160 000 km，相当于地球直径的 12 倍多。黑子的生存时间从大约 1 天到数月不等。光球上更加炽热的光亮线条和斑面，称为光斑。

色球层是一层红色的太阳大气圈，可在日全食时观测到，温度可达数万 K，其边缘常有火焰状的突出物向上喷射，称为日珥。有时色球层上突然出现强度极大的亮斑，称为耀斑，也叫色球爆发，其寿命仅几分钟到几小时。

日冕层为稀薄的大气，温度极高，可达 10^6 K 以上。日冕气体在高温作用下，定常地向外膨胀流动，形成超声速等离子体流。

---

① 1 atm=$1.01325×10^5$ Pa(帕)，1 Pa=1 N·m^{-2}。

(二) 太阳辐射能

太阳每时每刻都在向外发射能量,称为太阳辐射,它包括微粒流辐射和电磁波辐射两种。

太阳日冕不断地发射被电离的带电微粒子流(主要由电子和质子组成)称为太阳风(solar wind),它以每秒约 1000～3000 km 的速度从太阳表面向各个方向传送,大约需 0.6～1.7 d (天)到达地球。太阳风吹到地球附近,与地磁场发生相互作用。在低纬度上空的太阳微粒流,由于其入射方向与地球磁力线近于垂直,到距地面几千千米以外便偏离了原来的运动方向,只有在高纬的极区内,由于地球磁力线的引导,微粒流才能进入地球大气。它们与高层大气中的空气分子碰击,使空气中本不带电的原子裂变成带电粒子,造成电离层的扰动,对无线电广播和卫星传输产生干扰。当这些原子和分子的离子重新捕获电子,调整能量回复到原来状态时,就会放出光子。不同原子发出的光,颜色不同,因此,在极地区域便可看到色彩绚丽的极光。

太阳输送给地球能量的最主要方式是电磁能,它的传播速度等于光速。电磁波运动现象可以由波长和频率予以描述。波长是两个相邻波上对应点(如波峰点或波谷点)之间的距离,频率则是单位时间内(如每秒钟)通过某一固定点的波数。波长越短,频率越高;波长越长,则频率越低。

辐射能的电磁波谱由不同波长的射线组成,大部分影响地表系统的太阳辐射位于紫外、可见光和近红外范围内,其中,7%在紫外范围($\lambda < 0.4\,\mu m$),50%在可见光范围($0.4 < \lambda < 0.76\,\mu m$),43%在红外范围($\lambda > 0.76\,\mu m$)。根据维恩定律,黑体辐射能力最大值对应的波长 λ_{max} 与辐射体表面的绝对温度 T 成反比,表示为

$$\lambda_{max} = \frac{C}{T}$$

式中,比例常数 $C = 2897.8\,\mu m \cdot K$。据此,物体温度越高,其辐射的波长就越短;物体温度越低,其辐射的波长就越长。由于太阳对各种波长辐射的吸收率均接近于 1,所以它可以被看做是绝对黑体。在地球大气上界测量太阳光谱发现,太阳辐射能量最大的波段是在 $0.474\,\mu m$ 处,将其代入维恩定律公式,即可计算出太阳表面温度约为 6113.7 K。根据温度为 6113.7 K 的黑体辐射通量密度分布曲线,可以得出太阳辐射能的 99% 集中在 $0.17～4.0\,\mu m$ 的波长范围内。太阳作为热辐射体所发射的辐射称为短波辐射(short wave radiation)。

3.2 太阳常数和太阳活动

由于地球和太阳相距遥远,地球截获的太阳能量仅为其总能量输出的 20 亿分之一。大气圈顶距地球表面约 480 km 处称为热成层顶,它是地球能量系统的外部边界,因此,提供了一个有参考价值的面,用以衡量在未经大气圈削弱作用的情况下,地球所接受的太阳辐射数值。多年的观测表明,到达大气圈顶的太阳辐射强度并没有很大的变化,因此,可以近似地将其看做是一个常数,称为太阳常数(solar constant)。它的具体定义是:当地球处于日地平均距离处,在大气圈热成层顶与辐射方向垂直的平面上,单位面积在单位时间内所接受的太阳辐射。世界气象组织采用对 1969～1980 年间高空观测的结果,得出太阳常数的数值为 $1367\,W \cdot m^{-2}$,或 $4921\,kJ \cdot m^{-2} \cdot h^{-1}$,其标准差为 $1.6\,W \cdot m^{-2}$,最大偏差 $\pm 7\,W \cdot m^{-2}$。太阳常数随着时间的流逝而维持定常是非常重要的,因为它的微小变化都会引起地表系统能量收入的巨大扰动。根据估算,如果太阳常数变化 1%($\pm 13.67\,W \cdot m^{-2}$),全球平均地面气温将变化 0.65～2 ℃。

太阳表面和太阳大气处在不停的剧烈运动之中,从而产生太阳黑子、光斑、日珥、耀斑等的生、消、聚、散变化,称为太阳活动,反映太阳活动强弱的上述现象叫做太阳活动因子。由于太阳活动与太阳常数和太阳风的变化密切相关,并对大气的运动产生影响,所以,它是现代气候变化的原因之一。

太阳黑子是人们最早发现的一种太阳活动现象。早在公元前28年,中国古代科学家就通过肉眼观测到太阳表面经常出现黑斑;1610年意大利天文学家伽里略第一次用望远镜观测到太阳黑子;1843年德国天文学家施瓦布发现黑子的出现具有周期性;到了19世纪70～80年代,科学家们发现,太阳活动,尤其是太阳黑子的11a(年)周期变化,与地球上的天气变化有一定联系。因此,通常用太阳黑子的多少来表示太阳活动的强弱,太阳黑子的度量方法之一是相对黑子数(W),其公式为:

$$W = k(10m + n)$$

其中k是与天文台观测条件有关的常数,如对苏黎世天文台的观测$k=1$;m是黑子群数;n是黑子个数。图3-1是1640～1989年期间年平均太阳相对黑子数的变化曲线,其突出特点是相对黑子数的变化具有大致11a的准周期,平均周期为11.2a,最短周期不到8a,最长周期达16a。从图中还可以看出,在1645～1715年期间,太阳黑子数很少,太阳活动比较平静;1795～1835年期间,太阳黑子数也比较少。说明相对黑子数的变化还存在着更长的准周期,大致为80a。

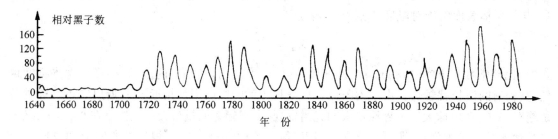

图3-1 太阳相对黑子数的变化曲线[1]

进一步的观测表明,其他太阳活动因子的发生与太阳黑子有着共同的周期。例如,太阳黑子增多时,光斑也增多,并且光斑增多导致的太阳辐射增加效应通常抵消掉黑子增多造成的太阳辐射减少而有余。因此,太阳黑子活动强时,太阳辐射强度也增加。耀斑的发生也与黑子密切相关,在太阳黑子的高峰年附近,耀斑活动通常比较频繁,数目增多;在太阳黑子的低谷年附近,耀斑明显减少。发生在黑子上空的日珥称为黑子日珥,它的活动与黑子也有联系。从日冕层发射出的太阳风在黑子活动增强的时段亦增强,而在黑子活动减弱的时段亦减弱。因此,通常用太阳黑子的多少来近似地表示太阳活动的强弱。根据观测,在太阳活动极小年1986年与极大年1980年之间,太阳常数相差0.08%,极大年的太阳常数较大。

至于太阳活动对地球气候的影响,至今尚没有令人信服的观测事实。人们似乎找到了一些太阳活动11a周期变化与气候变化的关系,但基本还停留在不全面的统计分析上,例如,对我国近500a(1470～1977年)旱涝史料的初步分析表明,南涝北旱多出现在太阳黑子11a周期的低值年附近,南旱北涝则多出现在黑子高值年及其下降段。相比之下,有关太阳活动对气候影响的物理机制的研究仍处于初步阶段,所面临的理论困难包括:(i) 太阳活动引起的输入地球的能量不到太阳输入地球总能量的1%,且这部分能量在高层大气中几乎被吸收和消耗掉;(ii) 太阳活动引起的扰动很难传播到对流层中;(iii) 很难解释气象现象对太阳活动的反应为何如此迅速。

3.3 天文辐射的时空分布

到达大气圈上界的太阳辐射由地球的天文位置所决定,所以称为天文辐射(extra-terrestrial solar radiation)。如果将太阳看做是一个很远的点光源,它的辐射可以被认为是一种平行、单向的光。地球的曲面性质使得来自太阳的辐射平行线与球面的交角随纬度的不同而变化,可以接受到太阳垂直照射的点称为直射点,它们变化于南、北回归线之间。所有纬度高于回归线的其他地点都以小于90°的倾斜角接受太阳辐射。在一年的时间内,赤道上空的热成层顶所接受的太阳辐射量是极地上空热成层顶所接受的太阳辐射量的约2.5倍。可见,太阳高度角的纬向变化是导致地球接受天文辐射不均匀分布的主要原因。

图 3-2 是大气圈顶一天之内单位面积上所接受的天文辐射的计算结果(单位是 10^6 J·m^{-2}),横坐标是月份,纵坐标是纬度,虚线所示太阳偏角是指太阳偏处赤道南北的角距离,阴影区代表接受不到太阳辐射的地区。

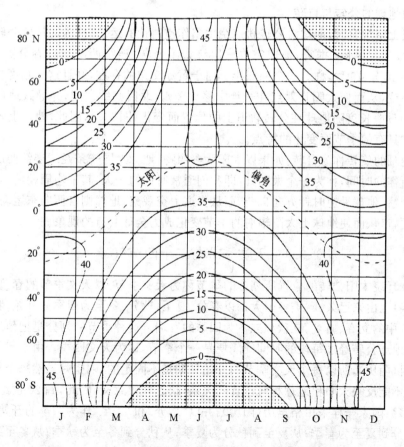

图 3-2 大气圈顶单位面积接受的天文辐射日总量时空分布[2]

天文辐射的全球分布有如下特点：

（1）低纬度地区天文辐射的季节变化明显小于高纬度地区，而全年天文辐射总量是低纬度地区大于高纬度地区。

（2）天文辐射的纬向变化梯度，无论在南半球还是在北半球都是冬季大于夏季。

（3）在春分日和秋分日，太阳直射赤道，使赤道上的天文辐射最大，向两极天文辐射减少，到北极点和南极点为0。

（4）在夏至日，太阳直射北纬23°26′，北半球白昼时间加长，且纬度越高白昼越长，到北极圈以北，出现极昼。北极及高纬地区太阳高度虽低，但由于日照时间长，接受的天文辐射最大（$4.5×10^7$ J·m^{-2}以上）。然而，即使如此，北极地区也仅比赤道多接受约10^7 J·m^{-2}的天文辐射。从北纬23°26′向南，天文辐射逐渐减少，到南极圈以南，出现极夜，天文辐射为0。

（5）在冬至日，太阳直射南纬23°26′，南半球白昼时间加长，且纬度越高白昼越长，到南极圈以南，出现极昼。南极及高纬地区接受的天文辐射最大（$4.5×10^7$ J·m^{-2}以上），且其范围大于夏至日的北极及高纬地区，因为这段时期地球位于近日点附近。从南纬23°26′向北，天文辐射逐渐减少，到北极圈以北，出现极夜，天文辐射为0。

综上所述，地球上所获得的天文辐射不仅具有沿纬向的变化，而且具有随季节的变化。产生天文辐射季节变化的直接原因是太阳高度角和日照长度的季节变化，其根本原因则是黄赤交角的存在和地球的公转与自转。

当从北极上空观察时，地球沿公转轨道绕太阳作逆时针的运动，称为地球的公转。以日地平均距离为$1.5×10^8$ km推算，地球完成一次绕太阳公转（连续两次通过春分点）的时间是365天5小时48分46秒，称为一个回归年。由于黄赤交角的存在，并且这一角度在公转过程中基本保持不变，从而使太阳直射点在一年中移动于南、北回归线之间，并导致地球上各地的太阳高度角和日照长度随地球在公转轨道上的位置而变化（图3-3），因此，地球上各地所获得的太阳辐射才具有随季节而变化的特点。

地球绕地轴的旋转称为自转。如果以太阳为参照物，地球上同一条经线连续两次通过地心与日心连线所需的时间，称为一个太阳日，即我们通常所说的一天，其平均周期约24 h（小时）。从北极上空观察，地球沿逆时针方向自转，而从赤道上空观察，地球则自西向东运动。地球自转产生昼夜的更替，从而使地球上太阳辐射的季节变化成为全球共有的现象。

3.4 天文季节与二十四节气

根据地球环绕太阳公转的位置所划分的季节称为天文季节。以天文季节的春、夏、秋、冬表示岁序，在世界上由来已久。欧美各国大都以春分、夏至、秋分、冬至为四季的开始；我国古代则以二十四节气中的立春、立夏、立秋和立冬为四季的发端。这种季节的划分是把地球公转轨道均分为四段，地球公转经过每段的时间间隔便是一个季节，称为天文四季。由于我国农历采用的月是朔望月（阴历），所以每个天文季节的开始日期是不固定的。朔望月虽然每个月都有月相上的意义，但不能反映太阳和地球相对位置的关系，缺乏气候意义。因此，到20世纪初，我国也同世界上大多数国家一样采用格里历（阳历），并以"二分"和"二至"作为四季的开始。对于北半球来说，从春分到夏至为春季；从夏至到秋分为夏季；从秋分到冬至为秋季；从冬至到春分为冬季。

实际上，二十四节气（twenty-four solar terms）也是一种天文季节，只不过它把地球公转轨道均分为 24 段,每段约 15°,地球公转经过每段的时间间隔对应一个节气,它们是与阳历相符合的。由于地球公转一周的时间不是整 365 d,所以,每个节气的长度也不等于整 15 d,但相差不过 1~2 d。为了便于记忆,人们用歌谣的形式将二十四节气表述为:"春雨惊春清谷天,夏满芒夏暑相连,秋处露秋寒霜降,冬雪雪冬小大寒。上半年来六二一,下半年来八二三,每月两节日期定,最多不差一二天"(图 3-3)。

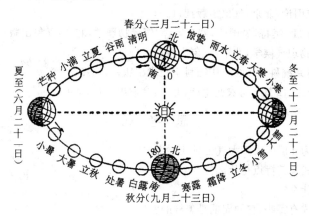

图 3-3 地球公转与二十四节气

二十四节气产生于黄河中下游,那里是我国古代农业文化的发祥地,因此,各节气的名称反映了当地气候、物候和农业生产的特点,它们的含义如下:

节 气	含 义
立春、立夏、立秋、立冬	指春、夏、秋、冬四季的开始,并说明了农业上春种、夏管、秋收、冬藏的生产规律
春分、秋分	昼夜平分,气候适中
夏至、冬至	炎热的夏天和寒冷的冬天的到来
雨水	下雪的季节已经过去,开始降雨
惊蛰	春雷乍动,藏在地下冬眠的昆虫、小动物开始复苏,出土活动
清明	天气转暖、晴明,草木发出新绿
谷雨	正值谷物生长发育阶段,特别需水时期的降雨
小满	夏熟谷物的籽粒开始饱满,但仍未成熟
芒种	有芒作物如小麦、大麦的种子成熟,可以收割
小暑、大暑	指一年中最为炎热的时节
处暑	炎热的季节结束,天气由热变凉
白露	气温迅速下降,湿度仍然较高,夜间温度已达到成露的条件
寒露	天气越来越冷,露水凝结加重
霜降	气温降到零度以下,秋霜始降
小雪、大雪	进入降雪季节
小寒、大寒	一年中最冷的季节

严格地讲,二十四节气虽然将季节划分得更加详细,使之便于指导农业生产,但它毕竟是一种天文季节,在半球的范围内,各地每年同一季节到来的日期是一样的,这显然与地面气候和生物界的季节变化实际情况不符。为了使季节的划分更符合于地球表面季节演变的实况,人

们进一步发展了季节划分的方法,产生了按照大气环流型式划分的自然天气季节,按照气候要素值划分的气候季节和按照生物物候现象发生日期划分的物候季节,它们依次越来越逼近于地表的实况,也越来越从总体上反映了地表系统的季节更迭。

参 考 书 目

[1] 王绍武.气候系统引论,北京:气象出版社,1994
[2] J. P. 佩索托,A. H. 奥特;吴国雄,刘辉等译.气候物理学,北京:气象出版社,1995
[3] 陆渝蓉,高国栋.物理气候学,北京:气象出版社,1987
[4] 陈述彭主编.地球系统科学,北京:中国科学技术出版社,1998
[5] 韩湘玲,马思延.二十四节气与农业生产,北京:金盾出版社,1991

思 考 题

1. 太阳从中心向外分为几层?太阳大气由哪几层组成?
2. 太阳辐射的主要形式及其特点是什么?
3. 太阳常数的含义是什么?
4. 太阳活动的主要形式有哪些,它的周期是怎样的?
5. 地球上天文辐射时空分布有什么特点?原因何在?
6. 什么是天文季节?二十四节气是天文季节吗?为什么?

第4章 地球大气

4.1 大气的基本物理量

地球上的大气圈是一个独特的气体"库",大气的主要组成物质是空气,作为一种气体混合物,它具有无臭、无味、无色、无形的特点。大气的性质可以由大气温度、压力和湿度等物理量予以定量地描述。本节在讲述大气圈的结构和化学组成,以及大气对太阳辐射的削弱作用之前,首先对这三个基本物理量予以介绍。

(一) 气温

温度是表示物体冷热程度的物理量,其微观实质是物体内部分子运动平均动能大小的度量。这种动能可以转化为可感热,就是我们感受到的冷热。热量总是从温度较高的物体传向温度较低的物体,因此,两个物体的温度就决定了它们之间净热流的方向。物体温度的变化是由热能的获得和损失所引起的。

常用的温标有绝对温标、摄氏温标和华氏温标三种。绝对温标中的温度称为热力学温度或绝对温度,其单位为K,它的量值正比于理想气体分子运动的动能,通常被用于科学文献之中。当物体内所有的运动停止时,温度为绝对零度。摄氏(℃)温标是人们日常使用的温标,它将标准大气压力下的纯水的冰点定为0 ℃,沸点定为100 ℃,以冰点和沸点作为两个基点,其间划分成100等份,每等份称为1 ℃。华氏(℉)温标则将冰点置于32℉,沸点置于212℉,只有美国等少数国家仍在使用这种温标。摄氏温标度数 $T(℃)$ 与绝对温标度数 $T(K)$ 的关系为:

$$T(℃) = T(K) - 273.15$$

摄氏温标度数 $T(℃)$ 与华氏温标度数 $T(℉)$ 的换算关系为:

$$T(℃) = \frac{5}{9}[T(℉) - 32]$$

气温(air temperature)是大气的温度。由于太阳辐射和地球辐射,大气中各种分子和原子被激发而发生高能级的振动,这种动能就是气温的本质表述。在地面气象观测中,气温通常是指离地面1.5 m,处于通风防辐射条件下(百叶箱中),从水银或酒精温度表上读取的温度。气象站通常测定定时气温、日最高气温和日最低气温。各定时观测的气温的平均值称为日平均气温,在我国,以每日北京时间02、08、14、20时四次气温观测的算术平均值作为该日平均气温,某月逐日平均气温之和除以该月日数称为该月平均气温,某年各月平均气温之和除以12称为该年平均气温。日最高气温是指一天中最热时刻的气温,它是以最高温度表读数经器差订正得到的。日最低气温是指一天中最冷时刻的气温,它是以最低温度表读数经器差订正得到的。气温日较差是某日日最高气温与日最低气温的差值。气温年较差是某年最热月的月平均气温与最冷月的月平均气温的差值。在掌握了数十年气温观测资料后,便可以计算上述气温统计值的多年平均值,如多年日平均气温,多年月平均气温,多年年平均气温等。在气候学上,通常以30 a作为计算平均值的标准时段。

(二) 气压

在与大气接触的表面上,由于空气分子的碰撞在单位面积上所受的力称为大气压力,其大小不因接触面的方向而不同。由于与地表水平方向相交的接触面上来自各方向的大气压力是相互抵消的,所以,通常所说的气压(air pressure)是指单位水平面所承受大气层的压力,它的数值相当于单位水平面上垂直空气柱的重量。各地气压的变化,决定于其上大气柱质量的变化,大气质量减小,气压下降;大气质量增大,气压则升高。

地球重力的作用使空气在近地表的密度大,随着高度的上升,空气密度逐渐减小。其结果是大气质量的50%集中于5.5 km以下,大气质量的90%集中于16 km以下,到了50 km以上,大气质量已不及总质量的0.1%。因此,随着高度的上升,空气柱的厚度和重量减少,大气压力按指数规律递减,表现为气压在低空减少的速度比在高空要快得多。平均来说,每上升约5.5 km,气压减少一半。

表示气压的国际单位是帕(Pa),1 Pa定义为$1N \cdot m^{-2}$(牛顿/平方米)。气象学上还常采用毫巴(mbar)为单位,1 mbar = 100 Pa = 1 hPa(百帕)。国际上规定,在标准重力加速度($980.665 cm \cdot s^{-2}$)、气温为0℃的条件下,单位面积(cm^2)上承受101325 Pa或1013.25 hPa的压力称为标准大气压,相当于过去所用的760 mmHg(毫米汞柱)。通过观测所获得的地表大气压力变化的正常范围是980~1050 hPa。地面记录到的最低气压为870 hPa,发生于西太平洋台风的中心(1979年10月);地面记录到的最高气压为1084 hPa,发生于西伯利亚的Agata(67°N,93°E,1968年12月)。

(三) 湿度

湿度(humidity)是表示空气中水汽含量的物理量。含水汽多的空气,湿度就大;含水汽少的空气,湿度就小。为了理解表示湿度的一些参数,我们讨论恒温条件下,一个密封干燥容器中的情况。先把容器中装一半水,起初,水面上方是不含水汽的干空气,水中的分子处于随机运动中,分子的动能取决于水的温度。水分子相互碰撞,于是传递能量,接近液体表面的水分子向上的速度达到足够大时,就摆脱其他水分子的引力,变成了水汽。如果密封容器中水面的高度不因外面补充水而改变,那么水面上方空气占据的体积保持不变,于是空气的质量由于水汽的增加而增加。这样,就导致了空气施加于密封容器壁上的压力的增加,总压力中归属于水汽的那部分压力称为水汽压(e),它是度量大气湿度的一个基本参数,单位与气压相同。水汽分子在液体上面的空气中迅速运动,使有些水汽分子撞击水面并被水面留住,重新回到液体状态。如果该密封容器放置足够长的时间,水分子脱离水面和水汽分子回到水面的过程便会达到平衡状态,从此空气中的水汽含量保持不变,这种空气称为水汽饱和空气,这时的水汽压力就称为水面的饱和水汽压(saturation vapour pressure, e_s)。

由于温度控制着水分子的动能,温度越高,水分子越容易摆脱分子引力的束缚变成为水汽,所以,在温度较高的条件下,当水分子脱离水面和水汽分子回到水面的过程达到平衡状态时,空气中的水汽含量较大,因此饱和水汽压也较大。对于纯水面来说,随着温度的升高,饱和水汽压按指数规律迅速增大。饱和水汽压的大小除与温度有关外,还与蒸发面的性质有关,在0℃以下,冰表面上的饱和水汽压比过冷水面上的饱和水汽压小,即水汽在冰面上比在水面上更易于达到饱和状态(图4-1)。

根据水汽压和饱和水汽压,便可以得到其他几个表示大气湿度的参数。第一个参数是相对湿度(relative humidity),指空气中的水汽压与同温度下的饱和水汽压的比值,用百分数来表示:

$$f = \frac{e}{e_s} \times 100\%$$

例如,在图 4-1 中空气样品 A 的水汽压为 20 hPa,气温为25℃时的饱和水汽压为 31.5 hPa(C 点),则相对湿度约等于 63.5%。相对湿度不仅随水汽含量的增多而增大,而且随温度的降低而增大(在水汽含量保持不变时),因此,相对湿度的日变化通常可以反映出气温的日变化。

第二个参数是饱和差 d,指某一温度下的饱和水汽压与实际水汽压的差值。饱和差越大,空气中水汽含量越少,空气越干燥;饱和差越小,空气中水汽含量越多,空气越潮湿。当 $d=0$ 时,$f=100\%$。

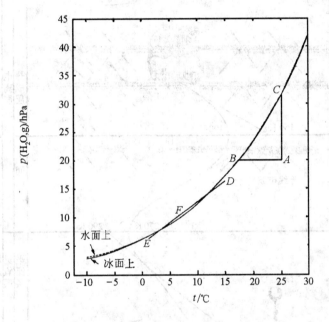

图 4-1 饱和水汽压与温度的关系

图中纵坐标原为 mbar(1 bar=10^5 Pa,1 mbar=1 hPa)

第三个参数是露点温度 T_d(dew-point temperature),指在空气中水汽含量不变、气压一定的条件下,随着空气的冷却,使空气样品达到饱和时的温度。例如,在图 4-1 中,空气样品 A 的温度为 25 ℃,水汽压为 20 hPa,我们可以沿着 AB 线读出 B 点的温度为 17.5 ℃,它就是空气样品 A 的露点温度。

第四个参数是比湿 g,指水汽质量(m_w)与同一容积中空气的总质量(m_w+m_d)的比值,单位是 g·kg^{-1}。对于一团空气来说,无论其体积因膨胀或压缩如何变化,只要其中的水汽质量和干空气质量保持不变,比湿便保持不变。因此,在分析空气的垂直运动时,常用比湿来表示空气的湿度。

4.2 大气的结构与组分

大气受到地球引力的作用,具有在垂直方向上分层的结构,可以称为大气的垂向空间序。按照大气化学组成,可以将它从上到下划分成两个广阔的层次,即非均质层和均质层;按照温度的垂直变化,可划分为四个层次,即热成层、中间层、平流层和对流层;按照功能的不同,可划分出成电离层和臭氧层。这些大气层次之间具有空间上的包容和叠置关系(图4-2)。

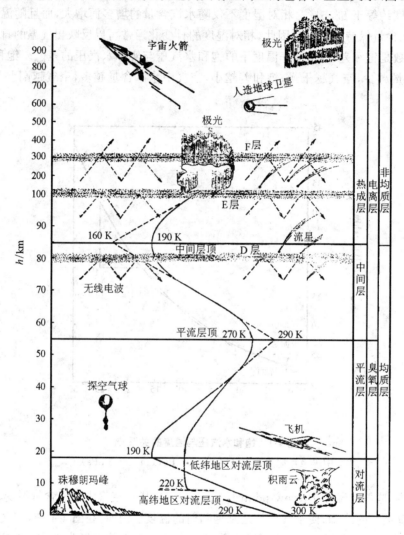

图 4-2 现代大气圈的垂直分层

(一) 非均质层

非均质层(heterosphere)范围大致在距地面 85～480 km 之间。这里以 480 km 的高度近似地作为大气圈顶(上界),与第 3 章中确定太阳常数的高度界限是一致的。在此高度以上,基本上为真空,称为外逸层。在此层内,各种气体分子和原子(主要是氮和氧)依其重量而成层地分布。除此之外,本层还具有独特的热性质和电离功能,因此,又称为热成层和电离层。

热成层的范围与非均质层大致相当,其上界称为热成层顶,高度在太阳活动的活跃期可达550 km,在宁静期则降低到250 km上下。热成层的温度从底部向顶部迅速增高,由－90 ℃到1200 ℃,因此,本层的中、上部温度很高。这是空气分子吸收大量的太阳短波辐射,使其动能增大的结果。

电离层上界的高度与热成层基本相同,但下界可达到距地面55 km处。由于该层吸收大量宇宙射线、X射线、γ射线和紫外线等短波辐射,使原子变成带正电的离子,故而得名。电离层的作用是过滤掉有害波段的太阳辐射,可以保护地球表面不受到过强射线的照射。此外,电离层还能反射无线电波,使之得以远距离传播。当太阳风十分强烈时,电离层也非常活跃,可以使无线电通讯中断。太阳风引起的极光通常也发生在此层中。电离层又可以划分为D层、E层和F层几个电离程度相对比较集中的层次。

(二) 均质层

均质层(homosphere)范围在地表到85 km处。尽管随着高度的增加,空气的密度迅速减小,但在均质层中,各种气体的混合几乎是均匀的,具有相对稳定的成分(表4-1)。当然也有例外,例如臭氧在平流层大气中的聚集,以及水汽和污染物在近地面低层大气中含量的变化等。为了对大气的化学性质有个初步的了解,这里对大气的主要组分简介如下。

氮的主要来源是火山爆发,它是一种重要的生命元素,蛋白质、核酸、叶绿素中都有它的踪迹。氮素进入人体不是通过呼吸(因为人呼出全部吸入的氮气),而是通过食物。在土壤中,氮通过固氮菌被结合为化合物,并被植物吸收。

氧由植物光合作用产生,是生命过程的基本原料和碳水化合物、核酸以及大多数有机化合物的主要组成元素。氧与其他元素组成的化合物占了地壳组成的一半以上。由于光合速率随纬度的变化,以及大气环流对空气混合的滞后效应,使大气中氧的含量具有微小的空间差异。

氩是钾的一种同位素(^{40}K)放射性衰变的残余物,经过数百万年的缓慢积累才达到现在的这种含量水平。在化学性质上,氩属于惰性气体,因此,一般不能进入生命过程。但它具有工业用途,如应用于灯泡、焊接和一些激光器中。

二氧化碳可以由生命过程如呼吸作用产生,它在中间层以下是充分混合的。海洋是二氧化碳的一个很大的储存库,此外,陆地上的化石燃料中也储存着大量的碳,它们经燃烧被释放到大气中。目前,大气二氧化碳含量的增加和全球变暖已成为全世界关注的环境问题。

表4-1 大气均质层中的稳定组成成分

气体	百分之一干空气体积	百万分之一干空气体积(ppm,10^{-6})
氮(N_2)	78.084	780 840
氧(O_2)	20.946	209 460
氩(Ar)	0.934	9 340
二氧化碳(CO_2)	0.036	360
氖(Ne)	0.001818	18
氦(He)	0.000525	5
甲烷(CH_4)	0.00014	1.4
氪(Kr)	0.00010	1.0
臭氧(O_3)	变化不定	
一氧化二氮(N_2O)	痕量	
氢(H)	痕量	
氙(Xe)	痕量	

与非均质层不同,均质层内根据热特性和过滤太阳辐射功能的差异,可以进一步划分成若干个亚层次:

(1) 中间层。范围在距地面 55~85 km。温度随高度而降低,其顶部是大气圈中最冷的部分,平均温度为 -90 ℃ 左右。本层气压也很低,仅 1~0.01 hPa。根据卫星监测的结果,中间层内非常稀薄的空气以巨大的波动形式和每小时 320 km 以上的速度在运动着。

(2) 平流层(stratosphere)和臭氧层(ozonosphere)。范围在距地面 18~55 km,其中臭氧在 20~30 km 处具有最大浓度。气流以水平运动为主。温度随高度而上升,由底部的 -57 ℃ 升至顶部的 0 ℃。气压则随高度而下降,由 100 hPa 降至 100 Pa。本层的热源虽然仍是太阳辐射,但对温度起关键作用的是臭氧层。臭氧是一种大气保温气体(也称温室气体),它的存在具有两个重要功能:(i) 吸收太阳紫外辐射(0.1~0.3 μm),保护地表生命不受其伤害的过滤作用;(ii) 发射长波辐射,且阻碍地表长波辐射返回太空,对平流层起到的保温作用。臭氧层一直被认为处于稳态,而近 20 a 来发现的臭氧含量趋于减少的变化,已经引起全球学术界的关注,成为大气科学研究的重要领域。臭氧层的被破坏会导致地表生物受到有害紫外线的伤害和平流层温度的下降。

(3) 对流层(troposphere)。位于大气圈的最下部,是地表系统的重要组成部分。大气圈质量的 90% 集中于对流层之中。此外,水汽、云、天气现象和空气污染也发生于其中。对流层中的气流以垂直运动为主,在其近地面的下层表现得最为明显。对流层的厚度以赤道附近最大,可达 18 km,这与那里地表强烈加热,对流旺盛有关;在中纬度,厚度平均为 13 km;到两极,厚度只有约 8 km。温度随高度升高而降低,从近地表的平均约 15 ℃ 降至对流层顶的 -57 ℃,平均递减率为 6.4 ℃/1000 m。各地不同时间的气温垂直递减率可以有很大的差别,主要受到当地当时的天气状况影响。气压随高度的降低也非常显著,从平均 1013.3 hPa 降至 100 hPa。

由于平流层温度随高度上升而显著增高,使对流层顶如同一个"盖子",阻碍下层较冷空气进入平流层混合。然而,飓风仍可以将水汽带入平流层中,火山爆发也可将尘埃和硫酸微粒带入平流层,形成阻挡太阳辐射的"阳伞效应"。在对流层中,自然和人为成因的各种气体、颗粒物和化学物质组成大气的成分,其中,各种大气污染物的时空分布及其作用机理已成为环境科学的重要研究领域。

4.3 大气对辐射的削弱

太阳辐射进入大气圈后,由于大气中各种气体分子和悬浮粒子与电磁波的相互作用,产生反射、散射和吸收等过程,导致太阳辐射的传播受到影响,能量被削弱,表现为透射到达地面的太阳辐射能量不仅在数量上比在大气圈顶要少得多,而且在质量上如光谱成分等方面也发生显著的改变。

(一) 散射

地球大气是一种包含多种气体分子和悬浮质点的气态混合物,它的成分和密度不但在空间上的分布是不均匀的,而且在时间上也是不断变化着的。太阳辐射的电磁波进入大气后,便受到这些气体分子和悬浮质点的影响,使之向各个方向弥散,这种现象称为大气的散射(scattering)。散射使一部分太阳辐射向上和向两侧弥散开来,从而使得到达地面的太阳辐射减少。

散射作用的强弱与入射辐射的波长和散射质点的大小、成分、性质有关。大气质点远小于入射电磁波波长时的散射叫做分子散射,它的大小与入射辐射波长的四次方成反比,即入射辐射的波长越短,被分子散射的辐射越多。在可见光波段,蓝、紫色光的波长短,容易被散射,因此,晴天时的天空总是蓝色的。大气质点与入射电磁波波长相当时的散射叫做粗粒散射,云滴和大气气溶胶是主要的粗粒散射质点。大气气溶胶是大气中的一切固体和液体粒子的统称,包括尘、烟、飞灰、海盐粒子、火山尘埃、雾和霾等,它们可以在有云和无云的情况下散射太阳辐射。在充满雾和霾的天气状况下,由于空气中较大的颗粒及污染物将各个波段的可见光散射到空中,所以,天空呈灰白色。大气质点远大于入射电磁波波长时,产生折射和反射。

(二) 反射

到达大气圈的太阳辐射能,还有一部分未经转化成热能或做功便直接返回太空,这部分返回的能量称为反射能,其能量谱段为可见光、紫外线和红外线。与散射不同的是,反射(reflection)具有一定的方向性,它与入射角有关。大气的反射辐射就是大气的逆散射(向上)所反射的太阳辐射,包括分子散射,水汽分子和小水滴散射,以及尘埃杂质散射所引起的反射,反射辐射量与入射辐射量的比值叫做大气反射率。火山爆发是影响大气反射率最重要的因素,例如发生在 1991 年 6 月的菲律宾皮纳图布火山爆发,将巨量的二氧化硫喷入平流层,造成大气反射率明显增加,结果使得在爆发后的几年内,北半球的平均气温降低 0.5～1 ℃,南半球的平均气温降低 0.25～0.5 ℃。

大气中的云是太阳辐射的强烈反射体,不过,云的确切辐射特征尚不十分清楚,它随云的厚度、高度和形状而变化显著。一般来说,薄层云的反射率大约是 30%,而厚层云的反射率在 60%～70% 之间。在厚度和形状大体相同的条件下,云的高度越高,反射能力越大,因为高度大的云层中含有大量冰晶,它们具有强烈的反射性能。根据实测,在云厚均为 1000 m 时,层云在 1 km 高度处,其云顶的反射率为 69.4%,云底的反射率为 59.7%;而在 1.5 km 处,其云顶的反射率增至 74.1%,云底的反射率也增至 62.0%。

(三) 吸收

气体物质将投射在它上面的一部分辐射能同化吸收,并转化成自己的内能的作用称为大气吸收(atmosphere absorption)作用。太阳辐射光谱中存在许多吸收线和吸收带,其中有一些是由于太阳大气的吸收作用产生的,另外的一些则是由于地球大气的吸收作用产生的。气体物质吸收了辐射能之后,内能增加,从而使温度升高。吸收太阳辐射的主要大气成分有水汽、二氧化碳、氧、臭氧、一氧化氮、甲烷等,其他成分的吸收作用很小。

图 4-3 左半部描述了太阳辐射进入大气圈后受到大气吸收的情况。在短波部分,波长小于 0.3 μm 的太阳紫外线和 X 射线辐射能,主要被 20 km 以上的臭氧和氧气所吸收,其吸收率在 11 km 高度处(相当于对流层顶)和地面上相差很少,接近于 100%。在长波部分,波长大于 0.8 μm 的太阳红外辐射能,则主要被对流层中的水汽和二氧化碳所吸收,其吸收率在地面远比在 11 km 高度处要大。在 0.3～0.8 μm 的可见光波段,大气的吸收很弱,只有一些氧气、臭氧和水汽的狭窄吸收线和吸收带(如图 4-3 b～d 所示)。此外,气溶胶也可以吸收太阳辐射,从而起到加热大气并且减少到达地面太阳辐射的作用,它的净效应是提高平流层的温度,降低对流层的温度。

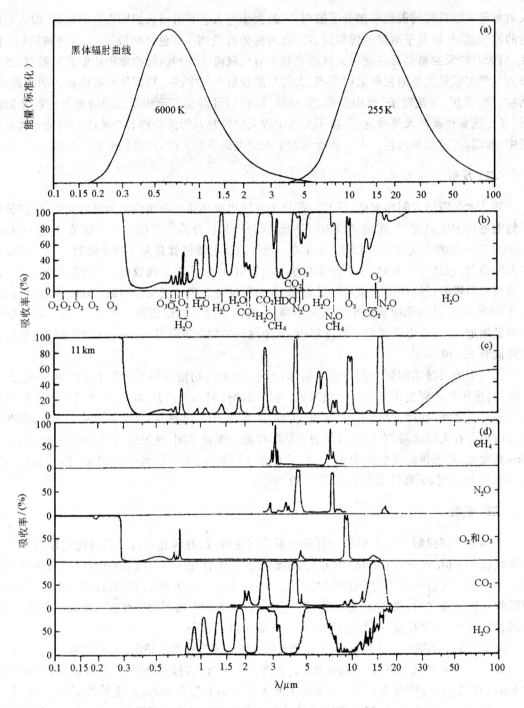

图 4-3 太阳辐射和地球辐射的大气吸收谱[3]

(a) 太阳和地球辐射的黑体辐射谱(假设二者的温度分别为 6000 K 和 255 K),
(b) 所有高度上的大气吸收谱,(c) 11 km 高度以上的大气吸收谱,
(d) 大气顶与地球表面间不同大气成分的吸收谱

参 考 书 目

[1] Christopherson, R. W.. Geosystems: An Introduction to Physical Geography, 2nd edition, Macmillan College Publishing Company, New York, 1994
[2] 陆渝蓉,高国栋. 物理气候学,北京:气象出版社,1987
[3] J. P. 佩索托,A. H. 奥特;吴国雄,刘辉等译. 气候物理学,北京:气象出版社,1995。
[4] 高国栋等. 气候学教程,北京:气象出版社,1996

思 考 题

1. 大气性质的三个基本物理量指的是哪些？解释其物理含义。
2. 现代大气圈在垂直方向上可以分为哪几层？解释各层的性质和功能。
3. 大气对太阳辐射的削弱主要有哪几种形式？解释其削弱太阳辐射的机理。

第5章 辐射平衡

5.1 到达地表的太阳辐射

(一) 太阳总辐射

到达地面的太阳总辐射(global radiation)由两部分组成,一部分是通过大气圈直接到达地面的辐射,称为太阳直接辐射;另一部分是由大气中的空气分子和悬浮物所散射的、来自天穹各个方向的太阳辐射,称为太阳散射辐射。

一般来说,当太阳高度增大时,等量的太阳辐射散布的面积就减小,并且太阳辐射穿过的大气层变薄,因而地表单位面积上所获得的直接辐射增强;在太阳高度一定时,直接辐射随大气透明度的增大而增强。直接辐射的日变化、年变化和随纬度的变化主要由太阳高度角决定。在一日中,中午的太阳高度角最大,直接辐射最强;日出和日落时的太阳高度角最小,直接辐射最弱。同样道理,一年中以夏季的直接辐射最强,冬季最弱。低纬地区一年中太阳高度都较大,因此,地面获得的直接辐射比中、高纬地区要多。

散射辐射的强弱也与太阳高度角和大气透明度有关。当太阳高度增大时,到达近地面层的直接辐射增强,散射辐射也相应增强。大气透明度低时,参与散射的质点增多,散射辐射增强。此外,云也能增强散射辐射。与直接辐射相类似,在一日中,散射辐射在中午前后最强;在一年内,散射辐射在夏季最强。

表 5-1 不同下垫面对于可见光辐射的反射率

下垫面类型	下垫面性质	反射率/(%)
土壤	深色土壤	5~15
	浅色、沙性土壤	25~45
树木	针叶林	10~15
	阔叶林	15~20
	灌木林	15~20
草被	苔原	15~20
	草地	15~25
	干草地	20~30
作物	水稻和小麦	10~25
	棉田	20~25
	蔬菜	15~25
水面	天然水	6~10
	海水	10~20
	冰面	15~35
雪被	干洁新雪	80~95
	污浊的雪	40~50
人工地面	混凝土(干)	17~27
	沥青	5~10

（二）地面反射率

到达地面的太阳总辐射量并不能全部被吸收，其中被地面吸收的部分称为吸收辐射，而被地面反射的部分称为反射辐射。地面反射率(albedo)就是地面反射辐射量与入射辐射量之比，它的大小取决于下垫面的性质如颜色、干湿状况、粗糙程度等。在可见光波段，黑体具有全吸收辐射的能力，反射率近于零，白体具有全反射能力，反射率近于1，因此，深颜色的下垫面比浅颜色的下垫面反射率小。湿润下垫面颜色较深，加上水的比热大，所以，它的反射率比干燥下垫面的反射率小。粗糙度大的下垫面（如森林）起伏不平，对太阳辐射会产生多次反射，从而造成反射率的减小。此外，水面上的反射率要比陆面上低一些。表5-1给出了一些代表性的下垫面类型的反射率。

除了下垫面性质以外，地面反射率的大小还与入射辐射的波长有关，这主要是在绿色植被覆盖的区域。原因是植物的光合作用和生长过程不仅与辐射的数量有关，而且与辐射的光谱分布有关。通常植物对紫外线和可见光的吸收很强，反射很弱；而对近红外线的吸收很弱，反射很强。这有利于植物的生长和防止植物体被过度加热。

5.2 地球表层的长波辐射

大气和地面对太阳短波辐射的吸收导致地-气系统的加热，并向外辐射能量。根据维恩定律，温度约为288 K 的地球表面所发射的最大辐射强度的波长为 $10.06\,\mu m$，而温度约为 255 K 的大气对流层上层所发射的最大辐射强度的波长为 $11.36\,\mu m$，二者均属于红外辐射。与太阳相比较，大气和地表是冷辐射体，它们发射的辐射称为长波辐射(long wave radiation)。地-气系统吸收太阳短波辐射，并以长波辐射的形式将能量返回太空，地球与外界空间的能量交换就是通过这种辐射传输进行的。因此，认识地-气系统的热状况必须考察大气和地面的辐射状况。

（一）地面辐射

地面以红外辐射的形式发射热能，其路径是由地表经大气圈返回太空中去。由于地面对于长波辐射的吸收率接近于1，所以，可以将其近似地视为黑体。根据斯蒂芬-玻兹曼定律，黑体的辐射能力（单位时间内单位面积上的能量）与其绝对温度的四次方成正比，即

$$E = \sigma T^4$$

式中 σ 为斯蒂芬-玻兹曼常数，等于 $5.67\times 10^{-8}\,W\cdot m^{-2}\cdot K^{-4}$。对于不是绝对黑体的地面，要计算其辐射能力，需在上式的右边乘以相对黑体系数 δ，不同类型地面的相对黑体系数稍有不同，陆地为 0.92，植被为 0.98，水面为 0.96。在大多数情形下，陆地和水面的相对黑体系数可以认为是均匀的。表 5-2 给出了不同温度下地面长波辐射的能量值。

表 5-2 地面不同温度时的辐射能量（$\delta=0.95$）

$t/℃$	−40	−20	0	20	40
$E/(W\cdot m^{-2})$	159.17	221.22	299.86	397.80	517.98

因为所有温度在 0 K 以上的物质均发射能量，所以，地表无论是在有太阳辐射能量收入的白昼还是在没有太阳辐射能量收入的夜晚，都在向地球以外连续地发射长波辐射。

（二）大气辐射

大气吸收了来自地面和太阳的辐射之后,以长波辐射的形式发射辐射,其中大气向地面发出的辐射部分称为大气逆辐射,大气向其以外的宇宙空间发出的辐射部分称为大气对外辐射。图 4-3 的右半部分显示出,大气对波长大于 $4\ \mu m$ 的地面辐射的吸收能力比对太阳短波辐射的吸收能力要大,并且以水汽、二氧化碳和臭氧的吸收最为显著,其吸收率在地面比在 11 km 以上的高空要大许多。各种气体成分的吸收率随波长起伏很大。水汽在 $5\sim7\ \mu m$ 有一个较强的吸收带;而在 $8\sim12\ \mu m$ 范围内的吸收很弱,由于地面辐射在此波长范围内的发射能力较强,透过大气进入宇宙空间的长波辐射便较多,所以这个波段被称为"大气之窗";从 $18\ \mu m$ 附近开始,吸收率又明显增大,几乎全部地面辐射都被吸收。二氧化碳在 $12\sim17\ \mu m$ 的波长区有一个狭长的吸收带。此外,臭氧、一氧化二氮和甲烷也有一些比较微弱的吸收带。这些能吸收地面长波辐射的气体称为温室气体。

大气温室气体和逆辐射的存在是使低层大气保温的重要因素,由于这种大气保温作用过程与温室作用过程相似,通常被称为温室效应(greenhouse effect)。其实,温室的类比并不是十分恰当的,因为红外辐射并没有像被玻璃拦截在温室中一样地被拦截在下层大气中,只是它进入宇宙空间的路径被延长了,热量在地面和大气圈之间被温室气体及各种大气微粒反复地吸收和辐射,从而延缓了地面和近地面大气热量的损失。

（三）有效辐射

地面辐射与地面吸收的大气逆辐射之差称为地面有效辐射(effective radiation of the earth's surface),它是地面通过与大气的长波辐射交换而实际损失的能量。有效辐射为正,地面净损失能量;有效辐射为负,地面净获得能量。所有影响地面辐射和大气逆辐射的因素都会影响有效辐射。在空气湿度、云况等条件基本不变时,地面温度增高使地面辐射增强,有效辐射亦增大;空气温度增高使大气逆辐射增强,有效辐射则减小。天空无云时有效辐射的日变化规律较为显著,表现为正午前后的有效辐射最大,日出前最小,夜间有效辐射呈单调减少。有效辐射的年变化一般表现为冬季各月份较小,夏季各月份较大。但由于云的影响,实际的有效辐射日变化和年变化是很复杂的。在空气湿度较大,云量较多时,大气吸收地面的长波辐射较多,使大气逆辐射增强,地面有效辐射显著减弱;而在天气晴朗无云时,则大气逆辐射减弱,地面有效辐射相应增强。因此,通常有云的夜晚比无云的夜晚要温暖一些。

5.3 地球表层的辐射平衡

在某段时间内,物体单位面积上能量收支的差值称为净辐射(net radiation)。净辐射为零,说明物体收支的辐射能量相等,温度保持不变;净辐射不为零,说明物体收支的辐射能量不平衡,温度将上升或下降。由于地球表面的净辐射在很大程度上决定着气温和土温,所以,它是最主要的气候形成因素。

（一）地面辐射平衡

地面辐射能的收入中属于短波辐射的有太阳直接辐射量 S 和太阳散射辐射量 D,属于长波辐射的为大气逆辐射量 G_a;地面辐射能的支出中属于短波辐射的为地面对太阳辐射的反射

辐射量 A，属于长波辐射的为地面辐射 U_e。地面收入的总辐射能量和支出的总辐射能量的差额称为地面净辐射量 R_e，地面辐射平衡方程为

$$R_e = (S + D + G_a) - (A + U_e)$$

到达地面的太阳直接辐射 S 和散射辐射 D 之和为太阳总辐射 Q_e，反射辐射 A 等于总辐射 Q_e 与反射率 α 的乘积，地面辐射 U_e 和大气逆辐射 G_a 之差为有效辐射 E，代入上式得

$$R_e = Q_e(1-\alpha) - E$$

可见，地面净辐射的大小及其变化特征是由短波辐射差额和长波辐射差额两部分决定的，因此，凡是能影响这两部分的因素，都能影响净辐射量。例如，太阳高度、大气中云、水汽、微粒以及大气成分的变化可影响 Q_e 的数量发生变化；冰雪覆盖、植被、土壤水分等下垫面性质的变化可影响 α 值发生改变；地面温度、大气湿度、云量，以及温室气体含量的变化可引起 E 值的变化。

对于某一时刻而言，R_e 值正好等于零的可能性很小，它随时间有日变化和季节变化。在白昼净辐射为正值，夜晚为负值，原因是夜间没有太阳短波辐射的输入，地面持续失热。在中、高纬地区，夏季净辐射增大，冬季减小，甚至出现负值。然而，从全球多年平均来看，地面处于能量收入与支出的大致平衡状态，年平均净辐射通量的空间分布见图 5-1，其特点表现为：

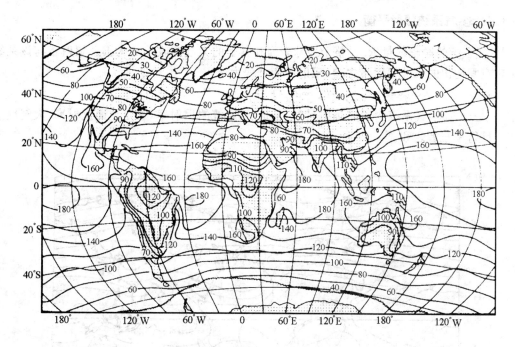

图 5-1 地球表面年平均净辐射分布[2]

（单位：$W \cdot m^{-2}$）

(1) 净辐射随纬度的增加而减少。赤道附近为 160~180 $W \cdot m^{-2}$，纬度 60°处减少为 20~40 $W \cdot m^{-2}$。在全球大部分地区，净辐射为正值，不过在冬季的极区为负值，这是由于太阳入射辐射非常小或接近于零所致。

(2) 海洋与大陆之间净辐射分布的不连贯变化十分明显。相同的纬度，海洋上净辐射大于陆地，最大值为 180 $W \cdot m^{-2}$，出现在热带的海洋（收入的短波辐射量大，α 较小，E 也较小）。近

赤道地区陆地上的极大值出现在南美和非洲大陆的热带雨林区;副热带的极小值位于沙漠地区,这是由于地面反射率较大、云量较少、湿度较小和温度较高的缘故。

(二) 大气辐射平衡

大气辐射能的收入包括吸收太阳直接辐射和散射辐射 Q_a 和吸收地面长波辐射 U_a;大气辐射能的支出包括大气逆辐射 G_a 和大气向宇宙空间发出的长波辐射 U_∞。大气收入的总辐射能量和支出的总辐射能量的差额称为大气净辐射量 R_a,大气辐射平衡方程为

$$R_a = (Q_a + U_a) - (G_a + U_\infty)$$

如果以 P 表示大气对地面辐射能量的透射系数,地面辐射能量为 U_e,则大气吸收的地面辐射能量 $U_a = (1-P)U_e$。此外,地表面的有效辐射 $E = U_e - G_a$,地面和大气向宇宙空间逸出的辐射能量 $E_\infty = PU_e + U_\infty$。据此,大气净辐射量可表示为

$$R_a = Q_a - (E_\infty - E)$$

大气净辐射的大小取决于大气吸收的太阳辐射、地面有效辐射和地面与大气向宇宙空间逸出的辐射,其中大气吸收的太阳辐射量相对较小,故大气净辐射量主要由 $E_\infty - E$ 决定,因为 $E < E_\infty$,所以大气净辐射总为负值,它通过地面的潜热和感热输送得到补偿。

(三) 地-气系统辐射平衡

地-气系统的净辐射量 R_s 是整个地球表面和其上的大气圈收入的太阳总辐射量与该系统向宇宙空间逸出的长波辐射量之差,辐射平衡方程为

$$R_s = Q_s(1 - \alpha_s) - E_\infty$$

式中 Q_s 是进入地-气系统的天文辐射量,α_s 是地-气系统的反射率,它是地面反射率、大气反射率和云反射率三者之和。

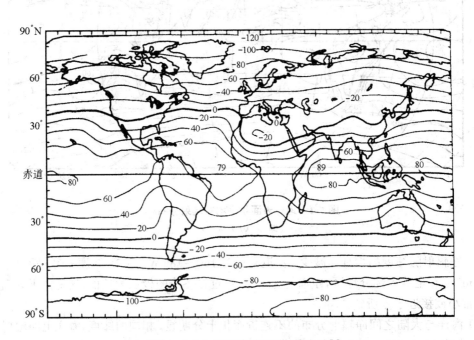

图 5-2 大气圈顶年平均净辐射分布[2]

(单位:W·m^{-2})

对于全球而言,地-气系统的净辐射量为零,但各地存在着明显的差异,净辐射量可正可负。根据人造卫星对通过大气圈顶的地-气系统净辐射的测定,在赤道附近的低纬地区,由于太阳高度较高,日长比较稳定,所以,能量的输入大于输出,年平均净辐射为正,能量盈余 60～80 W·m^{-2};而在极地附近的高纬地区,由于太阳高度较低,地表冰雪反射率高,并且有极夜现象,所以,能量的输入小于输出,年平均净辐射为负,能量亏损约 80～100 W·m^{-2}。南、北纬 36°大体处于能量输入和输出的平衡点,即那里地-气系统所获得的太阳短波辐射量等于其失去的长波辐射量,净辐射量为零(图 5-2)。

这种净辐射量在低纬和高纬之间的不均衡分布驱动着全球能量从赤道向两极的输送,以补偿高纬地区的能量亏损,这是形成经向的大气环流、洋流、天气系统移动如台风和飓风等现象的基本成因背景。此外,海洋区域吸收的能量比陆地多,表明大气环流必然将净能量从海洋向陆地输送。在陆上,北非沙漠地区有很强的负值,因此,必然有大气能量的输入,或由空气压缩产生的绝热加热,以抵消这一辐射冷却。

(四)辐射平衡的总体特征

观测表明,在长时期的平均情形下,地表系统处于能量平衡状态。将系统内各种辐射过程的测量结果进行年平均,便得到辐射平衡的图解模型。图 5-3 的左半部为太阳辐射的平衡过程,右半部为地球辐射的平衡过程,数字已经归一化处理。

假定入射的太阳辐射有 100 个单位。其中 16 个单位被平流层臭氧、对流层水汽和气溶胶吸收,4 个单位被云吸收,50 个单位被地球表面吸收;剩余的 30 个单位中,6 个单位被空气向上散射回宇宙空间,20 个单位被云反射回去,4 个单位被地面反射回去。这 30 个单位的反射部分构成地球的行星反射率,它们不参与地表系统的加热。

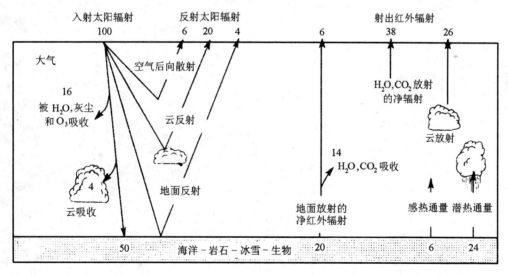

图 5-3 地球表层系统辐射平衡的图解模型[2]

对于地面而言,吸收的 50 个单位的太阳辐射中,20 个单位又以长波辐射的形式进入大气层,30 个单位则通过湍流、对流、蒸发过程以感热(6 个单位)和潜热(24 个单位)的形式传输进入大气层,地面辐射达到平衡。在 20 个单位的地球表面向外长波辐射中,14 个单位被大气(主要是水汽和二氧化碳)吸收,6个单位直接进入宇宙空间。

对于大气而言,它吸收了 20 个单位的太阳辐射(平流层臭氧、对流层水汽和气溶胶吸收 16 个单位,云吸收 4 个单位)和 44 个单位的来自地面的长波辐射及其他形式的热量(地球表面向外长波辐射被大气吸收 14 个单位,感热 6 个单位,潜热 24 个单位),这些能量主要被水汽和二氧化碳等向宇宙空间发射的红外辐射(38 个单位)、云向宇宙空间发射的红外辐射(26 个单位)抵消,因此,大气辐射达到平衡。

对于地-气系统而言,进入系统的太阳辐射共 70 个单位,其中 20 个单位被大气吸收,50 个单位被地表面吸收;在大气圈顶部进入宇宙空间的长波辐射也是 70 个单位,其中直接透过大气的地面长波辐射 6 个单位,被水汽和二氧化碳等发射的红外辐射 38 个单位,被云发射的红外辐射 26 个单位。因此,整个地-气系统能量收支相等,辐射达到平衡。

参 考 书 目

[1] 陆渝蓉,高国栋. 物理气候学,北京:气象出版社,1987
[2] J. P. 佩索托,A. H. 奥特;吴国雄,刘辉等译. 气候物理学,北京:气象出版社,1995
[3] 高国栋等. 气候学教程,北京:气象出版社,1996

思 考 题

1. 什么叫大气温室气体?大气温室效应与实际温室效应有何区别,为什么?
2. 解释地面辐射平衡方程的含义,分析影响各变量的因素。
3. 解释大气辐射平衡方程和地-气系统辐射平衡方程的含义。
4. 概述地球表层系统的辐射平衡图解模型。

第6章 大气温度

气温作为大气可感热能的度量,表示的是大气中气体分子的平均动能。气温的空间分布格局和时间波动特征主要受到地理位置、太阳辐射分布、海拔高度、地面性质、洋流等因素的影响。研究气温的空间分布,通常采用绘制等温线图的方法,即将气温值相同的各点连接成线的图。等温线图有两种,一种是根据各地实际气温值绘制的,另一种是将各地的气温按照一定的温度垂直变化梯度订正到海平面,根据海平面气温值绘制的,以便削除海拔高度的影响,考察纬度和海陆位置等对气温分布的影响。在数十年到百年的时间尺度上,气温的波动特征受到自然和人为因素的共同影响,它的未来变化趋势已成为人类所面临的全球环境问题之一。

6.1 影响大气温度的因素

(一) 太阳辐射

由于低层大气对太阳辐射的吸收能力差,但对地面辐射的吸收能力很强,所以,地面长波辐射和地面获得的净辐射能量是大气温度变化的最重要的影响因素。地面净辐射 R_e 主要通过地面与其上层大气间进行的湍流感热交换(P),地面水分蒸发或凝结所产生的潜热交换(LB)和地面与下层土壤之间的热量传导交换(Q_A)等过程使辐射能量转化成热能离开地面,以达到地面热量的平衡,即

$$R_e = LB + P + Q_A$$

在全年平均的情况下,$Q_A=0$,则有

$$R_e = LB + P$$

由此可见,气温主要是地面净辐射转化为潜热和感热的结果。由于地面净辐射具有随纬度的增加而减少的分布特征(图 5-1),从而形成自赤道向两极,地球表面由持续性温暖,到寒暑季节性交替显著,再到持续性寒冷的纬向变化。

(二) 海拔高度

如前所述,对流层大气主要靠吸收地面长波辐射和潜热与感热而获得热能。由于随着高度的上升,空气密度降低,使其吸收和辐射热能的能力下降,从而导致气温具有沿垂直方向递减的特点。在全球范围内,山地的气温总是低于同纬度近海平面区域的气温。此外,高海拔地区不仅气温较低,还具有昼夜温差大(稀薄空气的吸热和放热均十分迅速)和阴阳坡温差大等特点。

山地的雪线是气温垂直变化的显著标志,它是冬季降雪量与夏季融雪量和蒸发量达到平衡的界限,雪线以上的地带可以产生冰川。雪线的高度与纬度有较好的相关性,在赤道附近的高山区,雪线出现在大约 5000 m 的高度,如在南美洲的安第斯山脉和东非的乞力马扎罗山。随着纬度的升高,雪线逐渐降低,中纬度山脉的雪线大约在 2000~3000 m,高纬度山脉的雪线可降低至 900 m,如格陵兰的南部。

（三）地面性质

由于地面是大气的主要热源，所以，地面性质对气温有着很大的影响。地面性质的最显著差别可以说是海陆的差别，它对于气温分布格局和变化特征影响的本质是陆面和水面热性质的不同，表现为水面上的气温变化和缓，而陆面上的气温变化剧烈，其主要成因如下：

1. 蒸发

水分的蒸发过程是一个吸热的过程，吸收的热能被储存于水汽之中，称为潜热。洋面上获得太阳能量的50%以上用于蒸发，这一比例明显高于陆面。就全球而言，海洋单位面积单位时间内的蒸发耗热是陆地的3倍以上，其结果使洋面上蒸发强烈的夏季和白天的气温趋于降低。与此相反，在陆地上，蒸发过程较弱，因蒸发产生的降温调节作用也就不明显。这就是许多避暑和夏季旅游胜地位于海滨或湖滨的原因。

2. 透射

陆地是不透明的，而海水则是透明的，因此，光在这两种物质内的传播性质明显不同。投射在岩石和土壤上的光不能穿透它们，而是被吸收并加热其表面。因此，在夏季的海滨沙滩上，脚下的沙子烫得令人难以忍受，而将脚伸入几厘米以下的沙土中，便顿觉凉爽。在一天中，当地面在白昼受到阳光照射时，产生热量在表层的积累，并加热其上的空气；而到了夜晚，地面热量便迅速散失，其上的空气也随之迅速冷却。投射在水面上的光能够穿透表层水体，在海洋上平均可传播到60 m的深度，这个被光照亮的带称为透光带。水的透明性使海水获得的光能及其转化的热能被分布于比陆地更深、更广的范围内，这使得水体不易增温，温度在不同深度上也变化不大，因此，水面上的气温也不易升高。

3. 比热

单位质量物质温度升高（或降低）1 K时所吸收（或放出）的热量称为该物质的比热，单位为 $J \cdot kg^{-1} \cdot K^{-1}$。大陆表面岩石和土壤的比热仅为海水比热的约1/5，因此，当白天吸收等量的太阳辐射时，陆地吸热快，增温也快；水体吸热慢，增温也慢。在日落之后，陆地放热快，降温也快；水体放热慢，降温也慢。

4. 流动

岩石和土壤是固体物质，吸热和放热过程进行的方向分别是向下和向上的，且热量的交换集中在较浅的表层。水则是液体物质，具有流动性，从而使得白天吸收的热量可向四面八方扩散到一个更大的体积和深度内，使水温和其上的气温均升高缓慢。在夜间，水体散失热能也比陆地要慢得多，使水温和其上的气温均降低缓慢。

海陆热力性质不同在地球表面的显著表现是海洋性气候和大陆性气候的形成。海洋性指显示出海洋缓和作用的地方的气候条件，通常出现在沿岸和岛屿上，那里具有较小的气温日较差和年较差。相反，大陆性指较少受到海洋影响，而显示出陆地剧烈影响的地方的气候条件，通常出现在大陆内部，那里具有较大的气温日较差和年较差。衡量海洋性和大陆性条件的强弱通常用大陆度 K (continentality)，它表示一个地方的气候受大陆影响的程度，计算公式为

$$K = \frac{1.7A}{\sin\varphi} - 20.4$$

其中 A 为站点的气温年较差（℃），φ 为纬度。K 的取值范围在0～100之间，通常以50为大陆性气候和海洋性气候的分界值。

影响气温的其他因素如洋流、海面温度等,将在以后的章节中予以介绍。

6.2 海平面温度分布特征

大气温度的分布对于确定大气的热力状态和运动特征是十分重要的。图6-1(pp.38～39)是1月和7月平均海平面温度的分布,与地面净辐射的分布相比较可知,在一年中净辐射最多的热带和亚热带地区,温度也最高。热赤道的位置(见图6.1)在1月份大部分位于南半球,7月份则移至北半球。

(一) 1月气温分布

等温线大致呈纬向分布,并且在南半球比北半球更为规则。从赤道向高纬,气温随着净辐射的减少而降低,在相同纬度上,南半球气温高于北半球。

由于海陆热力性质的不同,北半球等温线在大陆上向赤道凸出,说明陆地气温低于同纬度洋面气温;南半球等温线在大陆上向极地凸出,说明陆地气温高于同纬度洋面气温。

在北半球暖洋流经过的洋面如北大西洋和北太平洋,等温线明显北伸,说明洋面气温明显高于同纬度的陆地;在南半球,洋流的影响主要表现为冷洋流对于大陆沿岸气温分布的影响,如在南美、非洲和澳洲大陆西岸等温线的向赤道凸出,说明洋面气温低于同纬度沿岸的陆地。

图中显示的最冷地区在俄罗斯西伯利亚的东北部和格陵兰岛(−48 ℃以下),这与那里处于高纬,太阳辐射收入少;天气以晴空、干燥、静风为主,净辐射少;以及深入大陆内部,受海洋调节作用小有关。在西伯利亚的维尔霍扬斯克出现过绝对最低气温−68 ℃和一月日平均气温−50.5 ℃的记录,那里在一年中有7个月的月均温低于0 ℃,4个月的月均温低于−34 ℃。尽管如此,自1638年以来,该城一直有居民,现有人口约1400人。

南半球最热的地区在南回归线附近的澳大利亚中西部沙漠区(30 ℃以上),那里晴空少云、降水稀少、地面缺少植被和水体、蒸发等调节作用弱、空气干燥,使地面增温强烈,白天气温很高。

(二) 7月气温分布

等温线的纬向分布仍以南半球较为规则,在相同纬度上,北半球气温高于南半球。

北半球南北的温差明显小于1月份,表现为等温线稀疏。大陆等温线除欧亚大陆中部高原地区外,均呈现向极地凸出的趋势,说明陆地气温高于同纬度洋面,大西洋和太平洋暖洋流对等温线的影响不明显。

南半球由于海水的调节作用,使等温线的疏密程度与一月无明显差别。大陆等温线略向赤道凸出,在南美洲大陆西岸冷洋流经过之处表现得最为明显,说明陆地的气温低于同纬度洋面。

北半球最热的区域在北回归线附近的撒哈拉沙漠(30 ℃以上),利比亚的阿济济亚(32°32′N,112 m)曾记录到58 ℃的高温(1922年9月13日),与1月份澳大利亚中西部高温的产生原因相似。

南半球最冷的区域在南极洲上,1983年7月21日在俄罗斯的东方站(Vostok,78°27′S,3420 m)曾观测到−89.2 ℃的气温。

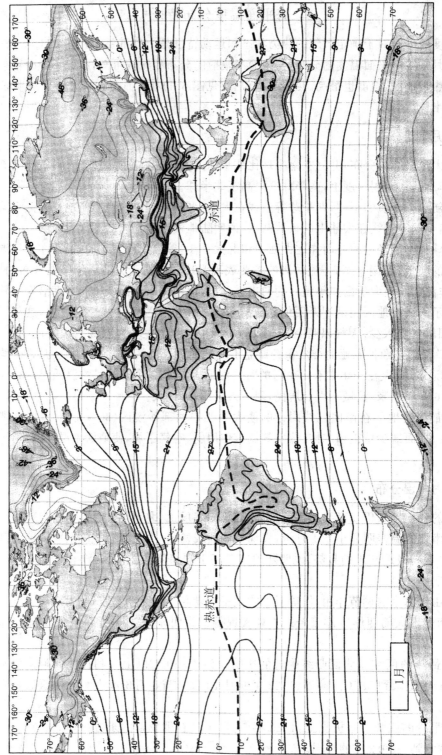

图6-1a 全球海平面1月气温分布（℃）[2]

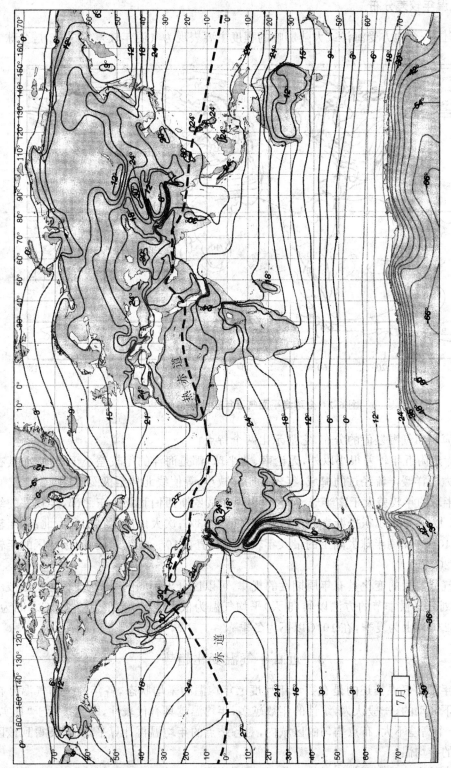

图6-1b 全球海平面7月气温分布（℃）[2]

（三）气温年较差分布

如前所述，一个地方受海洋或大陆影响的程度主要表现为气温年较差。图 6-2 是全球 1 月

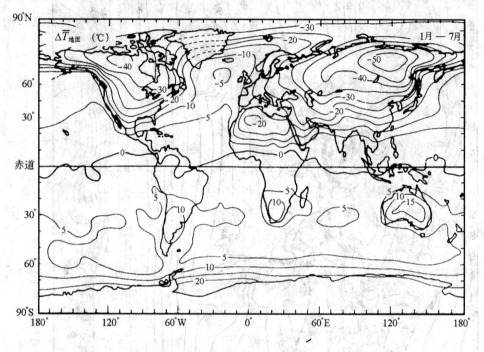

图 6-2　全球海平面气温年较差分布（℃）[3]

与 7 月平均海平面气温差值的分布，它显示出两个特点：

（1）除赤道附近年较差很小以外，无论南、北半球，都是海洋的年较差小于陆地，尤其在北太平洋和北大西洋暖洋流经过的海域，年较差明显减小，等值线北伸至极圈附近。

（2）北半球的年较差大于南半球，最大值出现在俄罗斯西伯利亚的东北部，年较差的绝对值在 50 ℃以上，其中维尔霍扬斯克的年较差绝对值达 63 ℃；次大值出现在加拿大北部，年较差绝对值大于 40 ℃。而南半球大陆上的最大年较差绝对值在 10～15 ℃之间，南极地区的年较差绝对值约为 20 ℃。

一年中气候要素的变化具有年周期性的规律，可以区分出不同的季节阶段，在我国被广泛采用的一种划分气候季节的方法以候（5 天）平均气温为依据，候均温在 10～22 ℃之间为春、秋二季，在 22 ℃以上为夏季，在 10 ℃以下为冬季。

6.3　近百年气温变化趋势

多年的年平均气温描述的是在数十年尺度上年均温的平均状态，各年的平均气温是在多年平均值上下波动的。一般认为，统计的年数越多，年均温越具有代表性，即越接近于"真实"的年均温。在一个高差不大、布点均匀的区域内，对各站点的年均温再计算平均值，便得到该区域逐年和多年的年均温。

为了考察整个地球表面年均温的变化，就需要将地球看做是一个整体，计算其上所有站点逐年年均温的全球平均值，图 6-3 便是对 1860～1992 年间逐年年均温全球平均值的一种估算

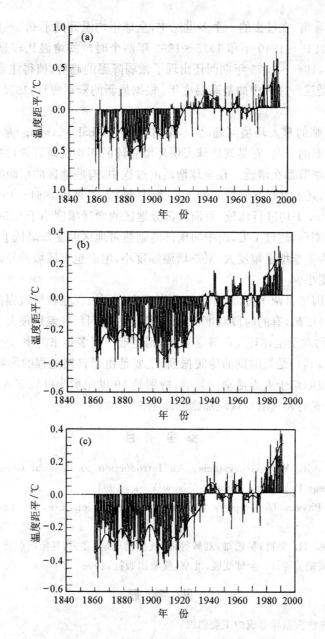

图 6-3 相对于 1951～1980 年平均值的全球年均温度变化（1860～1992 年）[4]

(a) 陆地，(b) 海面，(c) 陆地和海面的合成

结果。其中，陆面气温估算的依据是过去 133 a 的大部分时期内、具有一致性观测的各气象台站所采集的数据；海面温度变化则是通过同一时期 6000 万条船舶（主要是商船）观测资料计算出来的。将所有陆地测站和船舶的观测资料置于一定大小的网格中（例如 1°纬度×1°经度），并对每个网格中的观测数值进行逐年平均，便得到各网格的逐年年平均气温，全球陆地表面和海洋表面温度合成年平均值是对网格年平均值按面积加权平均的结果。直方图分别给出逐年的陆地、海面和陆地与海面合成的年均温；曲线是对其进行滑动平均后的结果，指示全球年均温的变化趋势；图的纵坐标是距平，指逐年数值相对于 1951～1980 年平均值的偏差。

从图 6-3 可以看出,在过去的一个多世纪中,全球年均温升高了 0.3~0.6 ℃,但增温的趋势是不均匀的,以 1910~1940 年和 1975~1992 年两个时段的增温比较显著,而 1860~1910 年期间增温不明显,1940~1975 年期间还出现了微弱降温的趋势。值得注意的是,80 年代是最暖的 10 a,1990 年是这一序列中的最高温度年。根据最新的资料统计,1998 年是近千年来全球温度最高的一年。

作为人类所面临的重大环境问题之一,全球变暖(global warming)是指地球表面平均温度和近地表平均气温的升高。它是就地球表层环境总体的年均温而言的,并不是指全球每个地区都在增暖或每个季节都在增暖。在全球增暖的过程中,有些地区的增暖幅度可能大一些,有些地区可能小一些,还有些地区可能不变或者降温。例如,如果用 1961~1990 年的 30 a 平均与 1931~1960 年的 30 a 平均进行比较,亚洲大部分地区的增暖幅度小于 0.5~1 ℃,西伯利亚地区的温度升高最为剧烈,超过 1 ℃,而中国南部的副热带地区温度却降低了 0.5~1 ℃。增暖具有季节差异,表现为冬季增温幅度大,夏季增温幅度小;增暖也有区域差异,表现为高纬增温幅度大,低纬增温幅度小。

全球变暖的原因来自两个方面,即自然原因和人为原因。在自然过程控制下,大气温度是变化的,有的时段温度高,有的时段温度低。冷暖变化的时间尺度差别很大,可以从几年到万年以上。至于人类活动对于全球环境的显著影响,则是近一百多年来的事。全球年平均温度变化曲线中有两种波动:其一是短时期的冷暖振荡,主要是由于自然过程的影响;其二是长时期的温度上升趋势,多被归结于人类活动的影响,特别是 19 世纪后半叶以来人类通过燃烧化石燃料和砍伐森林所造成的大气温室效应加剧的影响。

参 考 书 目

[1] Christopherson,R. W.. Geosystems:An Introduction to Physical Geography,2nd edition,Macmillan College Publishing Company,New York,1994

[2] T. McKnight. Physical Geography:A Landscape Appreciation,6/e,Prentice-Hall Inc.,New Jersey,1999

[3] J. P. 佩索托,A. H. 奥特;吴国雄,刘辉等译. 气候物理学,北京:气象出版社,1995

[4] J. Houghton;戴晓苏等译. 全球变暖,北京:气象出版社,1998

思 考 题

1. 解释陆面和水面热性质差异形成的主要原因。
2. 简述全球海平面 1 月、7 月气温和气温年较差的分布特征。
3. 简述近百年来全球年平均温度的变化趋势及其成因。

第7章 大气环流

大气在水平方向上的运动称为风。地表系统内大气的运动大致可以分为三个层次,即全球的大气运动(行星尺度)、移动性高、低气压系统引起的大气运动(海陆尺度)和地方性的风(局地尺度)。其中,行星尺度的大气运动反映了大气运动的基本状态和变化特征,制约着规模较小的大气运动。因此,通常所说的大气环流(atmospheric circulation)主要是指具有行星尺度的大气运动现象,它的水平尺度可达 10^4 km,垂直尺度仅为 10 km 左右,近似于一种水平运动。

大气环流形成与维持的基本能源是太阳辐射能。根据辐射平衡的测量和计算,地球表面除两极以外,从太阳得到的是净辐射收入;大气由于对太阳短波辐射吸收较少,所以在各个纬度上均为净辐射输出;地-气系统则在大约南北纬 36°之间的地带年辐射有净盈余,在南北纬 36°以外的地带年辐射有净亏损。因此,从长期作用的观点来看,地表是热源,大气是热汇;低纬地区是热源,高纬和极地地区是热汇。这种冷、热源的不均匀分布是大气环流形成的根本原因。大气环流是地球上能量和物质传输的一种主要形式,在这一大气运动的过程中,地表以感热和潜热的形式将能量输送给大气,低纬盈余的能量被传输到中、高纬地区,以补偿那里净辐射的亏损,从而形成了地球上不同地区水、热状况的分化,并影响到陆地生物群落和自然景观的分布。由此可见,大气圈在使地球上各个大陆和大洋中生物群落与非生物环境联系成一个整体这方面,起着比其他任何自然因素都更加重要的作用。

7.1 大气运动的驱动力

根据牛顿运动定律,任何物体,只要没有外力改变它的状态,便永远保持静止或匀速直线运动的状态;在受到外力作用时,物体所获得的加速度的大小与外力矢量和的大小成正比,并与物体的质量成反比,加速度的方向与外力矢量和的方向相同。大气运动的速度和方向是由作用在空气上的力引起的,习惯上,风向指风吹来的方向,风速通常以 km·h^{-1} 或 m·s^{-1} 为单位。作用于大气的力包括重力、气压梯度力、地转偏向力、惯性离心力和摩擦力等。重力将空气吸引、浓缩在近地面层,使得大气的密度和压力随着高度的增加而减小。在水平方向,自由大气中的主要作用力是气压梯度力和地转偏向力。此外,当风沿曲线运动时,会受到惯性离心力的影响;在地面边界层中,风还受到摩擦力的削弱。下面简单介绍影响大气水平运动的四种力和它们对大气运动的作用原理。

(一) 气压梯度力

作用在单位质量空气上的净压力,叫做气压梯度力 G。在大气中,气压梯度力的垂直分量 (G_z)比水平分量(G_x 或 G_y)要大得多,这可以从气压梯度的差异方面显示出来。例如在海平面附近,只需升高 10 m 左右,气压就会减小 1 hPa,而在水平面上则往往要相距 100 km 左右,气压才相差 1 hPa。由于有重力与 G_z 相平衡,所以,在垂直方向上空气的加速度很小,一般不会造成强烈的上升气流。水平气压梯度力(G_n)虽小,但在一定条件下却能造成较强大的空气水平运动。水平气压梯度力的方向是垂直于等压线由高压指向低压,大小与水平气压梯度 $-\frac{\partial p}{\partial n}$(单位距离内气压的改变量)成正比,与空气密度 ρ 成反比,即:

$$G_n = -\frac{1}{\rho}\frac{\partial p}{\partial n}$$

水平气压梯度力是形成风的原动力,它使空气沿着力的方向由高压向低压作加速运动。假设近海平面某一立方体的空气,边长为 1 m,密度为 $1 kg \cdot m^{-3}$,其质量就是 1 kg,如果存在一个 $1 hPa \cdot (100 km)^{-1}$ 的水平气压梯度,那么此空气立方体上受到的气压梯度力为:

$$G_n = -\frac{1 kg}{1 kg \cdot m^{-3}} \cdot \frac{1 hPa}{100 km}$$
$$= -\frac{1 kg}{1 kg \cdot m^{-3}} \cdot \frac{10^2 N \cdot m^{-2}}{10^5 m}$$
$$= -10^{-3} N$$

在它的作用下,1 kg 质量的空气可获得 $0.001 m \cdot s^{-2}$ 的加速度,在持续作用 3 h 后,可使风速由零增大到 $10.8 m \cdot s^{-1}$。

图 7-1 显示出在单一气压梯度力作用下空气运动的情况。在地面的高压区,空气辐散,流出高压中心,从而导致上层空气下沉补充,形成下降气流;在地面的低压区,空气辐合,流入低压中心,从而导致下层空气的抬升,形成上升气流。

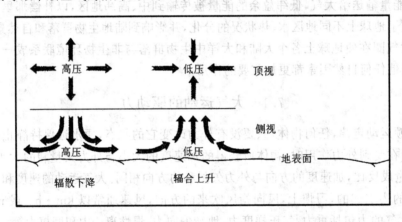

图 7-1 气压梯度力单独作用下的空气水平和垂直运动[1]

大气中的高、低气压区的存在,主要是由地面对空气的加热不均(热力原因)和空气运动本身(动力原因)产生的。对于两个横截面相等的气柱 A 和 B 来说,假设初始时两气柱内空气的密度和压力在同一高度上是相同的,并随高度的上升而减小。将气柱 A 放在陆地上,气柱 B 放在临近的海洋上。在白天,陆地表面的温度高于海面温度,这样就会使气柱 A 内的空气接受热能比气柱 B 多,产生相对显著的膨胀作用。气柱横向的膨胀使得留在气柱 A 内的空气总量减少,结果是气柱 A 底面所受的大气压力变小,等压面(三维空间气压处处相等的面)下凹,在近地面层,水平气压梯度从 B 指向 A。气柱纵向的膨胀产生上升运动,一部分空气从气柱顶部流出,它与横向膨胀结合起来使气柱内的空气密度变小,从而使等压面的间距加大,垂直气压梯度变小,结果是在某一高度的层面上,气柱 A 中空气的质量超过气柱 B 中空气的质量,水平气压梯度从 A 指向 B。这样便足以产生一个热力环流圈,在近地面,风从海洋(高压)吹向陆地

(低压)，并产生辐合上升；在高空，风又从陆地(高压)吹向海洋(低压)，并产生辐合下沉(图7-2a)。在夜间，海陆表面温度的差异与白天正相反，因此，地面和高空水平气压梯度和热力环流的方向也相反。这时，近地面吹陆风，而在高空吹海风(图7-2b)。这种由海陆间热力性质不同产生的局地环流通常称为海陆风。

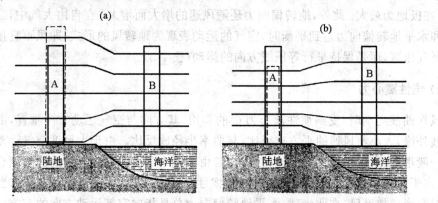

图 7-2　高、低气压区的形成与海陆热力环流[3]
(横线示等压面)

（二）地转偏向力

当以地面作为参照系时，大尺度的空气水平运动并不是以直线形式由高压区流向低压区的，而是在移动过程中发生一定的偏转，似乎受到了某种力的作用。这种由于地球自转而产生的使相对于地面运动的空气偏离气压梯度力方向的力，就叫做地转偏向力 A。由于地转偏向力只有在随地球旋转的坐标系中(如经纬网)才能被察觉，所以，它只是为了要用牛顿运动定律解释观察到的现象而引入的一种假想的力。

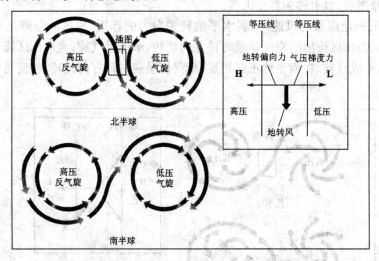

图 7-3　气压梯度力和地转偏向力共同作用下的地转风的形成[1]

地球自转的线速度是随纬度增加而减小的，在极地为 $0\ km\cdot h^{-1}$，在赤道上达到 1675 km·h^{-1}。由于地球自西向东转动，所以，在其上作直线运动的物体(空气或海水)，在北半球出现垂直于其运动方向向右的偏离，而在南半球则出现垂直于其运动方向向左的偏离。对于单位质

量的物体来说,水平地转偏向力 A 的大小为

$$A = 2\omega v\sin\varphi$$

式中 ω 为地球自转角速度,v 为风速,φ 为地理纬度。

由该式可知,地转偏向力随纬度的升高而增大,在赤道为0,在纬度30°的地方达到最大值的一半,在极地为最大。此外,地转偏向力还随风速的增大而增大。在自由大气中,当水平气压梯度力和水平地转偏向力达到平衡时,空气的运动表现为地转风的形式,即风不直接由高气压区吹向低气压区,而是保持平行等压线方向的运动(图7-3)。

(三)惯性离心力

当风作曲线运动时,受到惯性离心力 C 的作用,其方向与空气运动方向垂直,由曲率中心指向曲线外缘,大小与风速的平方成正比,与曲率半径成反比。由于大尺度空气运动路径的曲率半径一般很大,所以惯性离心力比较小。在自由大气中(无摩擦力作用)的圆形闭合气压场的条件下,水平气压梯度力、水平地转偏向力和惯性离心力同时作用于运动的空气,当三个力达到平衡时便形成梯度风。在北半球,水平地转偏向力总是指向空气运动方向的右方,因此,低气压中的梯度风是沿闭合等压线按反时针方向吹的,高气压中的梯度风则是沿闭合等压线按顺时针方向吹的;在南半球,低气压和高气压中梯度风的方向与北半球正好相反。

(四)摩擦力

近地表运动的空气与地面之间产生的阻碍空气运动的力,叫做摩擦力,其方向与运动方向相反,大小与空气运动速度和摩擦系数(与地面的粗糙程度有关)成正比,粗糙的地表面如起伏的地形和植被可产生较大的摩擦力。摩擦力的作用随高度上升而减弱,其影响高度一般可达500 m,并且随地表特性、风速等条件的变化而不同。到1~2 km以上,摩擦力可以忽略不计,此高度以下称为摩擦层,以上称为自由大气。

摩擦力降低近地面层的风速,削弱水平地转偏向力的作用,使风向与等压线成一定的交角。在北半球,从高压区流出的空气呈顺时针方向旋转,形成反气旋;向低压区流入的空气呈逆时针方向旋转,形成气旋。在南半球正好相反,反气旋呈逆时针方向旋转,气旋呈顺时针方向旋转(图7-4)。

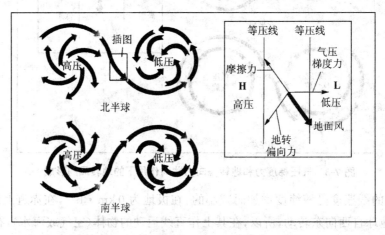

图7-4 气压梯度力、地转偏向力和摩擦力共同作用下的地面风的形成[1]

7.2 大气环流的模式

由于全球规模的大气环流基本上呈准水平运动,并且具有准地转风的性质,所以,平均水平环流特征可以从不同高度上的气压场分布反映出来。通常用1月和7月多年平均的月平均气压场表示冬季和夏季的大气环流状况。按照运动方向的不同,又可以将全球规模的大气环流分解成大致沿东西方向运动的纬向环流和大致沿南北方向运动的经圈环流。

(一) 平均水平环流

低层大气水平环流可以从海平面平均气压场显示出来(图7-5和图7-6),其主要特征表现为:

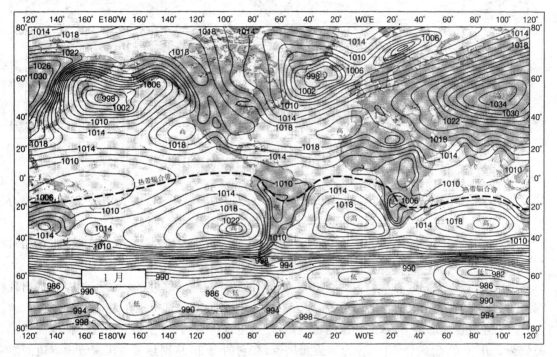

图7-5　1月海平面平均气压形势图[1]

(1) 在1月和7月,赤道附近都是低压带,向南和向北依次出现副热带高压带,副极地低压带和极地高压带,气压沿纬向呈带状或单体状分布,海洋上比大陆上明显,南半球比北半球明显。从冬季至夏季,南、北半球的气压带有向北移动的趋势。在北半球,水平气压梯度1月大于7月,在南半球正好相反。

(2) 1月,北半球大陆为强大的冷高压所控制,在欧亚大陆上为蒙古高压,在北美大陆上为北美高压。副热带高压带被大陆冷高压分裂为两个高压单体,停留在海洋上,大西洋上是亚速尔高压,太平洋上为夏威夷高压。副极地低压带也被分裂为两个强大的低压单体,位于海洋上,大西洋上是冰岛低压,太平洋上为阿留申低压。南半球副热带高压带分裂为南太平洋高压、南大西洋高压和印度洋高压。在60°S附近形成环绕纬圈的副极地低压带。

(3) 7月,北半球大陆形成热低压,在亚洲南部为印度低压,北美西南部为北美低压。副热带高压带被大陆热低压分裂成亚速尔高压和夏威夷高压两个单体,其强度和范围均大于1月。

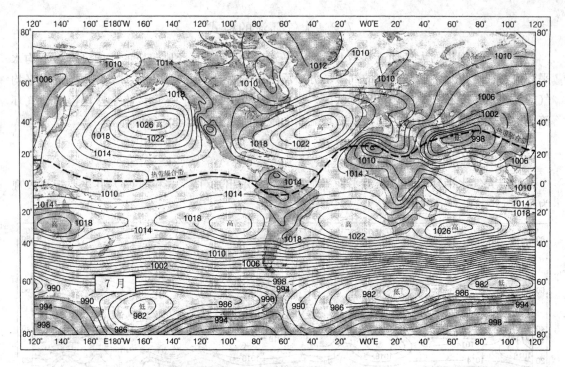

图 7-6　7月海平面平均气压形势图[1]

副极地低压带中的冰岛低压和阿留申低压的强度和范围均明显小于 1 月。南半球高压的势力扩展到大陆上,并在 20°～30°S 之间形成环绕整个纬圈的副热带高压带。

(4) 北半球极地高压位于较冷的北方大陆如格陵兰、加拿大和西伯利亚北部,而不在相对较暖的北冰洋上,且强度较弱;南半球极地高压则较强而稳定。

这些高、低压中心区通常称为活动中心,它们有的常年存在,称为永久性活动中心,都出现在海洋上;有的存在明显的季节性更替,称为半永久性活动中心,都出现在大陆上。

在上述气压场形势下,水平环流的特点是,在赤道低压带内,由于均一的气压梯度和强烈的受热上升气流,形成静风区,称为赤道无风带;在它的南北,从副热带高压带流向赤道的空气,在水平气压梯度力、水平地转偏向力和摩擦力的作用下形成信风带,在北半球为东北信风,在南半球为东南信风;在副热带高压带向极地一侧,则形成西风带;从极地高压单体中流出的干冷空气呈反气旋运动,形成极地东风带。整个低层水平环流以纬向环流为主(图 7-7)。

高层大气环流是全球大气环流的重要组成部分。高空气压场通常采用一组等压面表示,它是空间气压值相等的各点所组成的面。由于同一高度上各地的气压有高有低,所以等压面是个曲面,高值的等压面在下,低值的等压面在上。同一等压面高起的地方,对应它所在的水平面上的高气压区;等压面低陷的地方,对应它所在的水平面上的低气压区。根据这种对应关系,求出某一等压面在各地上空距海平面的高度,然后在平面图上绘制出等高线,这就是等压面图。据此,某一等压面图上的等高线分布就反映了该等压面附近空间气压场的形势。等压面类似山脊的地方称为高压脊,等压面类似山谷的地方称为低压槽。在北半球中纬度地带,低压槽大多指向南方,高压脊大多指向北方。地转风是沿着等高线方向运动的。

高层大气环流可以用 500 hPa 等压面图予以表示,该等压面的平均海拔高度约为 5.5 km,

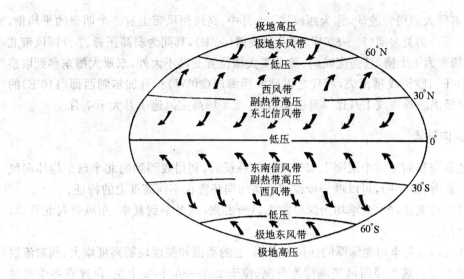

图 7-7 地球表面附近的气压带和风带模式图[3]

大致代表对流层中层大气环流的状况(图 7-8)。以北半球来看,其主要特征为:

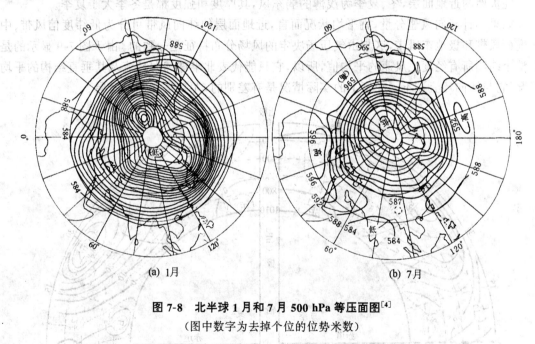

图 7-8 北半球 1 月和 7 月 500 hPa 等压面图[4]
(图中数字为去掉个位的位势米数)

在极地上空,冬、夏季都为极地低压(极涡)所占据。1 月有两个中心,分别位于格陵兰西部极区(较强)和西伯利亚北冰洋沿岸(较弱);7 月只有一个中心,位于格陵兰西北部。强度 1 月大于 7 月。

在低纬地区上空,冬、夏季都有高压存在。1 月副热带高压微弱且位置偏南;7 月副热带高压增强且位置偏北,高压中心出现在太平洋、大西洋和非洲北部。在 7 月海平面图上显示的印度低压仍然存在。

在上述气压形势下,水平环流也以纬向环流为主,在中、高纬地区上空全年盛行以极地为中心的西风,并有巨大的槽脊波动,称为西风波。1月中、高纬西风带上有3个明显的平均槽,即东亚大槽(140°E)、北美大槽(70～80°W)和欧洲浅槽(60°E),其间为弱高压脊。7月西风带北移,其上的3个槽变为4个槽,且强度减弱。除北美大槽位置变动不大外,东亚大槽东移到堪察加半岛附近(170°E),欧洲浅槽消失,而代之以欧洲西海岸(20°W)和贝加尔湖西部(110°E)的两个槽。由环绕极涡的等高线1月比7月密集可知,北半球高空风速1月大于7月。

(二) 平均纬向环流

在认识上述低空和高空两个层面上水平环流的特征后,利用观测到的北半球平均纬向风速的经向垂直剖面图(图7-9),可以进一步说明平均纬向环流在不同高度上的特征。

在赤道及其附近地区,冬、夏季均为深厚的东风所占据,从冬季到夏季,东风带向北移动,范围扩展,强度增大。

在中纬度地区,冬、夏季均为深厚的西风所占据,它的范围和强度均随高度增大,到对流层顶附近风速达最大值。这支强西风气流称为急流,位于200～300 hPa上空,风速在冬季可达40 m·s^{-1}以上,夏季在15 m·s^{-1}以上。夏季,在西风带以上的高空为东风;冬季,则整个对流层为西风所控制。

在极地的近地面层,冬、夏季为浅薄的弱东风,其厚度和强度都是冬季大于夏季。

如果不计经向风速分量,就平均状况而言,近地面层的纬向风带可分为低纬度信风带、中纬度西风带和极地东风带,这与由气压场决定的风场分布特征是一致的。由于图7-9显示的是沿整个纬圈所有经度上风速的平均值,所以,它只能代表北半球纬向环流及其垂直结构的平均状况,它与纬向环流在不同经度上的实际情况是有差别的,尤其是在近地面层。

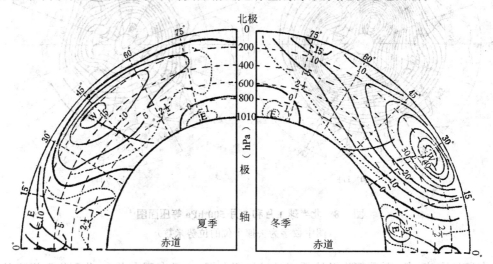

图7-9　北半球冬、夏季各经度的平均纬向风速[5]

(单位:m·s^{-1})

(三) 平均经圈环流

在经向垂直剖面上,由风速的南北分量和垂直分量组成的环流圈称为经圈环流,它们比纬向环流要弱一些。由于资料的缺乏,所以,对平均经圈环流的计算作得不多,这里仅分析个别年份(1950年)北半球经圈环流的特征。图 7-10 显示出北半球无论冬、夏都存在 3 个平均环流圈。低纬的环流圈称为哈得莱环流圈,它的上升气流在赤道附近,下降气流在 30°N 附近,环流圈在高空为偏南气流,在低空为偏北气流。中纬地区环流圈的方向与哈得莱环流圈正好相反,称为费雷尔环流圈,在它的上层出现西风急流。高纬地区极地环流圈的方向与哈得莱环流圈相同。在三者中以哈得莱环流圈最强,费雷尔环流圈最弱。从季节变化方面来看,环流圈的强度和范围都是冬季比夏季大,它们的位置从冬到夏向高纬移动约 10 个纬度,从而导致夏季的北半球低纬地区被南半球伸展过来的哈得莱环流圈所占据。由于平均经圈环流是某个季节气流沿纬圈的平均状况,所以,它与每个经度上瞬时的经圈环流是有差别的。

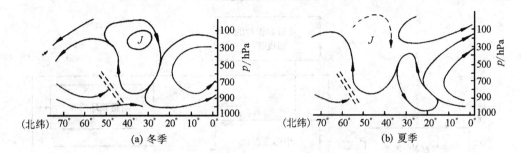

图 7-10 1950 年北半球冬季和夏季平均经圈环流图[4]

图中双虚线为平均锋面(冷暖空气的过渡带)位置,J 为西风急流的平均位置

(四) 大气环流的形成机理

根据地球-大气系统净辐射的分布、地面温度的分布和大气运动的驱动力,可以解释上述水平环流、纬向环流和经圈环流模式的形成原因。

首先,地球-大气系统所接受的辐射能在各纬度分布的不均匀,产生由赤道指向两极的温度水平梯度。这样,在大气低层便产生从极地(极地热力高压)指向赤道(赤道热力低压)的气压梯度,而在对流层的中、上部则产生从赤道指向极地的气压梯度。从赤道辐合上升的空气到了高空,在气压梯度力的作用下由低纬向高纬运动,当空气离开赤道后,便受到随纬度升高而增大的地转偏向力的作用,使沿经向运动的空气质点逐渐转变为向偏东方向运动,大约在纬度 30°附近,气压梯度力与地转偏向力达到平衡,形成西风,从而使自赤道源源不断地向高纬运动的空气在纬度 30°附近发生辐合和质量的堆积,导致地面气压的升高,同时,自赤道向北运动的空气还逐渐冷却,因而产生下沉运动,形成副热带动力高压。下沉的空气到低层沿经向分为两支辐散,向低纬运动的空气质点在地转偏向力的作用下转为东北信风(北半球)和东南信风(南半球),流向赤道低压带,这两股气流汇合的地带称为热带辐合带。暖空气在热带辐合带内上升到高空,并产生向极地辐散的气流,形成哈得莱环流圈。从副热带高压向高纬运动的低层空气因受到地转偏向力的作用,转变为西南风,而从极地高压流向较低纬度的低层空气,则为东北风,这两支气流在副极地地带相遇。由于来自极地和高纬的空气冷而干,而来自较低纬度的空气暖且湿,所以,这种大范围不同性质的空气块在副极地相遇便形成了锋区,称为极锋。暖湿空气密度较小,沿极锋锋面滑升,当它达到对流层上部时又南北分流,向北的一支流向极地,变冷下沉,并在低层回到较低纬度的地区,形成了极地环流圈。向南的一支在对流层上部与哈得莱环流圈高层来自赤道的更加暖湿的空气在副热带相遇,形成副热带锋区。这支高空气流与低层的西南气流一起构成费雷尔环流圈,方向与另两个环流圈正好相反。上述气压带、风系和三圈环流的形成机理可概括为一种具有负反馈回路的图解模型(图 7-11)。

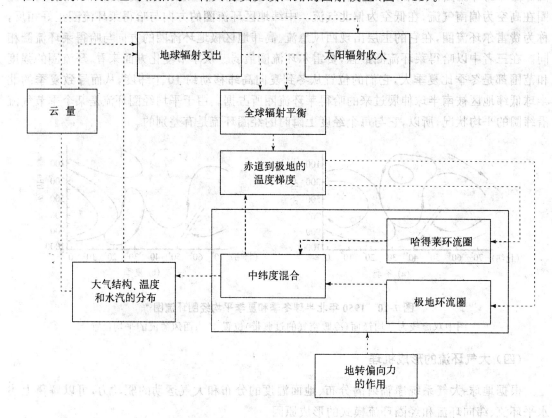

图 7-11　对流层大气环流系统图解模型[2]

应该指出,这只是就大气环流的平均状况而言,实际上,大气活动中心的位置和强度不仅具有季节变化,而且还有年际变化,后者成为其控制下的广大区域内气候变化的原因之一。

(五) 季风环流

由于海洋与陆地之间存在着热力性质的差异,所以,海陆分布的状况可以对低层大气环流产生干扰。夏季,陆地上空的空气比海洋上空的空气温暖且稀薄,因此,低压中心易在陆地上空出现,而高压中心主要位于海洋上空。冬季,陆地上空的空气比海洋上空的空气寒冷且稠密,故气压场正好相反。海陆之间这种温压场的季节性变化在北半球的表现尤为明显(图 7-5,图 7-6),从而产生季节性转换的风,通常称为季风(monsoon)。

一般来说,季风的主要起因与海陆风的起因在本质上是相同的,但是,季风的空间尺度和时间尺度要大得多,并且它与对流层上部的风是相互影响着的。更为确切的季风定义可以表述为两种不同性质的气流交替,它具有以下几个特点:

(1) 1 月和 7 月的盛行风向随着季节的变化而有很大的不同,其夹角至少有 120°,这两个月盛行风向的平均频率大于 40%。

(2) 两种季风来自不同的源地,因而其气团(指在广大区域内水平方向上温度、湿度等物理属性比较均一的大块空气团)的性质差异明显。

(3) 产生的天气气候现象具有明显的季节特征,例如雨季和旱季、冬季与夏季的交替。

按照上述定义,全球季风分布的范围很广,亚洲的东部和南部、东非的索马里、西非的几内亚附近海岸、澳洲的北部和东南部沿海等区域是较著名的季风区。其中,以亚洲地区的季风最为强盛,且分布也最广,可进一步分为东亚季风和南亚季风。

东亚季风的分布范围大致包括中国东部、朝鲜、日本等地区。冬季,亚洲大陆为冷高压所盘踞,太平洋上为阿留申低压,高压前缘的偏北风就成为亚洲东部的冬季风。由于各地处在高压的不同部位,所以,冬季风的风向有北偏西和北偏东之别(图 7-12b)。夏季,亚洲大陆为热低压所控制,同时夏威夷高压西伸北进,高、低压之间的偏南风就成为亚洲东部的夏季风(图7-12a)。由于冬季大陆冷高压前部的气压梯度较大,而夏季热低压前部的气压梯度较小,所以,夏季风比冬季风弱,这是东亚季风的一个重要特点。在冬、夏季风的影响下,使亚洲东部地区冬季干冷,夏季湿热,季节变化明显。

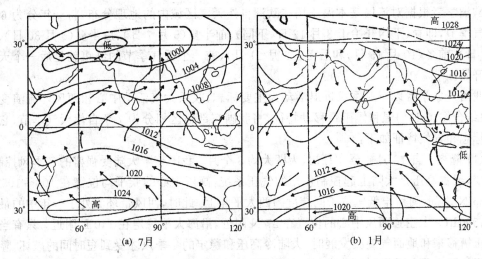

图 7-12 亚洲东南部的季风环流[3]

南亚季风以印度半岛最为显著,又称印度季风,它主要是由于行星风系的季节位移而引发的,同时也受到海陆热力差异的影响。冬季,亚洲南部处于大陆冷高压前缘控制之下,而赤道洋面为低压区。在赤道以北,近地面盛行由大陆吹向海洋的东北季风(与哈得莱环流圈中信风的方向一致),由于喜马拉雅山脉的屏障作用,所以,南亚的东北季风是温和的,形成干燥少雨的气候特征。当风越过赤道,受到地转偏向力的作用,变为西北风(图 7-12b)。夏季,亚洲南部位于赤道低压槽内,从南半球副热带高压流出的东南信风越过赤道转为西南气流,经阿拉伯海上空获得水汽之后到达印度,成为亚洲南部的夏季风,它给印度半岛带来丰沛的降水(图7-12a)。由于冬季大陆冷高压中心远离亚洲南部,并受到青藏高原和喜马拉雅山脉的阻挡,海陆之间的气压梯度较小,所以南亚的冬季风并不强烈。相反,夏季的南亚加热剧烈,大陆热低压发展旺盛,且南半球澳洲大陆为冷高压所控制,因此,夏季风比冬季风强,这是南亚季风的一个重要特点。

(六) 自然天气季节

天文季节反映了地球上太阳辐射能收支状况的季节变化与空间分布的差异,构成地表系统天气气候季节变化的背景。然而,天气、气候状况不仅仅取决于辐射能的收支,它更直接地取决于大气本身的一系列非定常因素,如大气环流在地面热力作用下产生的非周期性变化。这些非定常因素的作用可以使某一季节的大气环流偏离其正常状况,造成在一些年份出现秋季变冷得早、春季回暖得晚或者相反的现象,结果使天气、气候上的季节不同于天文季节。因此,从长期天气预报的角度就产生了按天气特征来划分季节的必要性。自然天气季节是指在经常受到相同的大气活动中心影响的区域内,按盛行大气环流型和大型天气过程的主要特征所划分的季节。在同一个自然天气季节内,大型环流和盛行天气过程表现出相对的稳定性,从而使这段期间内具有相似的天气、气候特征;在自然天气季节的转换时期,大型环流和盛行天气过程发生突变,并引起天气、气候特征的显著改变。在北半球,一般可分为大西洋-欧洲、亚洲-西太平洋和东太平洋-北美洲三个自然天气区域。在不同的自然天气区域内,由于大型环流和盛行天气过程的差异,自然天气季节也有所不同。

欧洲学者根据对流层基本温压场在欧洲自然天气区域内的地理分布,将一年分为6个自然天气季节,即春(平均开始于3月12日,下同)、前半夏(5月7日)、后半夏(6月30日)、秋(8月22日)、前冬(10月15日)和后冬(12月21日),前一个天气季节的结束就是后一个天气季节的开始。

我国气象学者以东亚季风进退活动为主要标志,联系大气活动中心和西风环流演变的特点,并结合候(5 d)均温和候雨带移动特征,将我国东部地区划分为7个自然天气季节,它们的判定标志和气候特征如下:

(1) 隆冬。自12月初至3月初,为期大约3个月。我国整个大陆受强盛的冬季风控制,稳定少变,蒙古高压是大陆上起控制作用的气压系统,高压中心的候平均位置在100~105°E和45~55°N之间,阿留申低压位于同纬度的西太平洋上。此时,西风带环流处于一年中的最强盛时期,500 hPa上空强西风中心的位置在27°N附近,沿海大槽稳定在140°E附近。只有当高空有低压槽移来和地面气旋波发展时,大陆冷高压和稳定的冬季风才受到短时间的破坏。隆冬天气过程的特点是冬季风强而稳定,候平均气温10 ℃等温线一直维持在25°N附近,候雨带则停滞在27°N附近。

(2) 晚冬。自3月初至4月中旬,为期约45 d。3月初冬季风第一次明显的减弱,夏季风在华南开始出现。与此同时,蒙古高压中心在2~3候内西移15个经度并出现第一次明显的减弱,阿留申低压也出现一次较明显的减弱,但位置变化不大。在低纬度,隆冬时完全匿迹的印度低压和夏威夷高压开始出现,3月中旬在印度半岛南部出现闭合低压,夏威夷高压逐渐西伸。在高空,强西风第一次明显减弱,沿海大槽经向度变小,但位置变化不显著。与隆冬相比,晚冬的天气过程呈现多变的特点。候平均气温10 ℃等温线在3月初迅速移过长江流域,于3月下旬到达35°N,这些地区的候雨量也有一定的增加。

(3) 春季。自4月中旬至6月中旬,为期60 d。4月中冬季风再度减弱,蒙古高压减弱并迅速西移至75°E,阿留申低压则迅速东移至160°W,二者之间的俄罗斯沿海地区出现东北低压。夏威夷高压增强并西移,印度低压也增强北移。大陆冷高压已不再是控制系统,而南北四个活动中心的强度变化及相互影响构成春季天气过程的背景。高空西风风速再次减弱,强西风中心从冬季的位置北移5个纬度。候平均气温20 ℃等温线从4月中自广东北部迅速移过长江,到5月中稳定在35°N,全国气温普遍升高。华南夏季风盛行,雨季开始,华中开始受到夏季风影响,雨量增多,表明冬季的结束和春季的开始。

(4) 初夏。自6月中旬至7月中旬,为期约1个月。蒙古高压和阿留申低压的影响基本上消失,夏威夷高压和印度低压发展成为控制系统。在500 hPa上空,夏威夷高压脊线从15°N北移到20～25°N,在20°N以南出现东风环流,沿海低压槽被高压脊所取代。候平均气温26 ℃等温线的位置从季节开始之初的25°N迅速北移至35～40°N。华南夏季风进入极盛期,华中夏季风盛行,华北开始受夏季风影响。大雨带随极锋于6月中旬移至长江一带,并在此平均停滞约20多天,形成梅雨。

(5) 盛夏。自7月中旬至9月初,为期约50 d。高纬的两个活动中心完全消失,低纬的两个活动中心成为控制系统。由于高空西风环流再次减弱,夏威夷高压北移至25～35°N之间,在30°N以南,热带东风环流取代了西风带环流。这时,热带气压系统对我国大陆的影响达到最盛期,各地候平均气温的差值为一年中最小,最高温出现在华中。华南受赤道低压槽的影响,雨量增多,相对干季结束;华中进入夏季风极盛期,梅雨期结束,相对干季开始;华北夏季风盛行,雨季开始。

(6) 秋季。自9月初至10月中旬,为期约50 d。9月初,蒙古高压迅速建立并加强,阿留申低压和东北低压再次出现,印度低压受大陆冷高压南下的影响,范围明显缩小,夏威夷高压明显退向东南方。地面气压形势与春季很相似,并且对流层低层夏季风气压场的消失先于高空,使冬季风逐渐形成并迅速南下。高空的环流形势表现为沿海大槽的建立。在秋季开始之初,候平均气温10 ℃等温线出现在东北地区,候平均雨量比春季少,天气以秋高气爽为特色。

(7) 初冬。自10月中旬至12月初,为期约50 d。10月中,蒙古高压和阿留申低压加强,印度低压和夏威夷高压已退出大陆,大气活动中心的分布又恢复到冬季形势。此时夏季风完全退出我国大陆,而冬季风占据了控制地位。高空环流形势表现为沿海大槽的加深,我国上空的西风急流从12月初开始加强并南移,到12月上旬以后稳定在27°N附近。

参 考 书 目

[1] Christopherson, R. W.. Geosystems: An Introduction to Physical Geography, 4th edition, Prentice Hall, New Jersey, 2000
[2] Kump, L. R., Kasting, J. K., Crane, R. G.. The Earth System, Prentice Hall, New Jersey, 1999
[3] J.G.哈维;张立政,赵徐懿译.大气和海洋——人类的流体环境,北京:科学出版社,1982
[4] 高国栋等.气候学教程,北京:气象出版社,1996
[5] 朱乾根,林锦瑞,寿绍文.天气学原理和方法,北京:气象出版社,1981

思 考 题

1. 大气运动的驱动力有哪些?在它们的作用下,大气是如何运动的?
2. 简述大气平均水平环流、平均纬向环流和平均经圈环流的特征。
3. 简述对流层大气环流形成的机理和过程。
4. 季风的定义是什么?东亚季风和南亚季风的主要差别表现在哪些方面?
5. 什么叫自然天气季节?它与天文季节有什么本质区别?我国东部自然天气季节的时空演变有什么特点?

第 8 章 大洋环流

大洋环流(ocean currents)是指海洋中具有相对稳定的流速和流向的大规模海水运动现象。与大气环流相似,大洋环流在本质上也是由太阳辐射能所驱动的。太阳能量的时空分布引起全球风带的形成,这些近于纬向的风驱动海水的流动,决定了表层大洋环流的基本型式。由海面太阳辐射能收支和表层洋流所决定的大洋表面温度的空间差异,导致海水密度的空间差异,从而产生深层大洋环流。大洋环流对地球上热量在低纬和高纬之间的传输起着重要的作用,并可通过海-气之间的相互作用影响大气环流。ENSO 现象就是海-气相互作用的一种表现,它是数年至数十年尺度上气候变化的原因之一。

8.1 表层大洋环流

(一) 表层洋流的运动

从第 7 章的内容可知,对流层的大气环流主要是由气压梯度引起的,而水平气压梯度的产生与地表温度的差异直接相关,在根源上,温度随时空的变化又是太阳能量输入在不同纬度上差异的反映。同样,海洋表面也因接受太阳辐射而加热,但表层大洋环流的成因与大气环流的成因却完全不同。这是因为太阳对海洋的加热发生在水体的表层,而太阳对大气的加热则主要通过地面长波辐射来完成,发生在近地面的大气下层。太阳辐射只能加热大洋表面几百米的海水,其中 90% 的入射能量被最上层 100 m 的海水所吸收。由于这层较暖海水的密度小于其下面的较冷海水,所以,海洋中的水体具有非常稳定的结构,海水的垂向运动很小,这与大气平流层中的情形有些相似。此外,由于海水的比热大,所以,海水温度的变化缓慢。这样,太阳辐射输入在空间上的些微差异,对海温的影响不大,从而使得广大海域内的海水温度和密度的差异很小。因此,与对流层中的大气环流不同,表层大洋环流不是太阳辐射加热的结果,海洋表层温度在洋流形成中的作用是间接的,它影响着大气的运动,而全球的风场才是产生表层大洋环流的主要原因。

海洋上空的风对海面施加了一种摩擦应力,称为风应力,其方向为风吹去的方向,风应力作用的结果是形成风海流(wind-drift currents)。一般来讲,风应力对海水的作用深度仅限于大洋表层 50~100 m 的范围内,而大规模运动的洋流如北大西洋湾流和北太平洋黑潮,其实际厚度往往可延伸到海面以下 1~2 km,这与上下水层之间的摩擦应力传播有关。由于地转偏向力的作用,北半球的海水运动向风应力的右方偏离,南半球则向风应力的左方偏离。实际观测表明,这种海流的方向与风向之间的角度大致在 20~25° 之间。据此,参照图 7-7 中风带的分布,并增加大洋东西陆地边界的限制,便得到简化的表层洋流模式(图 8-1):首先,信风使赤道南、北两侧产生向西的洋流,当它们到达西侧的大陆边界时,分别向南、北方向偏转;然后,在西风带的作用下,在中纬度向东流动,在到达东侧的大陆边界时,又产生南、北向分流。其中,流向极地的一支由沿大洋西缘流向低纬的洋流所补偿,而流向赤道的一支则在信风的作用下再次归入向西的赤道洋流。这样,洋流在南、北半球的副热带洋面分别完成了一个大洋涡旋(ocean gyres),在北半球呈顺时针方向旋转,在南半球呈逆时针方向旋转。

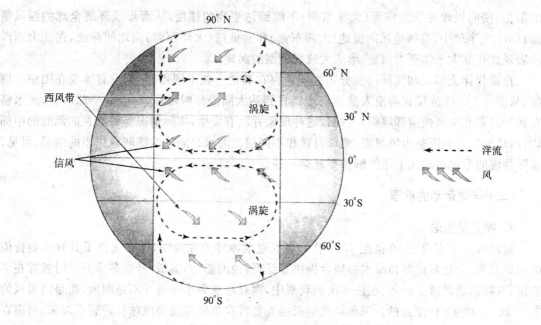

图 8-1 简化的表层洋流模式[1]

由于地球上的海陆分布并不像图 8-1 中那样简单,所以,实际观测到的洋流运动要复杂得多。将洋流的简化模式与洋流的实际运动状况进行比较可以发现,二者在一般环流特征上是很相似的。图 8-2 也显示出,在北半球副热带地区有顺时针方向的涡旋,而在南半球副热带地区有逆时针方向的涡旋,这种反气旋型的涡旋以太平洋和大西洋最为明显。与简化模式的主要不同之处表现为:(i) 在南、北赤道洋流将海水输向大洋西部的过程中,海面从西向东倾斜,从而使得海水能够在热带辐合带(那里风很弱)附近顺着斜坡流回东部,这种海流在太平洋、大西洋和印度洋上都称为赤道逆流,在性质上属于补偿流;(ii) 在南半球中、高纬地区,由于南极大陆

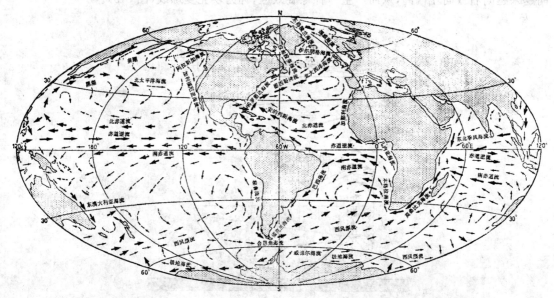

图 8-2 世界 1 月份主要表层洋流分布[5]

57

的阻挡,使向极地流动的洋流(大洋东侧)不能到达更高的纬度,从而形成环绕全球的西风漂流;(iii)北半球中、高纬地区向极地(大洋东侧)和向低纬(大洋西侧)流动的洋流,在北大西洋的表现比在北太平洋更为明显,形成大致气旋型的涡旋。

在简化洋流模式和实际洋流分布之间还存在其他一些不同点,它们没有体现在图中。例如,从图 8-1 的洋流模式会使人猜测海水将在到达大陆沿岸时堆积,对于北半球而言,海水将在涡旋的东北部和西南部堆积。然而,这种现象并没有发生,实际情况是海水在向涡旋的中部辐合,这种辐合效应是由风海流、地球自转和不同层次海水之间的摩擦联合作用的结果。可见,实际洋流的形成机理比上述的解释要复杂一些。

(二)洋流运动的机理

1. 埃克曼输送

挪威探险家南森在 19 世纪 90 年代一次穿过北冰洋的探险中,对海流作了具有重要价值的实地观测,为更好地解释海水的辐合提供了证据。他的船"弗雷姆"号在冬季开始时被冻在了冰里,并随冰块漂流了一年。在许多次的观察中,南森注意到冰和船并不是顺风,而是沿着风的右方 20~40°的方向漂流的。瑞典物理学家埃克曼首次将风海流和地球自转联系起来,对南森的观测结果作了数学的解释。根据他的理论,在任一深度的海水都经常受到其上覆水的应力(在水面是风应力)、其下伏水的应力和地转偏向力三种力的作用。由于风和水面之间的摩擦,一些空气的动能传给了水的上层,随着这层海水的移动,拖曳其下层的水运动,该层又依次拖曳再下层的水运动,如此延续。可见,水的运动是以许多很薄的、相互独立的水层的运动显示出来的,动能则沿着水柱向下传递。但是,随着动能的传递,摩擦会使一部分能量以热的形式消耗掉,因此,水层的运动速度随深度的增加而按指数规律减小。同时,每一个水层的运动都受到地转偏向力的影响,使北半球水流的方向指向其上层水流向的右方,而南半球水流的方向指向其上层水流向的左方(对于表层水流来说,则是风向的右方和左方)。随着深度的增加,海流的方向越来越向右或向左偏离,从而产生一种螺旋效应,称为埃克曼螺线(图 8-3)。

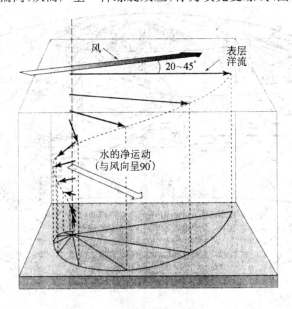

图 8-3 埃克曼螺线结构[1]

埃克曼理论预言,在开阔海洋中的持续强风作用下:(i)表层洋流将沿风向的45°角方向流动;(ii)流向将在大约表层以下100~200 m之间处发生倒转,即该深度的洋流方向正好与表层流相反;(iii)在该深度的流速显著降低,大约只有表层流速的4%。完整的埃克曼螺线结构从来没有在海洋中被观测到过,部分原因可能是这种理论所基于的假设条件(持续强风,无限和均匀的海洋,无其他作用力)无法满足。然而,对远离陆地的表面海流的观测表明,其流速与埃克曼所推测的流速是相似的,并且其方向在北半球偏于风的右方,但通常小于45°。此外,观测还证实了埃克曼理论的一个推论,即当螺线中所有单个水层的运动叠加后,水的净输送方向与风向呈直角(90°),这种水的净位移称为埃克曼输送(Ekman transport)。在北半球副热带顺时针涡旋中,埃克曼输送的结果正是将水推向涡旋的中心。在南半球副热带逆时针涡旋中,埃克曼输送的结果同样如此,因为地转偏向力的方向是指向海流的左侧。

在大洋中,有的地方发生水体的辐合,有的地方必然会发生水体的辐散。例如,在北半球的赤道大西洋上,东北信风的驱动产生向西流动的北赤道洋流,这时,埃克曼输送垂直于北赤道洋流的右方,将大量水体向北运送。相反,在南半球,东南信风的驱动产生向西流动的南赤道洋流,这时,埃克曼输送垂直于南赤道洋流的左方,将大量水体向南运送。因此,在赤道附近的海域便发生了水的辐散。辐合和辐散都可以在大洋沿岸一带发生,在那里,由于风向和洋流流向的不同,埃克曼输送既可能将水推向大陆(辐合),也可能将水推离大陆(辐散)。在世界大洋中,重要的辐散区域出现在北美的西南海岸和非洲北部的西海岸,因为这些区域盛行偏东风和向南运动的洋流。相似的辐散区域出现在南美的西北海岸和非洲南部的西海岸,那里向北运动的洋流具有同样的效应。

2. 垂直升降流

海水的水平运动与垂直运动是相互联系着的。在辐合区域,表层海水堆积,使海面上升和表水层变厚,从而导致水的下沉,称为下沉流;在辐散区域,表层海水疏散,使海面下降和表层水变薄,下层的水必须上升来补充,由于深层海水比表层海水冷,所以,冷水上升到海面替代了辐散的暖水,称为上升流。另外,深层海水富含营养物质,因此,上升流将这些富含营养物质的水带到了表层。上述大陆西岸表层洋流的辐散区域也正是上升流盛行的区域。

3. 地转流

副热带海洋中洋流以一种非常独特的涡旋形式运动的原因是地转流的存在。海水的辐合和辐散产生了洋盆范围内各处海平面高度的微小变化,从而使海平面实际上具有一定的坡度。这种海平面高度的差异很小,大约只相当于水平方向每 10^2~10^5 km 升降数米的数量级(坡度为 $1/10^5$~$1/10^8$)。然而,由于重力的作用,这些微小的高度梯度便足以引起沿坡度向下的力。以北半球副热带海洋来说,东北信风的驱动产生了向西运动的北赤道洋流,而中纬度西风的驱动则产生了向东运动的洋流。涡旋的形成有赖于海水沿着大洋边缘岸线的偏转。表层的埃克曼输送导致海洋中部水的辐合和堆积(图8-4a),尽管涡旋中心的海面仅比其边缘高出大约 50cm,但作用在这部分水体上的重力仍然会引起一种压力梯度力,它从涡旋中心指向外侧。当海水沿着压力梯度力方向流动时,它就要受到地转偏向力的作用,直到两种力达到平衡为止。这两种作用方向相反的力使海水在北半球流向压力梯度力的正右方,在南半球则流向压力梯度力的正左方(图8-4b)。至此,我们得到海水大致垂直于洋面坡度绕涡旋流动的结论(图8-4c),这种海流便称为地转流(geostrophic currents),它在北半球绕涡旋呈顺时针流动,在南半球绕涡旋呈逆时针流动。实际上,地转流与压力梯度力之间的夹角略大于90°,因此当

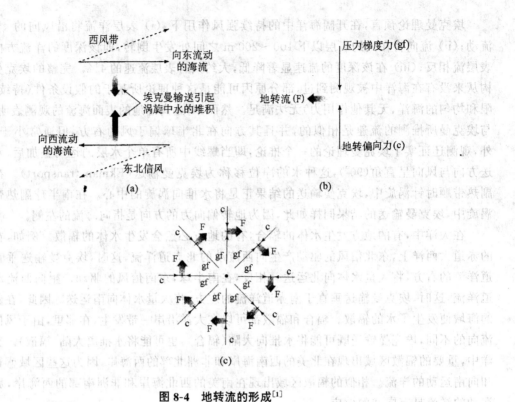

图 8-4 地转流的形成[1]

海水沿着涡旋移动时,水流趋向于一种螺旋型向内的运动,并且在涡旋中的辐合导致下沉流的产生。

4. 边界海流

大洋涡旋是表层洋流的一个显著特征。当我们仔细地观察时还会发现,环绕涡旋的海流是不对称的(图 8-2)。涡旋西部的海流称为西部边界海流(boundary currents),它们集聚在狭窄的流路内,并且流速快;而其东部的海流(东部边界海流)则散布在宽阔的范围内,并且流速明显减慢。这种不对称性在赤道以北的大洋部分表现尤为明显,如北大西洋的湾流和北太平洋的黑潮比这两大洋东部的海流都强大得多。

研究得最多的西部边界海流当属北大西洋的湾流,它起源于一支范围窄(50～75 km 宽)、流速快的暖水流(20 ℃ 以上)——佛罗里达海流,其厚度在 1 km 以上,表层流速在 3～10 km·h^{-1} 之间。该海流从古巴和百慕大之间向北流动,然后沿着海岸向东北方向流至哈特勒斯角(美国北卡罗来纳),从那里继续前进穿越北大西洋,称为湾流。越过大西洋后,湾流速度减慢、流路变宽成为北大西洋海流,流入挪威以北的北极盆地。在到达欧洲沿岸时,北大西洋海流分为南、北两支,向南一支成为东部边界海流,即加那利海流,它的流速比湾流慢得多,并且宽、浅得多(大约 1000 km 宽,500 m 厚)。在返回赤道的过程中,加那利海流受到东北信风的驱动汇入向西流动的北赤道海流,从而完成整个的涡旋。

对造成涡旋东、西不对称原因的解释涉及到涡度的概念。涡度用来描述流体绕轴旋转的趋势。按照惯例,取从上面看来逆时针方向旋转的趋势为正涡度,而顺时针方向旋转的趋势为负涡度。由于地球的自转,地面上的流体(除赤道外)都具有绕着垂直轴的涡度,称为行星涡度(f)。它在北半球为正,在南半球为负,并且纬度越高,涡度越大。流体相对于地球运动也具有涡度,称为相对涡度(ξ),如北半球逆时针(气旋式)旋转的海流具有正涡度,顺时针(反气旋式)旋转的海流具有负涡度。行星涡度与相对涡度之和称为绝对涡度。对于大尺度水平运动而言,如果不考虑垂直运动和摩擦作用,从角动量守恒可以得出绝对涡度保持恒定,即

$$\frac{\mathrm{d}}{\mathrm{d}t}(f+\xi)=0$$

因此,如果海流向极地移动,行星涡度增大,则相对涡度就倾向于减小,因而海流将得到反气旋涡度,使之转向赤道移动;如果海流向赤道移动,行星涡度减小,则相对涡度就倾向于增大,因而海流将得到气旋涡度,使之向极地方向返回。

图 8-5 给出了相对涡度在北半球一个不对称的副热带涡旋附近的变化。首先,呈反气旋运动的风在涡旋周围产生负的相对涡度。在东部边界海流从北向南运动过程中,负相对涡度恰好被增加的正相对涡度所平衡,这是随着行星涡度(正值)的减小,负相对涡度相应减小,以使绝对涡度保持恒定的结果,另外,岸线的摩擦作用也使正相对涡度略有增加。因此,东部边界海流呈发散状,并且流速缓慢。在西部边界海流从南向北运动过程中,岸线的摩擦作用同样产生正相对涡度,但纬度的变化却导致涡旋获得负相对涡度,这是随着行星涡度(正值)的增加,负相对涡度必然相应增加,以使绝对涡度保持恒定的结果。涡旋获得的负相对涡度加强了由风引起的负相对涡度,其结果便形成了具有狭窄、深厚和流速快特点的西部边界海流。

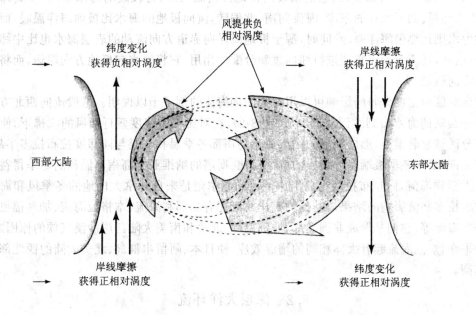

图 8-5　相对涡度变化与不对称副热带涡旋的形成[3]

综上所述,由全球温度空间分异驱动下的对流层大气环流和大尺度风带的形成导致风海流和中纬度海洋表层涡旋的产生;在南、北半球,地转偏向力和埃克曼输送引起水向涡旋中心的净运动,产生辐散、辐合和升降海流;涡旋中心较高的水面,导致环绕涡旋流动的地转流的形成,它的流向与风驱动的水流一致,从而对表层涡旋起到加强作用;涡旋的形态和东、西部边界流的性质则由涡旋东、西两侧行星涡度与相对涡度的变化所决定(图 8-6)。

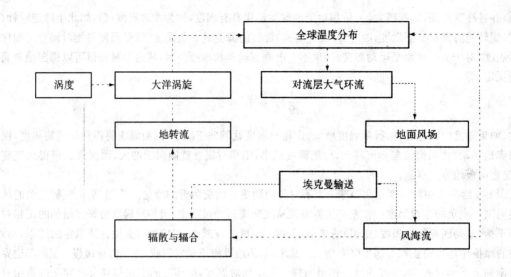

图 8-6 表层大洋环流系统的图解模型[1]

表层大洋环流反过来又对全球和区域的温度空间分布产生显著的影响。赤道海流由低纬大量的太阳辐射收入所加热,当它们偏转向极地方向流动时,将较暖的海水带向中、高纬度海区,并放出热量。到了大洋的东岸,海流向南、北偏转,流向极地的海水比极地海洋温暖,而流向赤道的海水则比热带海洋寒冷。同时,源于极地海洋向赤道方向流动的表层海水也比中纬度海洋要冷。因此,洋流起着将热能进行纬向重新分配的作用:它将暖水向极地方向输送,而将冷水向赤道方向输送。

洋流对区域温度分布的影响可以用北大西洋海流的例子予以说明。这股流向西北方向的海流将相当暖的海水带到欧洲北部海域(图 8-2),在对流层中纬度盛行西风的吹拂下,使北欧的大部分区域显著增温,形成斯堪的纳维亚半岛南部冬季温和气候与同纬度拉布拉多半岛(加拿大东北部)沿岸冬季极端寒冷气候的鲜明对比。斯堪的纳维亚半岛南部温和的冬季得益于温暖的北大西洋海流,而拉布拉多半岛沿岸寒冷的冬季则是来自加拿大内地的冬季风和海上离岸的拉布拉多寒流影响的结果。其他的离岸寒流还有加那利海流、本格拉海流、加利福尼亚海流和秘鲁海流等,它们是形成非洲北部、非洲南部、北美和南美大陆西岸沙漠气候的原因之一。在西太平洋,黑潮海流起着大体相同的增温效应,使日本、阿留申群岛、北美大陆的西北部边缘气温偏高。

8.2 深层大洋环流

(一) 海水盐度

与由风所驱动的表层大洋环流不同,深层大洋环流是由海水密度的差异所驱动的,而海水密度的差异又是由海水温度和盐度的变化引起的。盐度是按照溶解的盐占纯水的比例来度量的。海洋的盐度则指溶解在一定质量海水中的各种盐分(以 NaCl 最为常见)的质量 ($g \cdot kg^{-1}$)。海洋学上通常用千分数(‰)表示盐度。世界海洋的平均盐度大约为 35‰,但在各大洋之间存在一些变异(表 8-1)。

表 8-1 海洋中主要盐分离子的含量[4]

盐分离子	含量/(g·kg^{-1})	质量分数/(%)
氯(Cl^-)	18.980	55.04
钠(Na^+)	10.556	30.61
硫酸(SO_4^{2-})	2.649	7.68
镁(Mg^{2+})	1.272	3.69
钙(Ca^{2+})	0.400	1.16
钾(K^+)	0.380	1.10
碳酸氢根(HCO_3^-)	0.140	0.41
溴(Br^-)	0.065	0.19
硼酸(H_3BO_3)	0.026	0.07
锶(Sr^{2+})	0.013	0.04
氟(F^-)	0.001	0.00
总量	34.482	99.99

海盐的基本成分包括有氯离子(Cl^-)、钠离子(Na^+)、硫酸离子(SO_4^{2-})、镁离子(Mg^{2+})、钙离子(Ca^{2+})和钾离子(K^+)。除了钙以外,这些元素在全球海洋中的含量几乎是恒定的。海洋中许多含量小的成分也具有这种均一性,而含量变异大的成分通常是那些被海洋生物所吸收和利用的成分。

海水中的盐分主要来自陆地上岩石的风化物,河流流过这些岩石的表面,带走可溶性的物质(离子),并最终将它们输送到海洋里。据估计,全球的河流每年将 $2.5\times10^{15}\sim4.0\times10^{15}$ g 的溶解盐类输入海洋。由于海水大量蒸发将盐分留在了海里,同时,被蒸发的淡水以降水的形式落到陆地上,然后又携带着可溶性的盐类回归海洋,所以海水比河水要咸得多。每年有如此大量的盐分进入海洋,海水会不会变得越来越咸呢?答案是否定的。因为还有许多过程将盐分从海水中带走,例如,表层海水的蒸发使得保留下来的盐分聚集并以蒸发盐沉积如食盐($NaCl$)和硬石膏($CaSO_4$)的形式沉降,一些海洋微生物可以吸收海水中的钙和硅,形成它们的壳和骨骼,这些壳和骨骼最终以海洋沉积物的形式沉积在海底。此外,浪花的飞溅可以使海水中的盐分(特别是钠盐和氯盐)进入大气,并随降水而回到陆地。总之,由于海水中盐分输出的速率基本上等于其输入的速率,即二者达到一种大致的平衡态,所以,海洋中盐的含量并不呈现出持续增大的趋势。不同海域盐度的差异主要与蒸发量、降水量、河流径流量,以及海冰的形成和融化有关。在蒸发量大于降水量的地方,盐度增高,例如地中海、红海和阿拉伯海;而在降水量大于蒸发量的地方,盐度则降低,如波罗的海中的波的尼亚湾。此外,在陆地河口附近,由于淡水的稀释,盐度一般较低。

(二) 温盐环流

由于深海环流的形成主要有赖于海水温度和盐分的差异,所以称为温盐环流。在深海中,海水密度的水平变化小,而垂直变化则较大,并且洋底的海水密度最大,从而形成一种非常稳定的层结,因此,深海中水的运动速度是比较慢的。尽管如此,这种由密度所驱动的缓慢洋流仍然可以对百年到千年尺度的地球气候变化产生一定的影响。

1. 大洋的垂直结构

海洋的垂直分层主要表现在海水密度的变化方面,最高密度的海水出现在最深的水层中,而最低密度的海水则出现在近表层的水中,这种垂直结构受到温度和盐度的调控。在通常情形下,海水密度随盐度的增大和温度的降低而增大,随盐度的减小和温度的升高而减小。然而,水的密度变化还具有反常性。纯水在大气压力下,温度4℃时密度最大,等于$1000\,kg·m^{-3}$;在4℃以下时,密度随着温度的升高而增大;在4℃以上时,密度随着温度的升高而减小。海水达到最大密度时的温度则随盐度而变化。

海水的低密度带出现在大洋表层 60～100 m 的范围内,该层海水与低层大气之间通过蒸发、降水、动能交换(风和摩擦力的作用)、辐射交换(吸收太阳短波辐射并放出长波辐射)和热量交换发生相互作用。由于该层海水在风的作用下充分混合,所以一般称其为混合层(mixed layer)。

大洋表层与深层之间的过渡带厚度大致为 1 km,以密度随深度的加深而急剧增大为特征,这个密度急剧增大的层称为密跃层(pycnocline)。在一些海域,这种密度梯度由盐度的变化所支配,表现为盐度随深度加深而急剧增大,这种盐度梯度的迅速变化层称为盐度跃层。在其他大部分海域,温度的变化支配着密度梯度,表现为温度随深度加深而迅速下降,这种温度的迅速转换层称为温跃层(thermocline)。在这两种情形下,急剧变化的密度梯度使这一层海水异常稳定,从而限制了海水的垂直运动,并使深海的温度和盐度不随季节而变化。

密跃层以下的大洋深层(典型的深度为 1～5 km)约占所有大洋体积的 80%。深层海水的理化性质也具有分层性,海底的水具有最大的密度。因此,深海中水的层结也是稳定的,海水的垂直运动很少发生,常见的海水运动是沿着等密度倾斜层的、近于水平的运动。

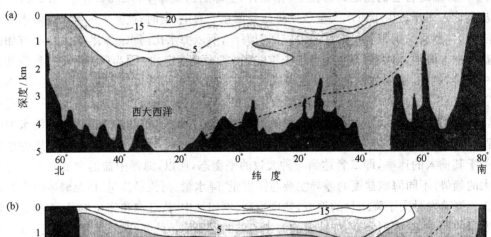

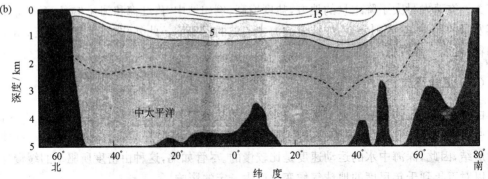

图 8-7　大西洋(a)和太平洋(b)温度(℃)的垂直分布[1]

图 8-7 和图 8-8 分别给出了大西洋和太平洋洋盆内温度与盐度的剖面,它们所显示出的垂直变化与上述简化的大洋垂直结构的差别主要表现在高纬海域。温度的跃变在热带和低纬海域十分显著,从而将表层水(温度高)与深层水(温度低)区分开来;但在高纬海域,表层水的温度与深层水的温度相差无几。盐度的分布比温度的分布要复杂得多,在副热带和低纬海域的大洋表层,由于蒸发旺盛,出现盐度的最大值,在地中海水注入大西洋的海域,高盐度海水在水平和垂直方向上的分布范围明显增大;在中纬海域,盐度趋于随深度而增大;但在高纬度的大洋表层,海水盐度相对较低,且与深层海水的盐度相当。

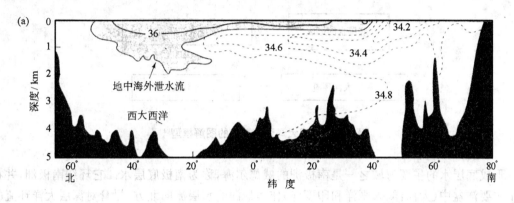

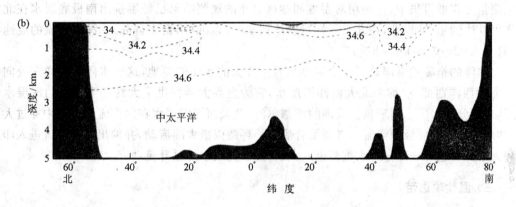

图 8-8 大西洋(a)和太平洋(b)盐度(‰)的垂直分布[1]

2. 底层水的形成

深层大洋环流起因于高纬海域中密度较大的海水的供给,这种密度大的海水可以通过若干种过程产生。例如,海冰的形成和蒸发与降水之间较大的差异可以导致海水的冷却和盐度的增加。在极地海洋中的几个海域内,表层海水被冷却到冰点以下,有些海域的水甚至可以达到 -1.9 ℃。当海水冻结时,形成数米厚的海冰漂浮在极地海洋的表面。由于盐分不能填充到冰的晶体结构中去,所以大部分海盐被析出,使得紧靠着海冰下面的水变得更咸,从而形成一个寒冷且高盐的下层水。低温和高盐的结合产生了密度非常大的海水,它下沉并沿海盆的斜坡向下流动,然后以底层水的形式向着赤道方向扩散。图 8-9 给出了深层大洋环流系统的图解模型。

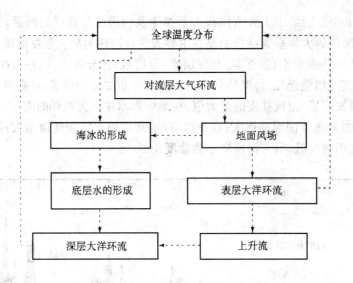

图 8-9 深层大洋环流系统的图解模型[1]

形成底层水的主要海域之一是南极洲的威德尔海,称为南极底层水。它环绕南极洲,并在三个主要洋盆中(大西洋、太平洋和印度洋)作为最深的水层流向北方。尽管对深层大洋环流的直接测量工作做得很少,但利用对温度和盐度分布的观测结果已经鉴别出南极底层水在北大西洋可以达到 45°N 以北,在北太平洋可以达到 50°N 以北(阿留申群岛)。深层洋流的流速很慢,只有 $0.03\sim0.06\ km\cdot h^{-1}$。

北冰洋的格陵兰沿岸是另一个温度低且密度大的水团的源地,这一水团在大洋深处向南流入北大西洋西部,故称为北大西洋深层水,它为世界大洋提供了大约一半数量的深层水输入,其余部分的深层水则来自南极洲的威德尔海。北大西洋深层水在向南流动过程中穿过大西洋,然后汇入南极环极地洋流。二者汇合后仍然环绕南极大陆流动,并伸出分支水流进入印度洋和太平洋。也有一部分海水重新进入大西洋,以完成水的循环流动。

(三)温盐输送带

由于水是不可压缩的,所以高纬海域水的下沉必然伴随着其他一些海域水的上升,并且也必然会有表层水流向高纬以补偿那里因下沉流向赤道的水量。一般而言,对这种回返水流进行监测比对底层水流更为困难。在整个海洋中,通过密跃层的上升水流是非常缓慢的,而通过洋盆东部边界上升流海域和其他上升流海域的上升水流流速要快得多。先前的深层水一旦到达海洋表层,表层大洋环流便会将海水输送到极地海域,这一由温盐环流驱动下的完整的海水循环圈被科学家们比拟成一个巨大的输送带。冷水从北大西洋下沉至洋底,在向南流动的过程中与较暖的海水混合,当到达南极大陆附近时,与南极底层水混合,再次冷却,并汇入南极环极地洋流,它的分支在印度洋和北太平洋随上升流被带到大洋表面,加热后最终被表层洋流带回到北大西洋,从而完成整个环流圈(图 8-10)。据估计,洋流从格陵兰岛附近的拉布拉多海下沉到南印度洋上升再返回,大约要用 1000 a 的时间,这支来自印度洋的表层暖流带着大量的热能进入到大西洋水域和湾流之中。

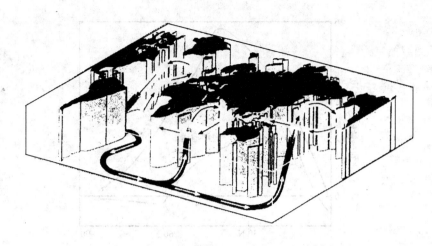

图 8-10 全球温盐输送带的理想化图示[8]

温盐输送带的存在对于地表系统功能的实现具有重要的意义,因为它支配着海洋中的物质循环,并且对地球上的气候产生重要的影响。许多海洋生物都生活在近洋面的水层中,例如利用阳光进行光合作用的浮游植物和以浮游植物为生的动物等。这些植物和动物吸收海洋中的养分,使表层海水中的养分变得相对贫乏。当这些生物死亡时,它们下沉并腐烂、分解,最终释放出养分归还给海洋。温盐环流将富含养分的海水输送到地球各地,并在上升流海域(如沿大陆的边缘)将养分带到表层,使得这些上升流海域中的海洋生物异常丰富。

至此,我们描述了一个复杂的表层风海流系统,它叠加在一个相对简单的、由底层水形成所驱动的深海洋流系统之上。而事实上,深海洋流要复杂得多。海洋中不同深度和不同地理位置上的各种水团清晰可辨,由于各处温度和盐度的变化,使这些水团具有十分不同的理化性质。例如,强烈的蒸发、稀少的降水和不多的河流径流量注入,导致地中海水具有温暖和高盐的特点,当地中海水通过直布罗陀海峡从大约 1000 m 深处扩散进入大西洋中部时,形成一个清晰可辨的温暖、高盐水舌(图 8-7 和图 8-8)。由此可见,人类关于深海洋流的知识仍是十分有限的。由于海洋对于全球气候变化和生物地球化学循环产生显著的影响,所以,全面地认识深海洋流的面貌具有重要的理论与实践意义,在这方面尚有许多未知领域有待探索。

(四)洋流与热量输送

大洋环流对于全球温度的分布具有强烈的影响。流向极地方向的温暖表层水补充了那里海冰边缘下沉形成底层水的水量,这是赤道和低纬过剩的热量向极地传递的一种途径。图 8-11 给出了北半球大气和海洋向极地的热量输送情况,其中,总热量输送的数据是通过计算各纬度带使辐射收支达到平衡时必要的热量输送得到的。从总热量输送中减去大气输送的部分便得到海洋输送的热量。估计的结果表明,海洋提供了几乎与大气一样多的向极地的热量输送,二者的区别在于,低纬的热量输送,海洋多于大气;中、高纬的热量输送,则大气多于海洋。

海洋还是一个巨大的热贮存库,它在一些地方吸收大气圈的热量,又在其他一些地方将热量释放出去。由于水的加热与冷却都比较缓慢,所以,较冷或较热的水域将在几个月、几个季节、乃至几年的时期内冷却或加热大气圈。在更长的时期内,海洋对于大气圈的作用是由海洋的断面温度所决定的。从大洋的垂直结构可知,大部分海水位于海洋的深层,因此,海水的温度

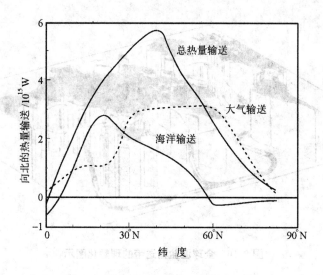

图 8-11 北半球向极地的热量输送[3]

主要取决于底层水的形成和底层水环绕洋盆的输送。由此可以推断,如果底层水形成的过程发生了变化,海洋温度也将发生变化,进而将影响到气候的变化。在现代的气候状况下,对底层水形成速率的估计和对海洋容量的测量表明,海洋中全部的深层水要用约 1000 a 的时间才能循环一周,因此,温盐环流能够在大约 1000 a 的时间尺度上调节气候。然而,温盐环流的短暂中断或变化也可以对区域气候产生快速的和强烈的影响。

8.3 海洋-大气相互作用

海洋和大气同属流体,它们的运动具有相似之处,并且是相互联系和相互影响着的。在大尺度海-气相互作用中,海洋对大气的作用主要是热力的,而大气对海洋的作用主要是动力的。人们通过观测和研究发现,某些海区的热状况变化可以对大气环流和气候产生显著的影响,例如,赤道东太平洋海区和赤道西太平洋"暖池"海区就是这样。在上述海区每隔几年便会发生的厄尔尼诺和拉尼娜事件以及与之密切相关的南方涛动现象,是大尺度海-气相互作用的突出表现。

(一)厄尔尼诺和拉尼娜

厄尔尼诺(El Nino)为西班牙语,是"圣婴"的意思。它的原意是指在赤道东太平洋的厄瓜多尔南部和秘鲁北部沿岸,圣诞节前后经常发生的海水异常升温现象。海温的异常升高可产生一系列的不良后果,它使下层冷水上涌减弱,造成该海区浮游生物大量减少,鱼类因缺少食物而大量死亡,给各国渔业带来严重损失,同时还造成厄瓜多尔、秘鲁和哥伦比亚等地持续大雨,引发洪涝灾害。后来更多的观测事实表明,在厄尔尼诺发生的时候,不仅厄瓜多尔和秘鲁沿岸海域的水温明显升高,而且几乎整个赤道东太平洋的海温都明显升高。因此,厄尔尼诺就成了表示赤道东太平洋海面温度(SST)出现大范围持续异常升高的科学术语。这里的赤道东太平洋 SST 通常以 0~10°S,180~90°W 海域的平均 SST 为代表,为了对厄尔尼诺作出更确切的诊断,还进一步划分出几个次级的海区。对于厄尔尼诺发生的确定,目前尚没有统一的标准。有人认为区域平均的海温持续 12 个月以上为正距平,且海温正距平的峰值达到 1 ℃,可视为一次厄尔尼诺的发生；也有人认为连续3个月区域平均海温正距平超过1℃，即可视为一次厄尔尼诺的发生。依开始的时间划分，厄尔尼诺大致有两类，一类开始于春季(5月)，另一类开始于夏末秋初(7~8月)。夏秋开始的厄尔尼诺事件，以持续两年时间的比较多。

与厄尔尼诺事件相反，赤道东太平洋 SST 有时在冬季会出现较强的负距平，称为拉尼娜(La Nina，反厄尔尼诺)。两次厄尔尼诺事件之间往往有一次拉尼娜事件出现，但有时也并不一定有拉尼娜出现，例如1982~1983年和1986~1987年两次厄尔尼诺之间就没有拉尼娜，只是1985年赤道东太平洋海温偏低，有时也称为冷水年。因此，冷水年或暖水年是一种更为宽泛的概念，暖(冷)水年并不一定是厄尔尼诺(拉尼娜)，但厄尔尼诺(拉尼娜)一定是暖(冷)水年。

(二) 南方涛动

南方涛动(southern oscillation)是指热带东太平洋地区和热带印度洋地区气压场反相变化的跷跷板现象。这里的"南方"是相对于北半球而言的，"涛动"的意思是振荡，因为这种跷跷板现象大约3~7a会重现。图8-12给出用澳大利亚达尔文站年平均海平面气压与其它站点气压的相关系数(×10)所表示的南方涛动形势。可见，印度洋上各站为正相关，太平洋上各站为负相关，对比非常明显，例如达尔文站与东太平洋塔希提岛气压的相关系数达到—0.8。从而表明，当印度洋海平面气压出现正距平(气压升高)时，东太平洋地区的海平面气压出现负距平(气压降低)；反之亦然。

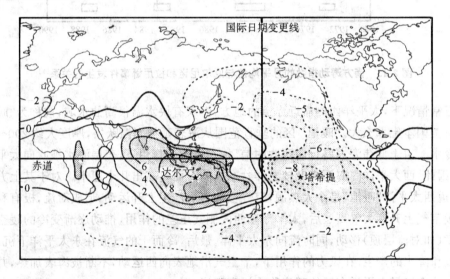

图 8-12 南方涛动形势图[8]

通常利用东太平洋和印度洋海平面气压的差值，即南方涛动指数(SOI)来描述南方涛动的性质，目前普遍采用塔希提岛与达尔文站之间的标准海平面气压差代表SOI。SOI为负值表示东太平洋气压低于印度洋气压，SOI为正值则表示东太平洋气压高于印度洋气压。

(三) ENSO 循环

通过比较和分析，人们发现了许多与南方涛动有关的异常现象。例如，在高SOI期间，赤道东太平洋和秘鲁沿岸的 SST 相对偏低，甚至有拉尼娜出现，沿赤道太平洋的偏东信风比较强,热带主要降水区位于印度尼西亚一带。相反,在低 SOI 期间,赤道东太平洋 SST 相对偏高,甚至会发生厄尔尼诺事件,沿赤道太平洋的信风偏弱,在赤道西太平洋有西风异常出现,热带太平洋主要降水区在日界线附近至南美大陆。正是由于上述这些联系,人们把负 SOI 和厄尔尼诺(赤道东太平洋的暖水事件)视为海洋-大气耦合系统出现异常的一种反应(ENSO);而把正 SOI 和拉尼娜(赤道东太平洋的冷水事件)视为海洋-大气耦合系统出现异常的另一种反应(反 ENSO)。因此,用厄尔尼诺和南方涛动的合称——ENSO 来表示大尺度海洋-大气耦合系统的异常现象。图 8-13 显示出 SOI 与厄尔尼诺和拉尼娜发生具有很好的对应关系。由于这些现象的发生都有一致的 3~7 年的准周期性,所以,人们称之为 ENSO 循环。

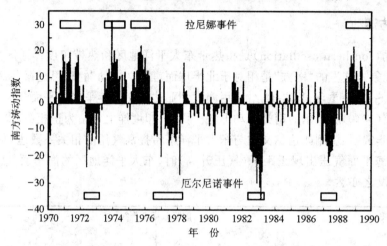

图 8-13　南方涛动指数的月平均值与厄尔尼诺和拉尼娜事件发生的关系[8]

在正常情况下,太平洋西侧靠近赤道的地方,海表有块水温很高的水域,被称为"暖池",面积大约有美国本土那么大。"暖池"区的垂直范围从海表延伸到温跃层,厚度大约 200~300m,其下为冷水。由于低纬海表盛行向西吹的信风,在风力的作用下,表层海水被吹向太平洋海盆的西缘,因此,西太平洋的海面高度较之洋盆东缘的海面要高出几十厘米。对于其上方的空气来说,赤道西太平洋"暖池"是个大热源,空气被加热后产生上升运动,形成对流,极有利于成云致雨。暖空气上升到大气高层后,太平洋东西两侧气压差的作用,推动逐渐变冷的暖空气向更高的高度(如对流层顶)移动,同时流向东太平洋。最后,冷而干的气流在东太平洋下沉,不利于云的形成和降水的产生。在风力的作用下,干空气沿地表向西运动,不断被海表加热,并从中吸收水汽。这个横贯太平洋东西的环流称为沃克环流(图 8-14a)。

同样是在正常情况下,赤道东太平洋的温跃层相对来说较浅,在赤道南侧的夏季和秋季更是接近海面。厄瓜多尔、秘鲁及智利北部沿岸的海水涌升非常强烈,使得东太平洋的 SST 明显低于西太平洋,气压则高于西太平洋,从而会加强沃克环流,不利于这些地区云的形成及降水的发生。横贯赤道太平洋地区的类似跷跷板的气压差是影响赤道地区风场强度的重要因子。

当厄尔尼诺发生时,沃克环流发生相应的调整。跨越赤道太平洋向西吹的地面偏东风减弱,西太平洋风向反转,这使得暖池区的海水向东扩展,西太平洋的海平面高度下降。暖水到达南美西岸后又南下到秘鲁沿岸海域,导致东太平洋的海平面高度上升,南赤道流和秘鲁沿岸流减弱。同时,造成赤道中、东太平洋的海面水温升高,温跃层加深。由于温跃层的加深,秘鲁沿

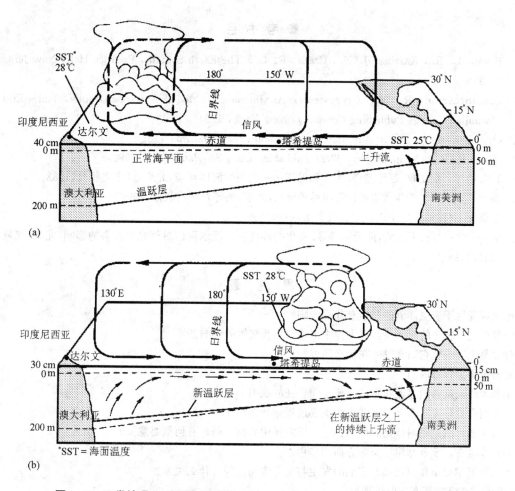

图 8-14 正常情况(a)和厄尔尼诺发生时(b)赤道太平洋大气与海水运动特征剖面
(根据参考书目[2]绘制)

岸的海水涌升强度减弱,并且带到海面的水的温度较高,所含养分减少。

在赤道中、东太平洋海面水温升高的同时,赤道西太平洋的海面水温则趋于降低。由于对流活动总是发生在海面的暖水区,结果赤道中、东太平洋海域的大气对流活动加强,而赤道西太平洋海域的大气对流减弱。强对流区位置的变化将导致澳大利亚、印度尼西亚和南亚发生大范围干旱,中太平洋有台风生成,而原来干燥的哥伦比亚、厄瓜多尔和秘鲁沿岸地带则降暴雨(图 8-14b)。这种情形可持续 12~18 个月,直到地面偏东风再次加强,将暖水吹回到西太平洋暖池水域为止。与此同时,赤道太平洋东、西两端的海平面高度和温跃层厚度也逐渐恢复到正常状态,强烈的海水涌升活动再次出现在东太平洋海域的秘鲁沿岸等地。

在拉尼娜发生时,跨越赤道太平洋向西吹的地面偏东风比正常加强,赤道中、东太平洋的海水比正常偏冷,使赤道太平洋东、西两端海面温度梯度和温跃层厚度的差异加大,赤道西太平洋印度尼西亚地区对流增强,赤道中、东太平洋盛行下沉气流。可见,正常情况代表 ENSO 和反 ENSO 事件的平均状态,但更像弱的反 ENSO 状态。

参 考 书 目

[1] Kump, L. R., Kasting, J. K., Crane, R. G.. The Earth System, Prentice Hall, New Jersey, 1999

[2] Christopherson, R. W.. Geosystems: An Introduction to Physical Geography, 2nd edition, Macmillan College Publishing Company, New York, 1994

[3] Open University. Ocean Circulation, Pergamon Press, Oxford, 1989

[4] Pinet, P. R.. Oceanography, West Publishing Co., St. Paul, MN, 1992

[5] J. G. 哈维;张立政,赵徐懿译. 大气和海洋——人类的流体环境,北京:科学出版社,1982

[6] 冯士筰,李凤歧,李少菁主编. 海洋科学导论,北京:高等教育出版社,1999

[7] 李崇银. 气候动力学引论,北京:气象出版社,1995

[8] M. H. 格兰茨;王绍武,周天军等译. 变化的洋流——厄尔尼诺对气候和社会的影响,北京:气象出版社,1998

思 考 题

1. 地面风场对于表层洋流的产生有什么影响?
2. 解释埃克曼输送的形成及其对大洋中水体辐合和辐散的影响。
3. 什么是上升流?它通常发生在什么地方?
4. 地转流是怎样形成的?
5. 解释大洋涡旋西边界流和东边界流不同特征的成因。
6. 什么叫温盐环流?驱动深层洋流的主要过程是什么?
7. 温盐输送带的运动路线是怎样的?它对于海洋中的物质循环有何重要意义?
8. 简述洋流在调节全球温度分布方面的作用。
9. 什么叫厄尔尼诺和拉尼娜?它们的发生与南方涛动之间有什么关系?
10. 简述 ENSO 循环发生的机理。

第9章 水分循环

大气环流不仅传输能量,而且运送物质。在大气圈中被运送的最重要的物质便是水,它通常以水汽和云的形式存在。水汽和云在时间和空间上都非常易变,它们在全球能量平衡中起着重要的作用,并且决定着地球表面淡水的分布。除了大气圈中存在着少量的水分之外,水体最集中的储存库是海洋,此外,它还存在于河湖、岩石、土壤和生物体中。水在地表系统各组分之间的循环运动主要包括蒸发(蒸腾)、凝结、降水、入渗、径流等几个子过程。

9.1 地球上水圈的结构

从太空看地球,它是一个水的分布面积占绝对优势的行星,这在太阳系中是独一无二的,因此,被称为"水的行星"。水在地球表面的温度变化范围内,能够以固体、液体和气体三态的形式存在。地球表面71%的面积是海洋,在陆地上还分布着大小不等的湖泊、河流和以地下水的形式存在于地球内部的水体。在两极覆盖着广阔的冰面,它们或是在海洋的表面漂浮,或是在陆地上形成冰川。由凝结的水汽所形成的云在空中不停地运动着,尽管其大小、形状和位置不断地变化,但在任何时间总会有大约50%的云覆盖着地球的上空。以气体形式存在的水(水汽)的数量,在全球的分布也是不均匀的,可以从冰盖上空的接近于零到热带的大约7%。在整个地表系统中,水是一种最重要的化合物。人体重量的60%是水的重量,所有生物都需要水来维持生命。水在地表系统各组分中的赋存状态和运动特点与水的性质密切相关。

(一) 纯水的特性

自然界中原子之间的键合是由于相邻原子的电子间的相互作用所致,这种相互作用有两种基本类型,即共价键合和离子键合。水和大气中的许多气体就是由共价键连在一起的化合物,而岩石和土壤中的矿物则是由离子键连在一起的化合物。

水(H_2O)是由氧原子和氢原子通过共价键结合在一起的产物。由于氢原子只能形成一个共价键(只有一个电子),而氧原子能形成两个共价键(在第二轨道上有6个电子),所以,就有两个氢原子与一个氧原子键合,成为水分子。氧原子和氢原子一旦结合成水分子,便处于稳定态(当原子结构的第一轨道上为1个电子对,第二轨道上为4个电子对时,表示它处于稳定态),因此,二者很难分离。氢和氧的结合使水分子中氢原子的一端微显正电,氧原子的一端微显负电,称为水分子的极性。水分子极性的存在使得水具有很强的溶解能力,成为一种非常有效的溶剂。极性还可以使水分子之间相互吸引,即一个水分子显正电的一端吸引另一个水分子显负电的一端,形成氢键,由此产生水的另外两种独特的性质:表面张力和毛细现象。表面张力是液体表面任何两部分间具有的相互牵引力,其作用使液体表面有如张紧的弹性薄膜,使液滴总是呈圆球状。毛细现象是指水在细管中沿着管壁向上攀升的现象,土壤中的水沿孔隙而上升便是毛细现象的表现。

水的固、液、气三态之间的相变伴随着热量的吸收与释放,成为水的重要热特性。据估计,水在相变过程中交换的能量提供了大气环流所需能量的30%以上。

当水冷却时,它的体积收缩,至 4 ℃时达到最大密度;但当水温低于 4 ℃时,它开始膨胀,伴随着众多的氢键的形成产生一种六边形结构,这种膨胀持续到 −29 ℃达到其最大可能体积,比液态水的体积增大约9%。常压下水冷至 0 ℃即结成六角晶系的冰,在这种晶体里 H_2O 分子通过氢键联结成空旷的结构,故冰的密度较小(约 $0.9 g·cm^{-3}$)。当冰融化时其空旷结构瓦解,成为密度较大($1 g·cm^{-3}$)的液体水。因此,冰总是漂浮在水面之上,例如,以质量计,南极冰山的大约 1/11 在水面以上,而其余的 10/11 则在水面以下。水在固相和液相之间的相变,即融化和冻结作用还产生一种力量,它可以将岩石劈裂(物理风化作用),使表土涨缩,形成独特的冰缘地貌形态。水的液相和气相之间的相变表现为蒸发和凝结作用。在常温和常压下,一部分氢键断裂(在 20 ℃的水里,大约有一半的氢键断裂),使水分子间的吸引不稳定,从而产生分子间的流动性,这时的水呈液态。蒸发作用是水分子得到充分的能量后,打破氢键的束缚并使水的单个分子漂浮到空气中的结果,这种状态便是水蒸气。相反,空气中的水分子也可以聚集在一起形成小水滴,这就是凝结作用。此外,水的固相和汽相之间也会产生相变,其表现形式是升华和凝华。在上述六种相变过程中,水分子的结构并未改变,所改变的只是水分子间的相对吸引力。

水从固体到液体或者从液体到气体的变化需要吸收热能,而相反的过程则放出热能。这些能量以潜热的形式储存在水分子中。尽管 0 ℃的冰和 0 ℃的水之间可感热(温度)没有差别,但使冰转化为水却需要 335 kJ/kg 的融化潜热;相反,使 0 ℃的液态水再转化为同温度的冰,则相同数量的冻结潜热将被释放到环境中去。同理,使 100 ℃的沸水转化为同温度的水汽需要 2261 kJ/kg 的蒸发潜热;相反,使 100 ℃的水汽再转化为同温度的水,则相同数量的凝结潜热将被释放到环境中去。由于液态水的温度从 0 ℃升高到 100 ℃需要 419 kJ/kg 的热能,所以,使 0 ℃的冰转化为 100 ℃的水汽就要耗损 3015 kJ/kg(=335+419+2261)的升华潜热,而使 100 ℃的水汽转化为 0 ℃的冰则要释放 3015 kJ/kg 的凝华潜热。这些数值适用于海平面处水的相变,随着气压的变化,它们将略有不同。如果这些转化过程发生在不同的地点,那么,从一地到另一地还存在着能量的净传递。

在自然界湖泊、河流和土壤水中,20 ℃的水经蒸发作用离开地面必须从环境中吸收约 2449 kJ/kg 的蒸发潜热,这比 100 ℃水的蒸发所需的热量略大一些,同样,当含水汽的空气致冷时,水汽最终凝结形成液滴,并释放出 2449 kJ/kg 的凝结潜热。一块小而蓬松的晴天积云中大约包含 550~1000 t 的液滴,可想而知,整个大气圈包含着多么巨大的潜热能量。这种由太阳能所引起的水的潜热交换对于能量的传递和全球温度的分布产生巨大的影响,并驱动着全球天气系统的变化。

(二) 水量的分布

地表系统中水的总储量约为 $13.66×10^8 km^3$。尽管水不断地流出系统进入太空,并与其他元素形成新的化合物,地表损失的水仍可被从地球内部产生出来的原生水所补偿。因此,全球的总水量保持着相对的稳定,即水通过系统边界的输入量和输出量维持着一种稳态或平衡。实际上,占地球总水量 97.2% 的海水水量是在不断变化着的,表现为海平面的升降,这主要与地球上冰的数量有关。寒冷时期使大量的水冻结成山地冰川和极地冰原(如格陵兰和南极),导致海面降低;温暖时期则使冰川融化,海面上升。根据推测,在 18 000 a 之前的第四纪冰期时,海面比现在低 100 m 以上;而在 40 000 a 前,海面则比现在要低 150 m。在过去 100 a 间,平均海平面呈持续上升的趋势,这与全球变暖有着直接的关系。

地球陆地的大部分在北半球,而南半球则水面占优势。在全球尺度上,水主要分布在六个"水库"中,按照贮水量的大小排序,它们分别是:海洋、冰川、地下水、湖泊、大气和江河[表9-1,由于能够被生物利用的淡水仅约占地球贮水总量的十万分之七($7×10^{-5}$),表中忽略不计]。这六个"水库"还可进一步概括为海洋、陆地和大气三大"水库"。

表 9-1 全球的主要"水库"及其贮水量[3]

"水库"	贮水量/km³	百分比/(%)
海洋	1 327 500 000	97.2
冰盖及冰川	29 315 000	2.15
地下水	8 442 580	0.625
大陆湖泊	230 325	0.017
大气	12 982	0.001
江河	1 255	0.0001

地球上互相联通的广阔水域构成世界海洋。洋是海洋的主体部分,一般远离大陆,面积约占海洋总面积的 90.3%;深度一般大于 2000 m;海洋要素如盐度、温度等几乎不受大陆的影响;具有独立的潮汐系统和强大的洋流系统。世界大洋通常分为四大部分,即太平洋、大西洋、印度洋和北冰洋(图 9-1),各大洋的面积、容积和深度如表 9-2 所示。太平洋是面积最大、最深的大洋,其北侧以白令海峡与北冰洋相接;东边以通过南美洲最南端合恩角的经线与大西洋分界;西边以经过塔斯马尼亚岛的经线(146°51′E)与印度洋分界。印度洋与大西洋的界线是经过非洲南端厄加勒斯角的经线(20°E)。大西洋与北冰洋的界线是从斯堪的纳维亚半岛的诺尔辰角经冰岛、过丹麦海峡至格陵兰岛南端的连线。北冰洋大致以北极为中心,被欧亚大陆和北美大陆所环抱,是面积最小、最浅且最寒冷的大洋。

表 9-2 世界各大洋(包括附属海)的面积、容积和深度[2]

名称	面积		容积		深度/m	
	10⁶ km²	%	10⁶ km³	%	平均	最大
太平洋	179.679	49.8	723.699	52.8	4 028	11 034
大西洋	93.363	25.9	337.699	24.6	3 627	9 218
印度洋	74.917	20.7	291.945	21.3	3 897	7 450
北冰洋	13.100	3.6	16.980	1.3	1 296	5 449
世界海洋	361.059	100	1370.323*	100	3 795	11 034

* 由于出处不同,此数据与表 9-1 中的 1 327 500 000 略有差异。

海洋的附属部分分为海、海湾和海峡(图 9-1)。海是海洋的边缘部分,全世界共有 54 个海,面积占海洋总面积的 9.7%。海的平均深度一般在 2000 m 以内,其温度和盐度等海洋水文要素受大陆影响很大,并有明显的季节变化。它们通常水色浅、透明度小、没有独立的潮汐和洋流系统,潮波多由大洋传入,但潮汐的涨落往往比大洋显著。按照海所处的位置可将其分为陆间海、内海和边缘海。陆间海指位于大陆之间的海,面积和深度都较大,如地中海和加勒比海。内海是深入大陆内部的海,面积较小,其水文特征受周围大陆的强烈影响,如渤海和波罗的海等。陆间海和内海一般只有狭窄的水道与大洋相通,其物理性质和化学性质与大洋有明显差别。边缘海位于大陆边缘,以半岛、岛屿或群岛与大洋分隔开,但水流交换通畅,如东海和日本海等。海湾是洋或海延伸进大陆且深度逐渐减小的水域,一般以入口处海角之间的连线或入口处的等深线作为与洋或海的分界,如孟加拉湾和阿拉伯海等。海峡是两端连接海洋的狭窄水道,它的最主要特征是水流急,海流有的上、下分层流入、流出,如直布罗陀海峡等,有的分左、右侧流入、流出,如渤海海峡等。

陆地水又可分为地表水和地下水两类,地表水最大的"水库"是冰,冰盖和冰川的贮水量占了陆地水总量的 77.17%,它与地下水之和则占了陆地水总量 99.39%。地表水中除去冰以外

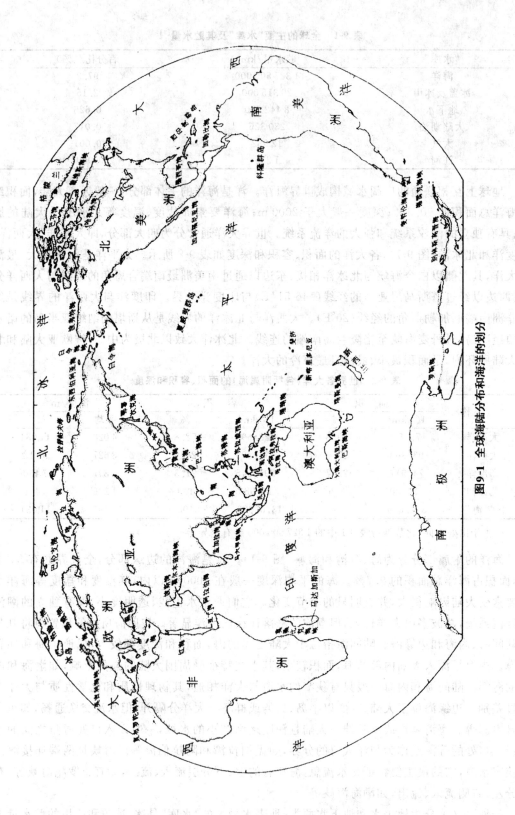

图9-1 全球海陆分布和海洋的划分

的部分才是我们最为常见的水体形式。湖泊和江河看上去水量巨大,而实际上,其贮水量仅及陆地水总量的0.61%。在湖泊水中,全部淡水湖水量只有大约125 000 km³,其中51%的水量集中在世界的七大湖,分布十分不均衡(表9-3)。咸水湖通常分布在内陆河流域,它们往往是过去湿润气候时代残留下来的水体。在地球上日夜奔流的江河中只有大约1255 km³的水,占陆地水总量的约0.003%,占全球水量的0.0001%,如果加上淡水湖的水量,也不过占陆地水总量的0.332%,占全球水量的0.0092%。这很少量的水正是人类日常利用的主要水源,由此可见,淡水是一种非常有限的自然资源。

表9-3 地球上的主要淡水湖[1]

湖 泊	水量/km³	表面积/km²	深度/m
贝加尔湖(俄罗斯)	22 000	31 500	1 620
坦噶尼喀湖(非洲)	18 750	39 900	1 470
苏比利尔湖(美国、加拿大)	12 500	83 290	397
密执安湖(美国)	4 920	58 030	281
休伦湖(美国、加拿大)	3 545	60 620	229
安大略湖(美国、加拿大)	1 640	19 570	237
伊利湖(美国、加拿大)	485	25 670	64

全球的水分循环,实质上就是水分在大气、海洋和陆地三大"水库"之间通过蒸发、降水、径流等方式的运动过程。

9.2 蒸发过程与凝结过程

(一) 蒸发及其影响因素

水从海洋和陆地表面进入大气的输送过程称为蒸发(evaporation),其实质是由液态水变为水蒸汽,包括水面蒸发、土壤表面蒸发和植物蒸腾三个主要方面,太阳辐射是蒸发所需能量的主要来源。

水面蒸发的主要影响因素包括有:

(1) 蒸发面温度。温度高时,蒸发面上空的饱和水汽压较大,饱和差亦较大,因此,有利于蒸发的进行。温度越高,蒸发越迅速,如湿衣服在阳光下就比在背阴处干得快些。

(2) 风。有风时,蒸发面上空的水汽不断被风吹散,使水汽压减小,饱和差增大,有利于蒸发的迅速进行,有风时晾衣服干得快,就是这个道理。

(3) 空气湿度。空气湿度大,则饱和差小,蒸发缓慢;空气湿度小,则饱和差大,蒸发迅速。

(4) 蒸发面性质。在相同的温度条件下,由于冰面的饱和水汽压小于水面的饱和水汽压,所以,当水汽压大致相同时,冰面的饱和差也小于水面的饱和差,因此,冰面的升华比水面的蒸发慢。此外,海水比淡水蒸发得慢,大水滴比小水滴蒸发得慢。

在土壤水分饱和状态下,土壤表面的蒸发率与同样气候条件下的水面蒸发率几乎相等,这时,土壤表面可以蒸发掉的最大水汽量称做蒸发势。通常,土壤的蒸发小于其蒸发势。当土壤逐渐因蒸发而变得干燥时,蒸发率随土壤含水量的降低而下降。除了土壤含水量之外,地下水的埋藏深度、土壤的物理性质如孔隙的数量、土壤颜色,以及影响水面蒸发的气象因素,都对土壤蒸发产生影响。

植物蒸腾是土壤水分通过植物进入大气中的过程。首先，植物根系吸收土壤水分，并通过植物茎内导管将水运送到叶片，然后从叶片的气孔逸散到空气中去。植物的蒸腾量与植物种类、生长期、土壤供水状况，以及气象因素有关。白天，由于太阳辐射，植物气孔张开，蒸腾量较大；夜晚，气孔关闭，蒸腾量较小。

蒸发所消耗的水量叫蒸发量，单位通常为 mm。蒸发量一般是在浅圆的蒸发皿中测得的，由于这种测量结果受当地的开敞程度和其他条件影响很大，所以，它可能对估计小范围(如小的水库、湖泊和灌溉区域)的蒸发量有用，但对于地球表层更大范围内的水分平衡状况的计算却没有什么用处。因此，许多学者建议用间接途径计算蒸发量。

(二) 全球蒸发量的分布

全球年平均蒸发量的分布(图 9-2)便是通过计算得到的。由图可见，蒸发的最大值位于副热带海洋上，即海洋"沙漠"地区，向高纬则年蒸发量递减。在北半球中纬度大陆东面的湾流和黑潮暖洋流上空有蒸发的极大值(主要在冬季)，数值为 $200\,cm \cdot a^{-1}$。在降水量很大的赤道海区，蒸发相对较弱，这是由于那里风速较小、海温因海水上翻而较低的缘故。陆地上最大的蒸发量出现在赤道地区，主要是那里降水较多且温度较高所致。从赤道向高纬，陆地蒸发量递减，至南、北极圈内，由于温度很低、湿度较大、加之冰雪覆盖等原因，蒸发量达到极小($<20\,cm \cdot a^{-1}$)。除极地外，蒸发量的极小值还出现在陆地上的沙漠、戈壁地区如北非、西亚、澳洲中部、美国西部、南美西南部和非洲西南部，以及斯堪的那维亚半岛和西伯利亚东部等寒冷的大陆内部。

(三) 凝结的条件

水由气态转化为液态的过程称为凝结(condensation)，大气中的水汽凝结成为云滴和雾滴需要同时具备两个条件，即

1. 凝结核

实验证明，在纯净的空气中，即使相对湿度达到 300%~400% 时，也不发生凝结，但放入具有吸水性的微粒，便立即发生凝结，这是因为微粒比水汽分子大得多，其吸引力也大，有利于水汽分子在它表面聚集。这种能促使水汽凝结的微粒，就叫做凝结核。大气中的凝结核一般总是十分丰富的。陆地上每立方米空气中的凝结核可达 100 亿个，主要是尘埃、火山和森林火灾释放的烟灰、燃料燃烧放出的污染物如二氧化硫等。海洋上每立方米空气中的凝结核也可达 10 亿个，主要是海浪飞溅到空气中的盐粒，由于盐的吸湿性极好，又称为吸湿性凝结核。水汽的凝华也需要称为凝华核的微粒，大气中最主要的凝华核是冰晶本身。

2. 空气达到过饱和状态

使空气达到过饱和状态的条件是增加空气中的水汽含量，使得水汽压大于当时温度下的饱和水汽压；或者使空气温度降低到露点温度以下。使这两种条件达到满足的途径有：

(1) 暖水面的蒸发。当冷空气流经暖水面时，由于暖水面的温度显著高于气温，所以，暖水面的饱和水汽压就比空气的饱和水汽压大得多，因此，蒸发可以使暖水面的水汽压逐渐接近于水面上的饱和水汽压，这样，其上的空气就可能达到过饱和状态而发生凝结。秋冬早晨水面上腾起的蒸汽雾就是这样形成的。

(2) 空气的冷却。空气冷却的主要方式有：

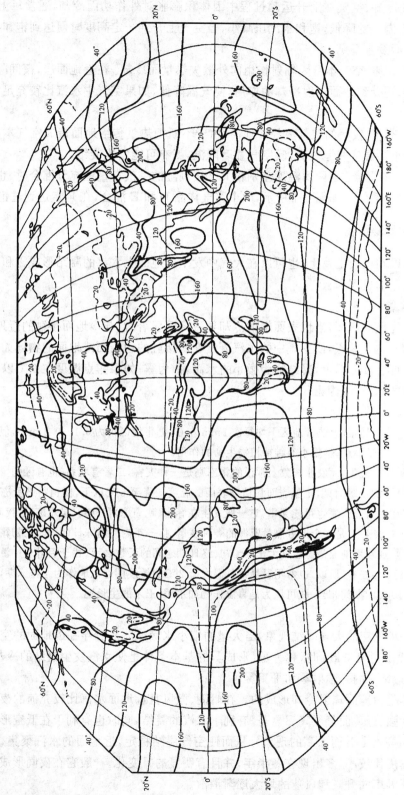

图 9-2 年平均蒸发量(cm)的全球分布[5]

- 绝热冷却:空气在上升运动过程中因体积膨胀对外作功而冷却,通常每上升 100 m 降温 1 ℃。随着温度的降低,饱和水汽压减小,当空气上升到一定高度时便达到饱和,再上升就会达到过饱和而发生凝结。
- 辐射冷却:空气本身因辐射作用向外散失热量而冷却。在近地面层,夜间除空气本身的辐射冷却外,还受到地面辐射冷却的作用,使气温降低,如果空气中水汽比较充足,就会发生凝结。
- 平流冷却:较暖的空气流经冷地面,由于不断把热量传给地面造成空气本身的冷却,当暖空气与冷地面温度相差较大,暖空气显著降温,就有可能发生凝结。

(3) 空气的混合。当两团温度差别很大又很潮湿的空气等量地充分混合时,也能使空气达到过饱和,发生凝结。如图 4-1 所示,两个空气样品 D 和 E 混合,在 F 点达到过饱和。

(四) 主要凝结物

凝结可以在地面上发生,也可以在大气中发生。地面上水汽的凝结形成露和霜等,大气中水汽的凝结则形成雾和云。

1. 露和霜

在晴朗无风的夜间,当地表面辐射冷却导致降温显著时,与冷地面接触的近地面薄层空气将逐渐冷却并达到露点,使空气中的水汽凝结在所接触的地表面或地面的物体如植物叶片上。如果露点温度在 0 ℃ 以上,凝结物为微小的水滴,称为露;如果露点温度在 0 ℃ 以下,水汽直接凝华为白色的冰晶,称为霜。

露的降水量虽然很少(热带地区平均每次 1mm 左右,温带地区仅为 0.1～0.3mm),但对植物生长十分有利,尤其是在干旱地区,露水有维持植物生命的作用。

霜是一种天气现象,而农业气象上常说的霜冻则是一种灾害,二者有联系,也有区别。霜冻是指日平均气温高于 0 ℃ 的温暖时期,土壤表面和植物表面的温度骤降至 0 ℃ 以下,使植物遭受冻害或者死亡的现象。霜冻发生时可能有霜也可能无霜,它一般发生在春末(晚霜冻)和秋初(早霜冻)的夜晚和凌晨。无霜冻期(frost-free period)是一个地方热量资源的一种度量,指一年内终霜冻日(春季)至初霜冻日(秋季)之间的持续日数,通常用地面最低温度大于 0 ℃ 初、终日期之间的天数表示。由于百叶箱中测量的气温一般比地面温度高 2 ℃ 左右,所以,也常用日最低气温大于 2 ℃ 的持续期近似地作为无霜冻期,它大致与日平均气温大于 10 ℃ 的期间相当,故可认为是喜温作物如水稻、玉米的生长期。

2. 雾

雾是一种低空的大气凝结现象,当大量的细小水滴或冰晶悬浮在近地面的空气层中,使空气混浊,能见度小于 1km 时,称为雾。形成雾的基本条件是使水汽发生凝结的冷却过程和凝结核的存在,最常见的是辐射雾和平流雾。

辐射雾是由地面辐射冷却形成的。在晴朗、微风且近地面水汽比较充沛的夜间或清晨,由于有效辐射强、近地面气层降温显著,有利于水汽的凝结,同时也有利于在低空形成逆温(对流层中气温随高度上升而增高的现象),从而使空气层结稳定,近地面的水汽聚集,形成辐射雾。这种雾的厚度比较小,多出现在冬半年,并且有明显的日变化。一般它在夜间形成,日出后随着近地面气层温度的升高和风速的增大逐渐消散。

平流雾是暖湿空气在流经冷的下垫面(地面或海面)时逐渐冷却形成的。在暖湿空气与下垫面之间存在着较大温差的情况下,近地面气层才能迅速冷却形成平流逆温,这种逆温起着限制空气垂直混合和聚集水汽的作用,使整个逆温层中形成雾。海洋上暖而湿的空气流到冷的陆地上或者冷的洋面上,都可以产生平流雾。当风向和风速适宜时,暖湿空气能源源不断地得到补充,并产生一定强度的乱流,从而使海面上的雾可厚达 200 m 左右。

3. 云

云是高空的大气凝结现象。除了前面提到的空气混合导致的饱和过程外,云的形成主要是由空气上升而绝热冷却到露点产生的。空气上升主要有三种形式:(i) 运动的空气在水平方向上遇到丘陵或山体阻挡而爬升;(ii) 空气水平辐合和沿锋面(分隔冷暖气团的过渡带)的抬升;(iii) 近地面空气受热产生的对流上升。当不稳定的气流被抬升到凝结高度以上时,才可能形成云。由此可见,云能否形成直接与大气的垂直稳定度有关。

大气垂直稳定度(atmospheric static stability)是指气块受到垂直方向扰动后,大气层结(温度和湿度的垂直分布)使它具有返回或远离原来平衡位置的趋势和程度。在大气中作垂直运动的气块,其状态变化通常接近于与环境之间无热量交换的绝热过程,此过程造成升降气块温度的变化。当气块绝热上升时,因气压降低,气块不断膨胀作功而温度下降;当气块绝热下降时,则产生压缩增温。气块绝热上升单位距离时的温度降低值称为绝热垂直减温率(γ)。对于干空气和未饱和湿空气来说,称为干绝热垂直减温率(γ_d),其数值约为 10 ℃·km^{-1};对于饱和湿空气来说,则称为湿绝热垂直减温率(γ_m)。由于饱和湿空气上升过程中因冷却而发生凝结,并释放凝结潜热以加热气块,所以,湿绝热垂直减温率小于干绝热垂直减温率。

某一气层是否稳定取决于运动着的空气团比周围空气是轻还是重。空气的轻重取决于气温和气压,在气压相同的情况下,两团空气的相对轻重由气温决定。如果一团空气比周围空气冷一些,也就重一些,倾向于下沉,则这一气层是稳定的;反之,如果一团空气比周围空气暖一些,因而轻一些,倾向于上升,则这一气层是不稳定的。

判断大气是否稳定,通常采用比较周围空气的绝热垂直减温率(γ)与上升空气团的干绝热垂直减温率(γ_d)或湿绝热垂直减温率(γ_m)相对大小的方法。当 $\gamma<\gamma_m$ 时,不论空气团是否达到饱和,大气总是处于稳定状态的,因而称为绝对稳定;当 $\gamma>\gamma_d$ 时,则不论空气团是否达到饱和,大气总是处于不稳定状态的,因而称为绝对不稳定;当 $\gamma_d>\gamma>\gamma_m$ 时,对于作垂直运动的饱和空气来说,大气处于不稳定状态,对于作垂直运动的未饱和空气来说,大气处于稳定状态,这种情况称为条件不稳定(图 9-3)。此外,一般来讲,γ 越大,大气越不稳定;γ 越小,大气越稳定。如果 γ 很小,甚至等于 0(等温)或小于 0(逆温),则形成对流发展的障碍,因此,通常将逆温、等温和 γ 很小的气层叫做阻挡层。

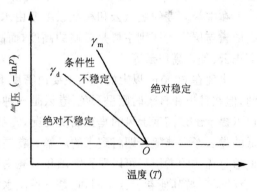

图 9-3 大气稳定度的判定

云是由悬浮在大气中的液滴和冰晶组成的聚集体,由于它们在体积和密度上都足够地大,所以,用肉眼即可辨认。按照云的形状、云底高度和云的垂直范围,可以将云分为 4 个主要高度等级(低云、中云、高云和贯穿这些高度的直展云)和 10 个基本云属。各高度等级的云可以分成 3 种基本形状:

(1) 沿水平方向成层展布的云称为层状云,它是大范围空气稳定上升所形成的。

(2) 沿垂直方向膨胀发展的云称为积状云,它是空气不稳定对流上升,因体积膨胀而绝热冷却,使水汽凝结的结果。

(3) 由冰晶组成的、成束状的高云称为卷状云。图 9-4 给出了主要云属的形状和分布。

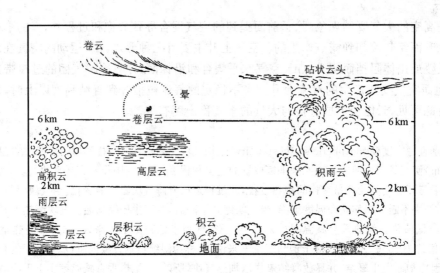

图 9-4 中纬地区各高度等级的主要云属[4]

在中纬度地带,低云的范围是从地面到 2000 m 的空中。层云看上去是模糊、灰色和无形状的,像是空中的雾。如果层云浓厚并产生降雨,则称为雨层云,其降雨的形式是蒙蒙细雨。在傍晚,有时会见到斑块状、灰色的低云出现在天空,它们可能会挡住或透过落日的光线,称为层积云。

在中等高度的层状云和积状云主要由水滴组成,但当温度足够低时,也可能混杂有冰晶。高层云与层云的区别主要是云底的高度,而高积云却有很多不同的形态,如堡状高积云、絮状高积云、荚状高积云等。

出现在 6000 m 以上的高云主要由密度不大的冰晶组成,这些成束的纤维状云通常是白色的,但在日出和日落时则呈彩色。卷云是一种冰晶云,当冰晶生成和蒸发比较缓慢时,它的形状可以提示出该高度上风的垂直切变情况,钩状卷云表示有很强的垂直风切变,厚度大且高度较低的卷云经常伴随着即将到来的风暴。卷层云具有纤维状的外形,由于光受到冰晶的折射,我们透过稀薄的卷层云可以看到太阳和月亮周围的晕。卷积云呈斑纹状、小片状或簇状,又称为"鱼鳞天",与其他卷状云不同,它是一种微水滴云。

直展云中的积云看上去像白色的棉花团,明亮且蓬松,云底近乎水平,其形状随着在空中的漂移而不断变化,这种晴天积云常出现在低云区。积云在强烈上升气流作用下可以发展成为高大的积雨云,它的厚度很大,在中纬度地区可达 5000 m 以上,在低纬度地区甚至在 10000 m 以上,其低层由微水滴组成,但在云的上部则由冰晶组成。在高空风的吹动下,积雨云顶部沿水平方向展开呈砧状。这种浓密、暗黑的云常导致雷暴天气,形成猛烈的阵雨、冰雹,并伴有闪电和雷鸣。

9.3 降水过程与入渗过程

(一) 降水的天气学条件

降水(precipitation)是指液态的或固态的水汽凝结物从云中下降到地面的现象,常见的形式有雨、雪、雹、霰等。从机制来分析,某一地区降水的形成,大致有三个过程。首先是水汽由源地水平输送到降水地区,即水汽条件;其次是水汽在降水地区辐合上升,经绝热膨胀冷却凝结成云,即垂直运动的条件;最后是云滴增长变为雨滴而下降,即云滴增长的条件。在这三个降水条件中,前两个属于降水形成的宏观过程,主要决定于天气学条件,第三个属于降水形成的微观过程,主要决定于云物理条件。

大气中的水汽含量主要分布在大气低层,其中 85%～90% 集中于 500hPa 高度层以下。水汽是从水面或陆面上蒸发并经过乱流扩散至空中的,因此,具有较强蒸发的水面或其他潮湿的下垫面就成为降水的水汽源地。然而同是海洋气团,其水汽含量也可能有很大差别,这主要取决于温度,因为空气中可容纳的最大水汽含量由饱和水汽压(e_s)决定,而 e_s 则随温度的升高呈指数增长。由于源地温度的高低与其所在纬度的高低有很大关系,所以,海洋气团源地的纬度对水汽含量的影响显著。

源地的水汽主要是通过大规模的水平气流被输送到降水区的,其输送量的大小用水汽通量表示。设风速为 v(单位:$m \cdot s^{-1}$),空气密度为 ρ(单位:$kg \cdot m^{-3}$),比湿为 q(单位:$g \cdot kg^{-1}$),取垂直于风向平面内一单位面积,则在单位时间内通过此单位面积输送的水汽量($\rho q v$),称为水汽的水平通量。当水汽被输送到某地区时,必须有水汽的水平辐合,才能上升冷却凝结成降水,而水汽的水平辐合就意味着水平输入该地区的水汽量大于水平输出该地区的水汽量。

当水汽条件具备后,还必须有使水汽冷却凝结的条件,才能形成降水,而促使水汽冷却凝结的主要条件就是垂直上升运动,因为它能使空气中的水汽在较短时间内产生大量的凝结。垂直运动可以分为两类,大范围的垂直运动与天气系统相联系,中、小尺度的垂直运动与大气层结不稳定相联系。

1. 锋面抬升作用

在对流层内,物理属性(主要指温度和湿度)水平与垂直分布比较均匀的大块空气称为气团,在不同性质的均匀下垫面上,往往形成不同性质的气团,两种不同性质气团之间狭窄且倾斜的过渡带叫做锋区或锋面。由于干冷性气团的运动一般是下沉的,而暖湿性气团的运动则是上升的,所以,锋面呈倾斜状,其下方为冷空气,上方为暖空气。

根据锋的移动特征,可将锋分为四种:冷锋指冷气团推动锋面向暖气团一侧移动的锋;暖锋指暖空气滑行于冷空气之上,推动锋面向冷空气一侧移动的锋;静止锋是冷暖气团势力相当,锋面位置很少移动或来回摆动的锋;锢囚锋是由于冷锋追上暖锋,或者两条冷锋迎面相遇,使中间的暖空气被抬举到高空所形成的复合锋。总之,无论哪种锋面的存在都会导致暖空气的抬升作用,造成锋面降水(锋面雨)。一般来讲,锋面坡度大,抬升作用强,降水量大;锋面坡度小,抬升作用弱,所产生的降水具有雨带宽、强度小的特点。

2. 低层辐合气流的作用

大气低层流场的辐合也是垂直运动的重要原因。由于摩擦效应,低压区和等压线(或等高线)呈气旋式弯曲的部位,有气流的辐合,盛行上升气流,气旋式曲率越大,辐合越强,上升气流越旺盛,因此,低压内部和槽线附近是易于产生强烈气旋降水(气旋雨)的地区。

具有锋面的低压系统称为锋面气旋,多见于温带地区,也叫温带气旋。从平面看上去,北半球锋面气旋是一个逆时针方向旋转的涡旋,中心气压最低,自中心向前方伸出一条暖锋,向后方伸出一条冷锋,冷、暖锋之间为暖空气,冷、暖锋以北为冷空气。锋面上的暖空气呈螺旋式上升,锋面下的冷空气呈扇形展开下沉。与一般气旋相比,锋面气旋上的气流上升更为强烈,往往产生云、雨,甚至暴雨、雷雨和大风天气。

形成于北太平洋西部和中国南海热带洋面上的强大而深厚的气旋性涡旋叫做台风,属于热带气旋的一种,其中心附近最大风力在 12 级以上($>117\,km\cdot h^{-1}$)。台风区内水汽充足,气流上升非常强烈,往往造成大量的降水,并且降水多属阵性,强度很大,以台风中圈高耸的云墙区降水最为强烈。在西印度群岛和墨西哥湾形成的强大热带气旋称为飓风,其最大风力也在 12 级以上。

3. 地形的影响

地形对降水形成的影响远大于对其他气象要素的影响。人们常有这样的经验,在不大的范围内,由于地形的不同,降水量可以有很大的差异。在山地、丘陵和河谷地带,气流受到阻挡,被迫沿山坡上滑或受地形的约束而聚集,都有利于产生垂直运动,形成地形降水(地形雨)。相反,当气流沿山坡下降或流入开阔地区而散开时,则有利于下沉运动,不易产生降水。一般来说,多雨带和最大降水中心都出现在迎风坡上,降水中心轴的走向与山脉的走向一致。地形抬升速度的大小决定于风速、山体的坡度,以及风向与迎风坡的正交程度。风速越大,风向与山脉迎风坡越近于垂直,山体越陡,抬升速度就越快。山脉对降水的影响,一方面是使降水强度增大,另一方面还能减缓或阻止天气系统的移动,使迎风坡降水的时间延长。

4. 对流的作用

由于近地面空气局部受热,导致不稳定的对流运动,使低层空气强烈上升,水汽在高空冷却凝结而形成对流降水(对流雨)。这类降水一般以暴雨的形式出现,雨时短而强度大,并伴有雷电现象。温带地区夏季午后的雷雨就是典型的对流雨,赤道带的降水也以热对流雨为主。

(二) 降水的云物理条件

降水来自于云,但天空有云不一定能形成降水,因为典型水态云中的云滴很小,平均半径只有约 $10\,\mu m$,这样小的云滴在静止空气中的降落速度大约是 $0.01\,m\cdot s^{-1}$,因此未到达地面就已经蒸发掉了。而一个克服了空气阻力、上升气流顶托和途中蒸发之后到达地面的雨滴,其半径为 $1\,mm$,包含有 10^6 个以上的云滴,可见,由云滴生长成为雨滴是产生降水的关键。一般来说,仅通过凝结过程使云滴生长到雨滴需要数小时,并且空气中也没有这样多的水汽足以使云中的大部分云滴长到雨滴的大小。因此,必然存在一种过程,使得一些云滴生长而另外一些云滴被消耗掉,或者云滴之间发生兼并。许多研究一直致力于识别这些过程,有两种理论通常被用来解释大多数情况下云滴的生长过程。

1. 碰撞合并理论

由于凝结核大小的差异,使云中含有大小不等的云滴。大云滴下降速度比小云滴快,因此,在下降过程中就会碰撞小云滴并将其合并,在有上升气流时,小云滴也会追上大云滴与之合并,成为更大的云滴。云滴的重量和横截面积增大后,在下降过程中又可合并更多的小云滴,这样,云滴便会越并越大,直到它们增长到重量大于云中气流的顶托力时,便下降到地面,形成降水。这种过程在热带积状云中最为显著,因为这种云具有很强的上升气流,并且垂直高度大,水汽含量多。在低、中纬度的夏季,云中只有水滴,不含冰晶,当云层发展较厚时,云滴的碰撞就起着重要的作用,也能形成较强的降水。

2. 冰晶理论

当气温在 $-12\ ℃ \sim -30\ ℃$ 之间时,云中通常出现冰晶和过冷水滴的混合物。由于冰面的饱和水汽压小于同温度下的过冷水面的饱和水汽压,所以,当空气中的水汽压介于两者之间时,过冷水面上就会蒸发,水汽转移凝华到冰晶上去。这样,冰晶不断生长而水滴不断缩小,最后,冰晶增大到超过云中气流的顶托力时,便会降落下来。这些冰晶在降落过程中,如果遇到较暖空气而融化,便以雨滴的形式到达地面;如果来不及融化,则以雪和霰的形式到达地面;如果融化后又被上升气流带到高空,再一次被冻结,经过往复多次的上下运动,可能会以冰雹的形式落到地面。在中、高纬度,云内的"冰晶效应"起着主要作用,当云层发展很厚,云顶温度低于 $-12\ ℃$,云的上部具有冰晶结构(高层云、雨层云和积雨云)时,就会产生强烈的降水。

(三) 全球降水量的分布

一定时段内的降水在地面所积成的水层厚度就是降水量,固体降水需折算成液体降水计算,单位通常为 mm。降水量的时、空变化很大,不过,它的时间平均值却相当稳定,因而可以用等值线图予以表示。根据全球地面观测网得到的年平均降水量的空间分布(图 9-5)清楚地显示出海洋和大陆对降水的影响。需要指出的是,由于从船舶上直接观测降水较为困难,所以,海洋上降水资料的可靠性较差。

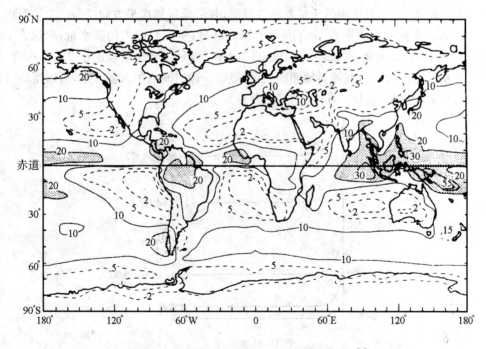

图 9-5 年平均降水量 $(dm \cdot a^{-1})$ 的全球分布[5]

降水量分布的一个显著特征是,赤道地区的热带辐合带中为稳定的多雨区,特别是南美洲、非洲、印度尼西亚和太平洋的赤道地区,降水在 $20 \sim 30\ dm \cdot a^{-1}$ 以上。在一年内,热带辐合带随太阳辐射的变化而南、北移动,因此,上述多雨区也随之移动,在北半球的冬季位于赤道以南,夏季位于赤道以北。此外,东南亚地区降水的季节变化很大,这主要是因为控制好望角、印度和东南亚夏季环流的印度季风的作用。

在副热带高压的影响下,副热带地区多为下沉气流区,降水量一般小于 $2\,dm \cdot a^{-1}$。大陆副热带的大部分地区是沙漠,如非洲和澳大利亚,那里降水非常少。一年中副热带高压单体的南、北移动,通常使得夏季在它们年平均位置的极地一侧出现干旱或半干旱区,冬季在它们年平均位置的赤道一侧出现干旱区。值得注意的是,副热带的少雨区多集中在大陆西岸,这可能与冷洋流的影响有关;而在暖洋流经过的大陆东岸,降水量略多一些,特别是在欧亚大陆东岸的夏季,由于季风改变了副热带高压控制下的大气低层环流结构,带来了较多的降水。

在中纬度极锋系统及锋面扰动盛行的地区,年平均和各季节降水量都比较大,只有在夏季副热带高压向极地移动时,极锋系统向赤道一侧的边界处才出现少雨的干燥天气,例如地中海地区。此外,在北半球的中、高纬地区,大陆东岸和西岸的降水量均略多于大陆内部,这与来自海洋上的西风(西岸)和季风(东岸)的水汽输送有一定关系。在极地区域,由于气温低,蒸发弱,大气的水汽含量很低,所以,降水量小于 $2\,dm \cdot a^{-1}$。

(四)水分的入渗与吸收

在自然状态下,大气降水从地面进入土壤的过程称为入渗(infiltration)。首先,降雨湿润地表,紧接着通过地表的各种孔隙向下渗入,入渗的速度在地表的不同部位差异较大。在孔隙小且稀少的地面,入渗速度较慢;在孔隙大而多的地面,入渗速度较快。在降雨初期截取土壤断面观察可以发现,在大孔隙周围的土层首先被浸湿,并沿垂直和水平方向扩展。单位面积在单位时间内的入渗水量称为入渗率,为了便于和降水强度(单位时间内的降水量,单位为 $mm \cdot d^{-1}$ 或 $mm \cdot h^{-1}$)对比,通常用 $mm \cdot h^{-1}$ 或 $mm \cdot min^{-1}$ 表示。当降雨强度超过入渗率时,便会形成地表积水和漫流。因此,在倾斜地面的某个区域,一段时间内的入渗水量,可以用该时段内的降雨量与地表径流量(包括地面贮存量)之差来表示。

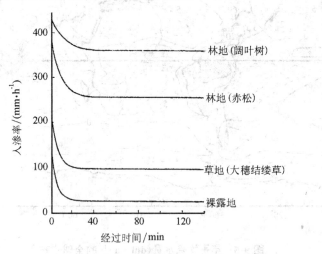

图 9-6 火山灰地带不同地被的入渗率曲线[8]

(在 $900\,cm^2$ 小区内,按相当于 $400\,mm \cdot h^{-1}$ 降雨强度沿地表流下给水)

入渗过程可以分为初渗和稳渗两个阶段。在初渗阶段，入渗的水分迅速下移，入渗率在初期非常大，但在短时间内便急剧地变小，然后缓慢地减小，最后进入稳渗阶段，这时，入渗的水分在重力作用下运动，使一定厚度土壤的孔隙被水充满，达到饱和，出现稳定的入渗率。图 9-6 是在不同地被条件下人工供水实地观测获得的入渗率曲线，它们清晰地显示出入渗率的衰减和入渗过程的两个阶段。造成入渗率随时间而衰减的主要原因是：

（1）雨水的压实作用。质地细密的土壤（如粘土）在雨滴的冲击下，土壤颗粒易被压实，从而使孔隙减少，渗透作用减弱。

（2）细小物质的内部淋洗。土壤表层的微粒物质由于雨水的作用而呈悬浮状态，在入渗过程中，这些微粒被填入土壤孔隙之中，使土壤孔隙量逐渐减少，渗透作用因而减弱。

入渗率曲线的形状受到多种因素的制约，首先，它随土壤孔隙量的大小而不同，由于地表植被类型直接影响土壤的孔隙量及孔隙的大小，所以，能对雨水的入渗率产生显著影响。在图 9-6 的例子中，林地的入渗率明显大于草地和裸露地，但入渗率的衰减速度则以裸露地最快，其次为草地，林地最慢。可见，森林保持水土的作用非常显著。其次，入渗率还随地表的坡度而变化，在野外和室内 5～50°坡度范围内，实验结果显示，进入稳渗阶段时的入渗率（终期入渗率）随着坡度的增大而减小，并且，受坡度影响的程度在入渗性良好的林地比入渗性差的裸地和草地要大（图 9-7）。

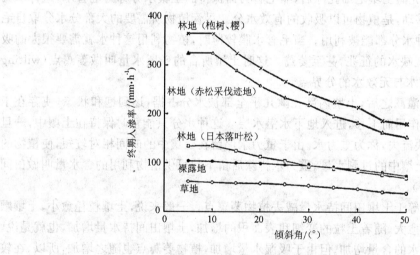

图 9-7　坡度与终期入渗率的关系[8]

（在 900 cm² 小区内，按相当于 400 mm·h⁻¹ 降雨强度沿地表流下给水）

此外，入渗率还受土壤初期水分的影响，一般当表层的土壤水分含量少时，初期的入渗率较大。但如果地表过于干燥，雨水往往会变成水滴而流失，初期的入渗率反而减小。实验表明，在一次降雨过程中，某种土壤的入渗率是随时间而变化的。当这种土壤的初期水分条件和降雨强度均相同时，入渗率曲线（初期入渗率和终期入渗率）也大致相同。但如果降雨强度和持续时间不同时，各次降雨的入渗率曲线也不相同。一般来说，在一定的空间范围内，终期入渗率随降雨强度的增加而增加，当达到某一降雨强度时，终期入渗率达到最大值，其后降雨强度再增加，终期入渗率也将保持大致恒定，终期入渗率的这个最大值称为入渗容量。

（五）土壤水的各种形态

大气降水渗入土壤内部，充填土壤中的孔隙，形成土壤中的水分。根据水分在土壤中的存

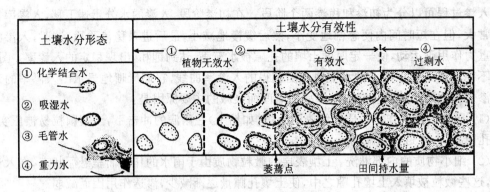

图 9-8 土壤水分的形态[9]

在方式,通常可分为吸湿水、毛管水和重力水(图 9-8)。

存在于土壤颗粒表面的水膜称为吸湿水。由于土粒吸持水分子的能力很强,这种水靠水分子氢键的作用紧紧地附着在土粒表面,植物一般无法利用,所以又称为植物无效水。在正常情况下,各种土壤(包括荒漠土壤)中都含有吸湿水。

当膜状的吸湿水充满土壤毛细孔隙后,靠毛管力而保持的土壤水分称为毛管水。这种水具有活动性,可沿毛管移动,是植物可以吸收的有效水分。尽管植物所需要的大部分水分取自毛管水,但不是所有这种水分都能被利用。当毛管水膜较薄时,植物利用这种水就需要很大的吸力,从而导致植物出现缺水的征兆,甚至萎蔫。这时土壤所含的残留水量叫做萎蔫点(wilting point),它是土壤有效水与无效水的分界点。

经过长期降水或灌溉之后,土壤内部孔隙几乎全部被水分占据,达到饱和状态,使存在于大孔隙中的水因重力作用而下移,进入地下水潜水层。这种水分只能暂时保持在土壤中,一旦外来水源中断,则很快流失,称为重力水。由于重力水停留在土壤中的时间相对较短,使植物的利用受到限制,属于土壤中的过剩水量。重力水排除后留下的可供植物利用的含水量叫做田间持水量(field capacity)。

植物的有效水量等于土壤田间持水量减去植物萎蔫点。一般来说,土壤粒径愈小,土壤颗粒总量和孔隙总量就愈大。随着土粒的变细和表面积的增加,土壤田间持水量增加,也就是说,土壤中吸湿水和毛管水的含量增加。但由于吸湿水量增加,植物萎蔫点也随之增加,所以,在较粘的土壤中,植物的有效水量反而会降低。土壤中植物有效水量最高的是介于砂土和粘土之间的壤土(表 9-4)。

表 9-4 土壤水有效性[a]与土壤质地的关系[10]

土壤质地	萎蔫点/(%)	田间持水量/(%)	有效含水量/(%)
中砂	1.7	6.8	5.1
细砂	2.3	8.5	6.2
砂壤	3.4	11.3	7.9
细砂壤	4.5	14.7	10.2
壤质	6.8	18.1	11.3
粉砂壤	7.9	19.8	11.9
粘壤	10.2	21.5	11.3
粘土	14.7	22.6	7.9

[a] 30 cm 土层内。

9.4 地表径流与地下径流

(一) 径流形成的基本过程

在地面和地下运动着的水流称为径流(runoff)。按照径流存在的空间状态,可分为地表径流和地下径流。地表径流指降水经蒸发、入渗等消耗后沿地表运动的水流,地下径流则指降水入渗后在地下运动的水流。这两种径流汇集于河道中的部分形成河川径流。河川径流是人类所依赖的最重要的水资源,大约占利用水量的 4/5,成为地表径流的重要组成部分。

接纳地表径流和地下径流的天然泄水道称为河流(river)。大气降水是河水的主要来源,降落在地面的雨水,在沿着地形坡度汇合的过程中,逐渐由漫流、沟流、小溪、小河汇成江河,这样,便构成脉络相通的河流系统,叫做水系(river system)。直接注入干流的称为一级支流,直接注入一级支流的称为二级支流,依此类推。流入海洋的河流称为外流河,这种河流往往形成庞大的水系,并且水量丰富,它们把陆地上大量的径流输送到海洋,从而参与海陆间的水分循环;流入内陆湖泊或消失于沙漠之中的河流称为内陆河,这种河流多分布在降水稀少的半干旱和干旱地区,通常支流少且短小,水量亦少,多数为季节性的间歇河,它们只参与水分的内陆循环。河流从源头到河口,通常依河道和水文特征划分为上、中、下游。每条河流和水系都从一定的陆地范围内获得水量的补给,这部分陆地上的集水区就是河流或水系的流域(drainage basin)。两个相邻集水区之间的地势最高点所联成的曲线为两条河流或水系的分水线,一条河流或水系分水线以内的面积就是它的流域面积。

在自然状况下,由降落到流域地面上的降水形成的径流,通过地面或地下途径汇集到各级支流,然后沿干流下泄。这一从降水开始,直到水流从流域出口断面流走的整个物理过程称为径流形成过程(process of runoff formation)。按照整个过程发展的特点,可以将其划分成产流和汇流两个阶段(图 9-9)。

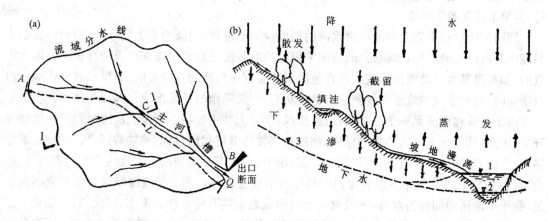

图 9-9 径流形成过程示意

(a) 流域平面图,(b) I-I 剖面(1—洪水水位,2—雨前水位,3—地下水位)

1. 产流阶段

当降雨开始之后,部分雨量被植物枝叶截留,超过植物截留能力的雨量落在地面上,其中,一部分雨量停蓄在低洼地带成为填洼量,另一部分则通过岩石、土壤的孔隙不断向下渗入,形成表层土壤的储存。植物截留、填洼和表土储存都是降雨径流形成过程中的损失量，不参与径流量的组成。直接降落在河流、湖泊水面上的部分雨水则形成少量的径流。

随着植物截留、填洼蓄水和表土储存的逐渐满足，当后续降雨强度超过入渗率时，超渗雨量开始形成坡面漫流，它由无数股彼此时分时合的细小水流组成，在降雨强度很大时，漫流也可能发展成为片状水流。地面径流经过漫流而注入沟(河)槽，其流程一般不超过数百米，历时也较短。

当在易透水的表层土壤下存在相对不透水层时，不断下渗的雨水在该层上面暂时停蓄，形成饱和含水层，从而产生沿坡侧向流动的壤中流，它的流速小于地面径流，到达沟(河)槽也较迟。壤中流与地面径流有时可以相互转化，如坡地上部渗入土壤形成的壤中流可能在坡地下部以地面径流的形式注入沟(河)槽，部分地面径流也可能在漫流过程中渗入土壤中流动。因此，通常把壤中流归入地面径流之中。

如果雨水继续下渗到浅层地下水面，并缓慢地渗入河槽则成为浅层地下径流。深层地下水(承压水)也可通过泉或其他形式补给河流，称为深层地下径流。地下径流运动缓慢，变化也慢，补给河水的地下径流平稳且持续时间亦久。由此可见，地面径流(包括壤中流)和地下径流是降雨量中产生径流的部分。

2. 汇流阶段

降雨产生的径流，沿坡面漫流汇集到附近的河网后，顺河槽向下游流动，最后全部流经流域出口断面，形成河网汇流。坡面漫流汇集注入河网后，使河网水量增加，水位上涨，流量增大。在涨水过程中，对同一时刻而言，因河网要滞蓄一部分水量，出水断面以上坡面汇入河网的总水量必然大于通过出口断面的水量；在落水过程中，则与此相反，即出水断面以上坡面汇入河网的总水量小于通过出口断面的水量。这种现象称为河槽调蓄作用。在降雨及坡面漫流停止后的一定时段内，河网汇流仍将继续进行，且使河网蓄水达到最大量。随后，由于壤中流的减少及地下径流注入的水量较小，河网蓄水开始消退，直到河槽泄出水量与地下水补给水量相等时，河槽水流又趋于稳定。

河网汇流过程实质上是河流洪水波的形成与运动过程。河流断面上的水位(指水体自由水面高出基面以上的高程，单位是m；我国采用的绝对基面是以某一海滨地点的特征海水面为零点的，如黄海基面。)及流量的变化过程是洪水波通过该断面的直接反映。当洪水波全部通过出口断面时，河槽水位和流量恢复到原有稳定状态，一次降雨的径流形成过程即告结束。

由于产流和汇流是一个连续的过程，所以，实际上并不能将二者及其次级过程严格地划分开来。因此，就出现了不同的划分标准，例如有些教科书将蓄渗过程(植物截留、填洼蓄水、表土储存、下渗)等同于产流过程，而将坡面漫流、壤中流、地下径流和河网汇流均归入汇流过程。然而，这种划分上的差别并不影响我们理解径流形成过程的本质。与坡面漫流和壤中流不同的是，除干旱地区的间歇河以外，一般意义上的河流通常具有经常性的流水，因此，它不依赖于某一次降雨过程而存在。地下径流虽然受到降雨的补给，但也属于一种稳定性的水流。下面分别介绍河川径流和地下径流的主要特点。

(二) 河川径流的水文特性

与水分循环有关的河流水文特征，主要包括河流的水源补给，河川径流的年内分配和多年变化等。

1. 河川径流特征值

在河川径流状况的研究中,最常用的特征值包括流量、径流总量、径流模数、径流深度、径流系数等。

(1) 流量 Q(discharge)。表示单位时间内通过河流某一过水断面的水流体积,以 $m^3 \cdot s^{-1}$ 计。过水断面面积为 A,平均流速为 v 的水流,其流量 $Q=Av$。流量有瞬时值、日平均值、月平均值、年平均值和多年平均值等,多年平均流量又称为正常径流量 Q_0,它反映了平均情况下可以利用的水量。

(2) 径流总量 W(total runoff)。表示一定时段内(如月、年)通过河流某一断面的总水量,单位为 m^3 或 $10^8 m^3$。若历时为 T(s),该时段内的平均流量为 Q_T,则径流总量为 $W_T=Q_T T$。

(3) 径流模数 M(runoff modulus)。表示单位流域面积上的平均流量,单位为 $m^3 \cdot s^{-1} \cdot km^{-2}$ 或 $L \cdot s^{-1} \cdot km^{-2}$。若流域面积为 $F(km^2)$,流量为 $Q(m^3 \cdot s^{-1}$ 或 $L \cdot s^{-1})$,则

$$M(m^3 \cdot s^{-1} \cdot km^{-2}) = \frac{Q}{F} \quad 或 \quad M(L \cdot s^{-1} \cdot km^{-2}) = 1000 \frac{Q}{F}$$

与流量一样,径流模数也有日平均值、月平均值、年平均值和多年平均值等,多年平均径流模数称为正常径流模数 $\overline{M}$。

(4) 径流深度 R(runoff depth)。表示某一时段内断面上的径流总量平均分布于其流域面积上的水层厚度,单位为 mm。若流域面积为 $F(km^2)$,径流总量为 $W(m^3)$,则

$$R(mm) = \frac{W}{1000F}$$

(5) 径流系数 α(runoff coefficient)。表示同一流域面积、同一时段内径流深度(R)与降水量(P)的比值,以小数或百分数计,表示降水量中形成径流的比例,其余部分水量则损耗于植物截留、填洼、入渗和蒸发。

2. 河流的水源补给

按照水分进入河流的形式,分为地表水补给水源和地下水补给水源。前者又分为雨水、季节积雪融水、永久积雪和冰川融水、湖泊和沼泽水等不同补给类型;后者则分为松散层地下水和基岩地下水补给。河流一般很少具有单一的补给水源,通常是具有某种补给水源占优势的混合补给水源。

不同气候条件下的河流补给是不同的。例如,我国热带、亚热带地区河流的主要补给水源是雨水;温带地区河流的主要补给水源除降雨之外,还有季节积雪融水补给;发源于西北及青藏高原山地河流的主要补给水源除上述两种之外,还有永久积雪和冰川融水补给。绝大多数河流都得到地下水的补给。一些大河因流经自然条件不同的地区,各河段的补给也不相同。如长江源头以冰雪融水补给为主,中、下游则以雨水补给为主。同一河流在不同时期的水源补给也不相同,通常雨季以地表水源补给为主,旱季以地下水源补给为主。山区河流的补给水源还有垂直变化,如天山山脉的高山带河流主要靠冰雪融水补给,低山带河流主要靠雨水补给,中山带两种补给都有。

补给水源影响着河流的其他水文特性。例如,河川径流的年内分配主要决定于哪种水源补给占优势及其在一年中的相应变化。雨水补给一般较其他类型补给过程迅速而集中,往往造成河川径流的年内分配不均,年际变化大。以冰雪融水补给为主的河流汛期发生在温暖的夏季,枯水期则出现在寒冷的冬季,河水的季节性涨落比雨水补给为主的河流平缓,径流的年际变化

较小。以地下水补给为主的河流,径流的年内分配均匀,年际变化小。

3. 洪水与枯水径流

当流域内因暴雨或冰雪融水使大量径流在短时间内汇入河网,造成河流断面流量激增,水位猛涨,河槽内的水量甚至超过河网的正常宣泄能力时,即形成一次洪水(flood)过程。这种洪水径流往往会因河槽容纳不下而泛滥成灾,直接威胁两岸人民生命和财产的安全。

洪水的大小通常用洪水位高低、洪水历时和洪峰流量予以表示。洪水从涨到落,其水位变化曲线显示一个两头低中间高形似山峰的过程,称为洪峰,这时的最大河水流量即洪峰流量,相应的最高水位为洪峰水位。此外,洪峰的最大特征值还有最大流速和最大比降。对于单一洪水过程来说,任何断面上洪水波最大特征值出现的次序通常是:最大比降、最大流速、最大流量,最后才出现最高水位。若两次降雨过程接连出现,由于前期降雨所形成的洪水尚未泄完,第二次降雨所形成的洪水又接踵而来,就形成了复式洪水过程。

洪水的大小也常用统计学方法以其出现的超过频率来表示,如频率为1%、5%等,而习惯上则采用重现期来表述。重现期指某一水文特征值(如洪峰流量)在多少年内出现一次,即多少年可以一遇,如百年一遇的洪水指在较长的时期内平均100a有可能发生一次的洪水;20a一遇的洪水指平均20a就可能发生一次的洪水。显然,百年一遇的洪水要比20a一遇的洪水大得多。在防洪工程设施(如堤坝)的建设中,也常借用重现期的概念来衡量该工程设施的防洪标准。需要指出的是,重现期是个统计概念,它只能说明随机变量出现的可能性。因此,不能把百年一遇的洪水理解为正好每隔100a出现一次,事实上,这样大的洪水也许在某个特定的100a中出现几次,也许一次都不出现。

枯水(runoff of low water)是河流断面上较小流量的总称。当流域的补给水源绝大部分是地下水时的径流统称为枯水径流。枯水经历的时间称为枯水期,它并非枯竭的意思,而通常是指月平均水量占全年比例较小的时期。河川年径流总量如在各月份平均分配,则每月的水量应占全年的8.33%,故可将月平均水量低于全年径流总量5%的时期定为枯水期。一年中的最小流量一般出现在枯水期内,有些河流在枯水期甚至会出现断流,例如黄河下游在20世纪90年代的旱季连续发生断流,1997年断流时间达226 d。

枯水期的起讫日期和历时取决于河流的补给情况。主要由雨水补给的河流,在降雨较少的冬季,河川径流的大部分由地下径流补给,因此,流量较小,出现一次枯水期。由雨、雪混合补给的河流,每年可能出现两次枯水期,一次在冬季,主要原因是降水量稀少,河水全靠流域蓄水补给;另一次在春末夏初,主要原因是积雪已全部融化,并由河网泄出,而雨季尚未来临。枯水径流的大小和枯水期的长短对于航运、发电、修建水库、农业灌溉、工厂和城市供水等有着很大的影响,在水资源的开发与利用中具有重要的参考价值。

(三)地下水类型及其特征

大气降水到达地面后通过地表渗透到地下的水就是地下水。广义的地下水是指埋藏于地表以下的各种状态的水,它常以地下渗流和泉的方式补给河流、湖泊和沼泽,或者以地下径流的方式直接注入海洋,在上层土壤中的水分可以蒸发或由植物根系吸收后再以蒸腾的方式进入大气,因此,地下水是地球表层活跃的、循环运动着的水体的一个组成部分。地下水是水分循环过程中淡水的最大潜在水源,从地表到地表以下4 km的范围内,共有8 442 580 km³的地下水,约占陆地淡水总量的22.22%。地下水的贮存犹如地下存在着一个巨大的水库,其稳定的水量和优于地表水的水质使之成为城市生活用水、农业灌溉用水和工业生产用水的重要供水水源。

自然界中存在着多种类型的地下水,对地下水进行分类的主要依据是它们的埋藏条件,有关地下水埋藏条件的基本概念有这样几个:

(1) 含水层(aquifer)。指可以显著地透过地下水流并饱含水的岩层,例如疏松的沉积物、半固结而多孔隙的砂砾岩层、富含裂隙和岩溶发育的岩层等。

(2) 隔水层(aquiclude)。指使地下水不易透过或含水量极少的岩层,例如粘土、块状结晶岩层和裂隙不发育的沉积岩层等。

(3) 饱气带(zone of aeration)。指地下自由水面(潜水面)以上的岩石或土壤层,其孔隙中除含有少量水分以外,还包含有大量的空气。

(4) 饱水带(zone of saturation)。指地下自由水面以下被水充满的地带。

地下水主要可以划分为三个基本类型,图 9-10 给出了它们的分布状态。

图 9-10 地下水的基本类型划分

1. 饱气带水

埋藏于地表以下、潜水面以上的地下水,又可分为非重力水和重力水两种形式。非重力水指土壤和松散沉积物颗粒表面受分子力作用的吸湿水,以及在土壤和岩石孔隙中受毛管力控制的毛管水。饱气带中的重力水主要是指大气降水和地表水在入渗过程中的过路水,以及因局部隔水层阻挡暂时聚集的上层滞水。饱气带水主要来源于大气降水和地表水的入渗补给,水量不大,并且具有季节性变化的特点。饱气带中的水以垂直运动为主,通过蒸发和渗透的方式进行消耗,其中上层滞水(包括壤中流)由于局部隔水层的阻滞作用,以侧向水平运动取代了垂直运动,并常以泉的方式流出地表。

2. 潜水

潜水(underground water)埋藏于饱水带,处于第一个稳定隔水层上含水层中,具有自由水面的地下水。可以分为贮存于第四纪松散沉积物孔隙中的孔隙潜水,赋存于基岩裂隙中的裂隙潜水和岩溶孔隙中的岩溶潜水。潜水的埋深较浅,又称为浅层地下水,它易于开发利用,常成为生产和生活用水的主要水源之一。

由于潜水之上没有隔水顶板,通过饱气带直接与地表面大气相通,因而不承受静水压力,形成自由水面,即潜水面。潜水面上任意点的绝对高度或相对高度就是该点的潜水位;从潜水面向上到地表的距离为潜水的埋藏深度;从潜水面向下到第一个稳定隔水层的距离则是潜水含水层的厚度。潜水面的倾斜坡度通常与地形的坡度是一致的,从而使水流在重力作用下沿着潜水面的倾斜方向从高水位处流向低水位处。潜水主要来源于大气降水、冰雪融水和地表水的入渗补给,其补给区与分布区是基本一致的(图 9-10)。潜水排泄的主要方式是泉和通过毛管上升作用的蒸发消耗。在靠近河流、湖泊和水库等地表水体的地区,潜水总是大致沿水平方向运动,向低洼处汇聚,成为地表径流的地下补给水源。以河流为例,在枯水期,某些河流的大部分甚至全部径流都来自地下潜水的补给。在洪水时期,当河流的水位高于当地的地下潜水位时,河流就向岸边的松散沉积层输送水量;当河流水位下降后,贮存在岸边的地下潜水又逐渐流归河流。这种现象称为地表径流的河岸调节,其调节过程往往贯穿在整个汛期中。受河岸调节影响的范围在平原地区可达 1~2 km。

3. 承压水

承压水(confined ground water)埋藏于饱水带,处于两个稳定隔水层之间含水层中,承受静水压力的地下水。承压水的埋藏深度一般比潜水要大,故称为深层地下水。地质因素是控制承压水的主导因素,只要具备适当的地质条件,无论是孔隙水、裂隙水还是岩溶水,都可以成为具有压力水头的承压水。由埋藏条件所决定,承压水一般不易受到污染,并且其水量也更稳定,因而在城市和工矿供水中占有重要的地位。

承压水充满在两个隔水层之间的含水层中,当钻孔穿透上覆的隔水顶板时,由于静水压力的作用,孔中水位将会上升,直至上升水柱的重力与静水压力相平衡为止,该静止水位就是承压水位。在有利的地形部位,承压水位可超出地面高程,此时,承压水可以自流喷出地面,称为自流水;而承压水位低于地面高程时,称为非自流水。

褶曲型贮水构造包括向斜构造和单斜构造是承压水形成中起主要控制作用的构造类型。以向斜构造为例,按照其水文地质特征可分为三个区:补给区、承压区和排泄区。

(1) 补给区处于构造边缘地势较高的地表部位,它直接受到大气降水和地表水体的补给,地下水具有潜水的性质,其动态变化受气象和水文因素的影响。

(2) 承压区是含水层被上覆隔水层所遮盖的地段,该区的特点是承受静水压力。通常在承压区面积广,含水层厚度大,透水性强,补给来源充分的地区,承压水的贮量丰沛,且水量也比较稳定。

(3) 排泄区常处于构造边缘地势较低的地段或断裂构造的错动带,由于含水层被河流侵蚀或被断裂破坏,往往以上升泉的形式出露地表或直接向河流排泄补给地表水。由于隔水顶板的存在使含水层不能直接从地表和大气中得到补给,所以承压水的分布区和补给区通常是不一致的(图 9-10)。

9.5 水分循环与水量平衡

水分循环和水量平衡都是对水在大气圈、水圈、岩石圈、土壤圈和生物圈之间运动与交换过程的描述,前者侧重于概念模型的阐述,后者则是利用质量守恒定律对水分循环作定量的计算。

(一)水分循环模型

从整个水圈的尺度上考察,水分循环(hydrologic cycle)过程可以表述为:在太阳辐射能和地球重力的驱动下,水从海陆表面蒸发,上升到大气中形成水汽,水汽随着大气的运动而转移,在一定的热力条件下发生凝结,并以降水的形式降落到陆地表面和海洋表面。一部分降水在地表被植被截留或被表土贮存,并由植物和表土蒸发到大气中,另一部分降水到达地面形成地面径流和入渗水流,渗入土壤的水以表层壤中流和地下水径流的形式汇合地面径流进入河道,形成河川径流。贮存于地下的水,一部分上升至地表蒸发,一部分向深层渗透,在一定的地质构造条件下以泉水的形式排出。地表水和返回地表的地下水最终都要流入海洋或蒸发到大气中去。水分循环的图解模型见图9-11。

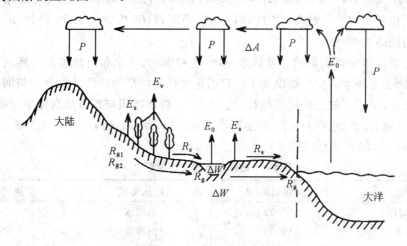

图9-11 水分循环示意图[14]

E_0,E_s,E_v 分别表示水面、土壤与植物蒸散;P 表示降水;R_s,R_g 分别表示地表与地下径流,其中 R_g 又分为两种:壤中流(R_{g1})与潜流(R_{g2});ΔA,ΔW 为各空间蓄水变量

地表系统中的水是通过多种途径实现其循环和相变的,这些途径所伸展的范围可以从地表至大气圈对流层的上部(大约15 km),在地壳内向下可以达到1000 m 的深度。全球性海陆间的水分循环称为水分大循环,是指从海洋蒸发的水分被气流带到陆地上空,凝结形成降水落到地面,经过下渗、产流、汇流等过程再返回海洋的循环。它是由各个海洋和陆地区域的小循环所组成的。水分在海洋及其上空大气之间的循环称为海洋小循环,水分在陆地及其上空大气之间的循环称为陆地小循环。可见,水分循环所涉及的空间尺度可以大至全球,小至区域,如某个流域或林区的水分循环等。

从系统的观点分析,水分循环的每个环节都是系统的组分或子系统,各子系统之间通过一系列的水分输入与输出相互联系着。例如,大气子系统的输出——降水,成为陆地和海洋子系统的输入;陆地子系统的输出——径流,成为海洋子系统的输入;而海洋和陆地子系统的输出——蒸发,则构成大气子系统的输入。

由于水分循环将水圈中所有水的贮库——海洋、冰川、湖泊、江河、地下水、大气水、生物水等联系成了一个动态系统,所以,它是地表一系列物理、化学和生物过程的综合体现。例如,地貌形成中的地表物质的侵蚀、搬运、沉积过程,地表化学元素的迁移、转化过程,土壤养分的淋溶、淀积过程,以及促进植物生长发育的光合、呼吸、蒸腾过程,都伴随着水分的循环而进行。此外,水分循环还与人类的社会、经济发展密切相关:一方面,人类利用水分循环不断获得再生的水资源,满足工业、农业和人民生活对水的需求;另一方面,人类对水资源的开发、利用也在不断地影响和干预着水分循环的过程。

不同贮库中的水在循环过程中交换更新的速率是不同的,通常用交换周期(d)予以衡量,$d = S/\Delta S$(单位是日或年,即 d 或 a),其中 S 为水体的贮水量(单位是 m^3 或 km^3),ΔS 为该水体参与水分循环的变化量。在 t 时间内的交换次数(N)为 d 的倒数,即 $N=1/d$。例如,全球年降水总量(ΔS)约为 520 000 km^3,而全球大气中的含水量(S)约为 14 000 km^3,因此,$d \approx 0.027 a$,$N \approx 37$ 次/a。又如,全球海洋中的年蒸发量(ΔS)为 448 000 km^3,而全球海洋总贮水量(S)为 $13.4 \times 10^8 km^3$,故 $d \approx 3000 a$,$N \approx 0.00033$ 次/a。再如,全球河流年径流总量(ΔS)约为 38 160 km^3,河槽年平均贮水量(S)为 1250 km^3,从而得到 $d \approx 0.033 a$,$N \approx 30$ 次/a。整个水圈平均的交换周期约为 2800 a。

地球上主要水体交换周期的计算结果显示,生物水、大气水和河槽水的交换周期最短,从数小时到十几天,土壤水的交换周期为 1 a,它们是水循环中最为活跃的组分。与河槽水、沼泽水和湖泊水相比,地下水的交换周期很长,达 1400 a。极地冰川与积雪是水体中交换周期最长的,可达约 9700 a;其次就属海洋了,交换周期为 3000 a;此外,山地冰川和永久冻土带地下水的交换周期也在 1000 a 以上(表 9-5)。

表 9-5 地球上水的交换周期[14]

贮水形式	交换周期[a] d	贮水形式	交换周期[a] d
世界海洋	3000 a	湖泊水	17 a
地下水	1400 a	沼泽水	5 a
土壤水	1 a	河槽水	12 d
极地冰川与积雪	9700 a	生物水	几小时
山地冰川	1600 a	大气水	10 d
永久冻土带地下水	1000 a		

[a] 由于文献来源不同,用于交换周期计算的有关贮水量数据与表 9-1 中的数据有些出入。

(二) 水量平衡原理

水量平衡(water balance)指在一定的时域空间内,水分在循环、转化过程中,其数量遵循质量守恒定律,即对于一个具有空间边界的系统来说,输入系统的水量 $I(t)$ 应等于系统中的蓄水变化量 dS/dt 加上系统输出的水量 $O(t)$:

$$I(t) - O(t) = \frac{dS}{dt}$$

上式为一般的水量平衡方程式,其简化形式为:

$$I-O=\pm\Delta S$$

根据这个通式可以写出不同空间尺度(大到全球,小到一个区域)和不同空间层次(从大气层到地下水层)的水量平衡方程。

全球多年平均水量平衡方程可写成:

$$P_{陆}+P_{洋}=E_{陆}+E_{洋}$$

式中:$P_{陆}$为大陆的降水量;$P_{洋}$为海洋的降水量;$E_{陆}$为大陆的总蒸发量;$E_{洋}$为海洋的总蒸发量,就多年平均而言,$\Delta S \to 0$。

全球陆地系统的多年平均水量平衡方程可写成:

$$P_{陆}=E_{陆}+R$$

该式表明,$P_{陆}>E_{陆}$,陆地多余的水量形成径流R入海,从而使陆地上的水量不会增多。

全球海洋系统的多年平均水量平衡方程可写成:

$$P_{洋}=E_{洋}-R$$

该式表明,$E_{洋}>P_{洋}$,海洋损失的水量由陆地径流R补偿,从而使海洋的水量不会减少。

区域可以理解为任意给定的空间范围,如河流、湖泊、冰雪等水体所归属的流域,山区、平原、盆地、森林、草场、农田、城镇等自然土地和土地利用单元,以及按自然和行政划分的海区。在陆地区域的不同空间层次上,从水量交换的角度,可以把水量平衡区域划分为大气、流域、土壤和地下水4个自然系统,并可列出它们相应的水量平衡方程。

(1) 大气系统。其水量平衡方程为:

$$A_i-A_o+ET-P=\pm\Delta A$$

式中:A_i,A_o分别为大气层中除陆面蒸发和大气降水以外的其他收入水量和支出水量;P,ET分别为大气降水量和陆面总蒸发量(蒸发量与蒸腾量之和);ΔA为大气系统中的蓄水变化量。

(2) 流域系统。其水量平衡方程为:

$$P-R-ET=\pm\Delta S$$

式中:P,R,ET分别为降水量、径流量和总蒸发量;ΔS为流域的蓄水变化量。

(3) 土壤系统。其水量平衡方程为:

$$P+C_m-R+S_i-S_o-ET=\pm\Delta S$$

式中:P,R,ET分别为降水量、径流量和总蒸发量;C_m为土壤中的凝结水量;S_i为由地下水和以壤中流形式进入土壤层的水量;S_o为由土壤层向下渗入地下水和以壤中流形式流出土壤层的水量;ΔS为土壤层的蓄水变化量。

(4) 地下水系统。其水量平衡方程为:

$$aP+q_i-q_o-F_o=\pm\Delta S$$

式中:a为地下水的降水入渗补给系数;F_o为地下水上升经土壤到地面后的蒸发量;q_i,q_o分别为地下流入水量和流出水量;ΔS为地下的蓄水变化量。

应当指出,水量平衡是变化中的一种稳定状态,在特定的区域和时段,各个库之间的水量输入与输出并不总是保持平衡的,因而才有陆地上的洪涝和干旱,以及海平面的升降变化等现象发生。

表9-6中给出了不同纬度带中的年平均降水量(P)、蒸发量(E)、径流量($P-E$)、蒸发比E/P,以及它们的全球和南、北半球平均值。从中可以看出,在中、高纬度和赤道地区(10°S~10°N)降水量大于蒸发量,而在两个半球的副热带地区(10°~40°纬度区域)则降水量小于蒸发

量。在较长的时期内，上述区域的降水盈余或不足必然要通过水分的经向辐合或辐散来平衡。在副热带地区，蒸发比明显大于1，说明这一地区的干旱程度严重。

表 9-6　不同纬度带的年平均降水量(P)、蒸发量(E)、径流量($P-E$)和蒸发比(E/P)[5]

纬度	面积 10^6 km^2	P mm·a^{-1}	E mm·a^{-1}	$P-E$ mm·a^{-1}	E/P
80~90°N	3.9	46	36	10	0.78
70~80°N	11.6	200	126	74	0.63
60~70°N	18.9	507	276	231	0.54
50~60°N	25.6	843	447	396	0.53
40~50°N	31.5	874	640	234	0.73
30~40°N	36.4	761	971	−210	1.28
20~30°N	40.2	675	1110	−435	1.64
10~20°N	42.8	1117	1284	−167	1.15
0~10°N	44.1	1885	1250	935	0.66
0~10°S	44.1	1435	1371	64	0.96
10~20°S	42.8	1109	1507	−398	1.36
20~30°S	40.2	777	1305	−528	1.68
30~40°S	36.4	875	1181	−306	1.35
40~50°S	31.5	1128	862	266	0.76
50~60°S	25.6	1003	553	450	0.55
60~70°S	18.9	549	229	320	0.42
70~80°S	11.6	230	54	176	0.23
80~90°S	3.9	73	12	61	0.16
0~90°N	255.0	970	897	73	0.92
0~90°S	255.0	975	1048	−73	1.07
全球	510.0	973	973	…	1.00

从半球尺度上看，南、北半球的年平均降水量相差无几，但年平均蒸发量却差别很大（151 mm·a^{-1}），因此，北半球有正的水分平衡（$P-E=73$ mm·a^{-1}），而南半球却有负的水分平衡（$P-E=-73$ mm·a^{-1}）。由此推断，必然有液态水自北半球向南半球流入，同时，有等量的水汽自南半球向北半球流入。对于全球而言，在长时期内，总蒸发量等于总降水量，水量处于平衡状态。

参 考 书 目

[1] Christopherson, R. W.. Geosystems: An Introduction to Physical Geography. 2nd edition, Macmillan College Publishing Company, New York, 1994

[2] 冯士筰,李凤岐,李少菁主编.海洋科学导论,北京:高等教育出版社,1999

[3] 韩兴国,李凌浩,黄建辉主编.生物地球化学概论,北京:高等教育出版社,施普林格出版社,1999

[4] J. G. 哈维;张立政,赵徐懿译. 大气和海洋——人类的流体环境,北京:科学出版社,1982

[5] J. P. 佩索托,A. H. 奥特;吴国雄,刘辉等译. 气候物理学,北京:气象出版社,1995

[6] 周淑贞主编.气象学与气候学,北京:人民教育出版社,1979

[7] 朱乾根,林锦瑞,寿绍文.天气学原理和方法,北京:气象出版社,1981

[8] 中野秀章;李云森译. 森林水文学,北京:中国林业出版社,1983

[9] D. 斯蒂拉;王云,杨萍如译. 土壤地理学,北京:高等教育出版社,1983

[10] 李天杰,郑应顺,王云.土壤地理学,北京:人民教育出版社,1979
[11] 施成熙,粟宗嵩主编;曹万金副主编.农业水文学,北京:农业出版社,1984
[12] 南京大学地理系,中山大学地理.普通水文学,北京:人民教育出版社,1978
[13] 黄锡荃主编,李惠明,金伯欣编.水文学,北京:高等教育出版社,1993
[14] 黄秉维,郑度,赵名茶等.现代自然地理,北京:科学出版社,1999

思 考 题

1. 水的特性有哪些？它们有什么自然地理意义？
2. 地表系统中水的主要贮库有哪几个？为什么说淡水是一种非常有限的自然资源？
3. 影响蒸发的主要因素有哪些？叙述全球年平均蒸发量分布的特征及其可能原因。
4. 水汽凝结的基本条件和途径是什么？叙述主要凝结物及其形成条件和类型。
5. 什么叫大气垂直稳定度？如何判断大气是否稳定？
6. 降水形成的主要条件和过程有哪些？导致水汽垂直运动的主要原因及其形成的降雨类型是什么？
7. 叙述全球年平均降水量分布的特征及其可能原因。
8. 大气降水向土壤中的入渗过程分为哪两个阶段？不同下垫面条件和降雨条件对入渗有什么影响？
9. 土壤水的主要形态有哪些？土壤有效含水量与土壤质地有什么关系,为什么？
10. 简述河流、水系和流域的基本概念,叙述径流形成的基本过程。
11. 简述主要河川径流特征值的含义,叙述河流的水源补给和洪水与枯水径流特征。
12. 叙述地下水基本类型的分布及其运动特点。
13. 什么叫水分循环？不同贮库中水的交换周期有什么特点？
14. 一般水量平衡方程式的物理含义是什么？写出全球及大气、流域、土壤、地下水系统的水量平衡方程。
15. 叙述各纬度带年平均降水、蒸发、径流和它们的全球与南、北半球平均值分布特点及其可能原因。

第 10 章 全球气候系统

在对全球气温、降水量和蒸发量的分布有所了解之后,本节对气候的概念与气候的分类作一总括性的介绍,以便形成对全球气候类型空间分布格局的认识。一个地方的气候状况在很大程度上决定着那里外力地质作用的类型与强度、植被类型与初级生产力的数量,以及成土因素的特点,因此,掌握气候类型的分布特征就成为认识全球土壤与植被类型分布的基础。

10.1 气候的概念

气候(climate)的概念古已有之,我国古代以五日为一候,三候为一气,将一年分为二十四节气和七十二候,每个节气和候都有相应的自然现象与之对应,称为"候应",如"立春之日东风解冻,又五日蛰虫始振,又五日鱼上冰;雨水之日獭祭鱼,又五日鸿雁来,又五日草木萌动;惊蛰之日桃始华,又五日仓庚鸣,又五日鹰化为鸠;春分之日玄鸟至,又五日雷乃发声,又五日始电;…"。这可能就是气候概念的来源了。在古希腊,气候一词是"倾斜"的意思,指由于太阳光线照射到地球表面各地的倾斜角大小的不同,使各地获得的太阳辐射能不同,从而形成冷暖的差异。

在 20 世纪初,人们通常认为气候是大气的平均状态,而天气是大气的瞬时状态。也就是说,气候是某一固定时期出现在某一固定地点的大气的平均状态。因此,一个地方的月平均气温、月降水总量和月平均气压就构成了当地气候的三大要素,30 a 的气候平均值被称为气候标准值。这种平均值气候的概念一直沿用到 20 世纪前半叶。后来,人们逐渐认识到 30 a 平均值并不是很稳定的,气候是在变化着的,从而形成了波动气候的概念,认为气候是一个地方长时间尺度的大气过程和大气众多状态的一个统计集合。这一概念不仅包括了大气的平均状态,也包括了大气的变化状态和极端状态。

10.2 气候成因与气候类型

气候形成与变化的主要因素是太阳辐射、大气环流和地表环境。这三种因素的叠加影响和相互作用,便形成了地球上千差万别的气候类型。

大气运动和大气中一切物理过程的基本能源都来自太阳辐射,因此,不同地区的气候差异和气候季节性波动主要是太阳辐射在地球表面分布不均及其随时间变化的结果。

大气环流本身受太阳辐射的控制,也受到海陆分布、大地形等因素的影响。它通过输送热量和水分调节高、低纬和海、陆之间温度的分布,使其差别减小。

地表环境因素包括地理纬度、海陆分布、地形、地表组成、洋流、河湖水体和冰雪覆盖等。一个地方的纬度直接与那里接受的太阳辐射量相关联,因此,可以按纬度将地球上的气候概括地划分为热带(23.5°S~23.5°N)、亚热带(23.5°S~35°S 和 23.5°N~35°N)、温带(35°S~55°S 和 35°N~55°N)、亚寒带(55°S~66.5°S 和 55°N~66.5°N)和寒带(66.5°S~南极和 66.5°N~北极)。其他因素的影响使各地的气候呈现更为复杂的分异状况,如:海陆差异的影响形成特征迥异的海洋性气候和大陆性气候;冷、暖洋流和大气环流等因素的影响形成大陆东、西岸显著不同的气候类型；地形如海拔高度、坡向、坡度的影响则可使气候在不大的空间范围内发生显著的变化。

世界各地的气候复杂多样，几乎找不出两个地点的气候是完全相同的，但是，从形成气候的主要因素和气候的基本特点来分析，仍可以根据各地气候的相似性程度将其归并成不同的气候类型，每个类型都有其一定的分布区域，这项工作就叫做气候分类。尽管气候分类是对全球气候状况及其空间分布格局的一种简化，然而，这种系统的简化为研究和比较各地气候的特征和气候形成的规律，以及探究气候变化及其原因提供了一种背景知识。

在地球科学领域，使用得最为广泛的气候分类系统是1918年由德国气象学家柯本(W. Koeppen, 1846～1940)首先设计，并经他的学生修订的分类系统。柯本气候分类(Koeppen's climatic classification)属于一种经验分类法，它以气温和降水两个气候要素为依据，并参照自然植被的分布状况确定气候类型，把全球分为5个气候带(A、B、C、D、E)，其中A、C、D、E为湿润气候带，B为干旱气候带，在各气候带内又分出气候型，共计有12个。

1. A—热带多雨气候带

最冷月平均气温≥18 ℃，没有冬季；年降水量＞年蒸发量(指潜在蒸发，下同)，全年温暖湿润。因降水情况的不同分为3个主要气候型(Af, Am, Aw)。这里，f代表全年降水均匀，常湿；m代表季风性降水，有短暂的干季；w代表冬季干燥。

(1) Af。热带雨林气候型，全年多雨，各月降水量≥60 mm。

(2) Am。热带季风气候型，由于受季风影响，有一个特别多雨的雨季，干季时间短，最干月降水量＜60 mm，受热带辐合带控制的时间在6～12个月。

(3) Aw。热带稀树草原气候型，夏季为湿季，冬季为干季，最干月降水量＜60 mm，受热带辐合带控制的时间在6个月以内。

2. B—干旱和半干旱气候带

年蒸发量大于年降水量，根据干旱程度的不同划分成2个主要气候型(BS, BW)。

(1) BS。草原气候型(半干旱气候)，降水量＞蒸发量的一半。

(2) BW。沙漠气候型(干旱气候)，降水量＜蒸发量的一半。

在不同雨型的地区，确定这两个气候型界线的公式见表10-1。这里，冬雨区指冬季6个月(北半球为10月到次年3月)的降水量大于或等于年降水量的70%的地区；夏雨区指夏季6个月(北半球为4月到9月)的降水量大于或等于年降水量的70%的地区；年雨区指一年中降水量分配均匀的地区。表中：r为年平均降水量($cm \cdot a^{-1}$)，T为年平均气温($℃ \cdot a^{-1}$)。

表10-1　BS与BW气候型界线的确定公式

	冬雨区	年雨区	夏雨区
BS气候型	$r<2T$	$r<2(T+7)$	$r<2(T+14)$
BW气候型	$r<T$	$r<T+7$	$r<T+14$

3. C—温暖气候带

最热月平均气温＞10 ℃，最冷月平均气温在0～18 ℃之间。根据降水季节分配的不同，分为3个主要气候型(Cs, Cw, Cf)。这里，s代表夏季干燥。

(1) Cs。夏干温暖气候型或地中海气候型，夏季干旱，冬季最湿月降水量至少为夏季最干月降水量的3倍。

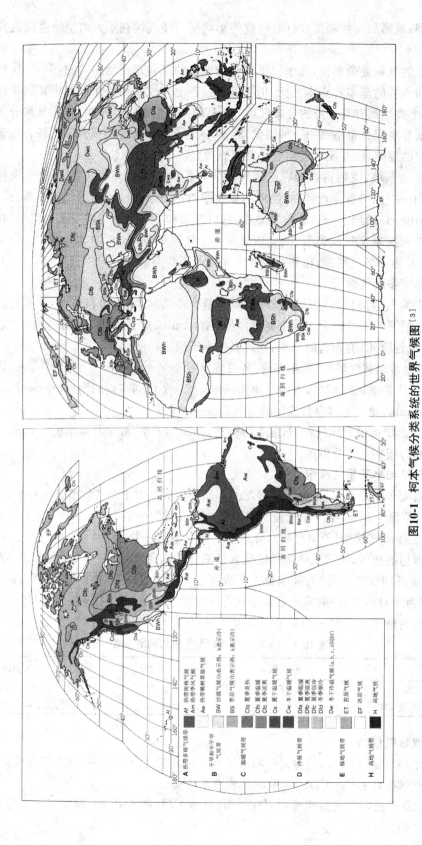

图10-1 柯本气候分类系统的世界气候图[3]

(2) Cw。冬干温暖气候型,冬季干旱,夏季最湿月降水量至少为冬季最干月降水量的10倍。

(3) Cf。常湿温暖气候型,全年降水量分配较均匀,冬、夏季降水量的比值小于Cs和Cw气候型。

4. D—冷温气候带

最热月平均气温>10 ℃,最冷月平均气温在0 ℃以下,根据降水季节分配的不同分为2个主要气候型(Dw,Df)。

(1) Dw。冬干冷温气候型,冬长,低温,夏季是主要的降水时期。

(2) Df。常湿冷温气候型,冬长,低温,全年降水量分配较均匀。

5. E—极地气候带

最热月平均气温低于10 ℃,常年寒冷,根据最热月平均气温的差异分为2个主要气候型(ET,EF)。

(1) ET。苔原气候型,最热月平均气温在0~10 ℃之间,年降水量略大于年蒸发量,雪盖期8~10个月。

(2) EF。冰原气候型,最热月平均气温在0 ℃以下,年降水量比年蒸发量略微大一点,但差别很小,终年冰雪不化。

此外,本分类系统还单独划分出高地气候带,高地的气温比同纬度的低地要低,由于蒸发量小,降水的有效性高。

为了更详细地区分某个气候型内的气候差异,又根据温度的高低划分出一些气候副型,用第三个字母予以表示,这些字母的含义如下:

a—有炎热的夏季,最暖月气温在22 ℃以上(C和D气候带);

b—有温暖的夏季,最暖月气温在22 ℃以下(C和D气候带);

c—有凉爽而短的夏季,气温在10 ℃以上的月份不到4个月(C和D气候带);

d—有很冷的冬季,最冷月气温在-38 ℃以下(D气候带);

h—低纬,干热,年平均气温在18 ℃以上(B气候带);

k—中纬,干凉,年平均气温在18 ℃以下(B气候带)。

全球各气候带和气候型的分布见图10-1(p.102)。

10.3 气候系统与气候变化

柯本气候分类是基于气候要素平均值的概念作出的,各种气候型的分布可以从太阳辐射、大气环流和地表环境特性方面得到一定程度的解释。然而,气候是在不断变化着的,要认识气候变化的特征,解释气候形成与变化的原因,并进行气候的预测,就需要从更高的层次上考察气候问题。正是基于这种需要,20世纪70年代以来,学术界提出了气候系统(climate system)的概念。完整的气候系统包括五个要素,即大气、海洋、冰雪、陆地表面和生物圈,这些要素对气候的形成和变化具有直接和间接的影响,并且它们是相互作用着的。

按照气候系统的概念,气候的形成和变化已不仅是大气内部的状态和行为的反应,而且是在组成气候系统的各个要素复杂的相互作用下形成的总体行为。在这种意义上,太阳辐射及其变化被看作是气候形成与变化的最重要的外部驱动力。气候系统概念是以大气为中心的,从而区别于以生物为中心的生态系统概念和将各圈层平等看待的地球表层系统概念。

气候变化(climate change)通常指气候相对于平均状态的偏离,它具有一个非常宽的时间谱。不同时间尺度的气候变化不仅特点和原因不同,而且它们还叠加在一起,表现为一种非常复杂的变化过程。按照时间尺度,可以将气候变化大致分为六种类型:

(1) 短期气候变化,其时间尺度为月或季节,又可称为年内变化;
(2) 中期气候变化,其时间尺度为几年,又可称为年际变化;
(3) 长期气候变化,其时间尺度为几十年,又可称为年代际变化;
(4) 超长期气候变化,其时间尺度为几百年,又可称为世纪际变化;
(5) 历史时期气候变化,其时间尺度为千年;
(6) 地质时期气候变化,其时间尺度为万年或更长。

由于有气候资料记载的时间不过几百年,所以,对于前四种时间尺度气候变化的研究通常主要利用实际观测资料进行,在有些情况下,也辅以历史气候记载和树木年轮等资料;而对于后两种气候变化的研究则主要采用间接的证据,如史料记载、考古挖掘、树木年轮、花粉分析、冰芯、湖泊沉积、黄土沉积、深海沉积、生物化石等。图10-2是利用多种证据和实测资料恢复的近0.9Ma(90万年)以来各种时间尺度气候变化的序列,其中近百年来全球平均气温的变化可参见图6-3。

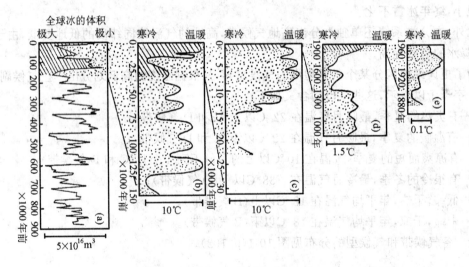

图10-2　不同时间尺度气候变化示意图[4]

(a) 根据太平洋海底沉积物中有孔虫^{18}O同位素分析推测的近0.9Ma来全球冰体积变化。
(b) 根据海洋温度特征及大陆上花粉分析推测的北半球中纬度地区近1.5×10^5a来气候变化。
(c) 根据树线变化推测的北半球中纬度地区近2.3×10^4a来温度变化。
(d) 根据历史文献记载计算的欧洲50°N,35°E地区近10^3a来冬季严寒指数变化。
(e) 根据温度记录绘制的北半球0~80°N气温变化(5a滑动平均)。

参 考 书 目

[1] Christopherson, R. W.. Geosystems: An Introduction to Physical Geography. 2nd edition, Macmillan College Publishing Company, New York, 1994
[2] 王绍武. 气候系统引论, 北京: 气象出版社, 1994

[3] Ahrens C.D.. Essentials of Meteorology, Belmont：Wadsworth Publishing Company，1998
[4] 龚高法,张丕远,吴祥定,张瑾瑢.历史时期气候变化研究方法,北京:科学出版社,1983

思 考 题

1. 什么叫气候？气候形成与变化的主要因素有哪些？
2. 简述柯本气候分类的气候带和气候型及其空间分布特征。
3. 什么叫气候系统？气候变化主要有哪几种时间尺度？近90万年来的气候变化呈现哪些特征？

第 11 章 地质循环

20世纪60年代以来,伴随着板块构造理论的发展,人类对固体地球过程的认识取得了长足的进步。与覆盖在地球表面的大气圈和海洋一样,固体地球也处于不断的运动之中,地震和火山活动就是地球内部极其不平静的表征。所不同的是,直接驱动固体地球物质循环的能量不是来自太阳,而是来自地球内部。地球内部物质的对流使组成大陆和海底的坚硬岩石联合运动起来,从而推动板块的移动。在大陆板块之间碰撞的地方形成巨大的山脉,在大洋板块之间或大洋板块与大陆板块之间俯冲的地方则形成深海沟、岛弧和山弧。板块构造运动与岩石风化和侵蚀等地表过程相结合塑造着地表的形态,并将化学元素从固体地球"库"中释放出来进入土壤、水圈、大气圈中循环,使生物群落不断地获得营养物质的补给。

本章首先介绍地球的内部分层结构和地表形态(地貌);然后阐述形成地貌的内外力地质作用;最后利用板块构造理论探讨内外力地质作用的构造运动背景和岩石-构造循环的机理。

11.1 地球的内部结构

固体地球并不是一个均质体,它具有分圈成层的结构特征。每个圈层都有独特的物质运动形式和物理、化学性质,它们在固体地球物质循环中起着不同的作用。

(一) 地球内圈的划分依据

固体地球具有弹性,表现为能传播地震波(一种弹性波)和在日、月引力下产生与海水潮汐现象(液体的变形)相似的固体潮。固体地球还具有塑性,表现为在长期受力下就会像液体那样发生变形,例如,我们在野外可以观察到很多岩体发生剧烈而复杂的弯曲却没有断裂开,就是岩体塑性的表现。地球内部的弹性和塑性在不同条件下可以相互转化:在速度快且持续时间短的力(如地震波、潮汐力)的作用下,地球表现为弹性体;在速度慢且持续时间长的力(地球旋转力、重力)的作用下,地球表现为塑性体。

几个世纪以来,地质学家一直在探索将出露于地表的岩石进行分类并研究导致它们发生变形的过程。对上升到地表的岩浆岩的研究,已经揭示出固体地球浅层部位的化学组成和矿物组成;但要认识固体地球深层部位物质组成与状态和物理性质,则需借助于间接的方法,其中首要的就是地震学方法。

地震是大地发生的突然震动,因地震产生的波动就是地震波(seismic waves)。地震波从震源以弹性波的形式向四面八方传播,在地球内传播的称为体波,到达地表后,沿地面传播的称为面波。体波又分为纵波和横波两种。纵波即P波,它所通过的物质的质点以疏密相间的方式前后振动,振动方向与波的传播方向一致,好像是施加在一个弹簧上的压缩力的传播。纵波在地壳中的传播速度可达 $5\sim6\ \mathrm{km\cdot s^{-1}}$,而且它在固体和液体中都能传播。横波即S波,它所通过的物质的质点振动方向与波的传播方向垂直,好像是一个弹簧对重复性上下摆动的反应。横波在地壳中的传播速度比纵波慢,约为 $3\sim4\ \mathrm{km\cdot s^{-1}}$,且无法通过没有固定形状的液体(图11-1)。纵波和横波在物理性质不同的物体中传播时,速度也相应地发生变化。面波是体波到达地表后,在一定条件下激发的次生波,速度比横波还慢。它和横波一样,只有横振动,没有纵振动,而且振动猛烈。

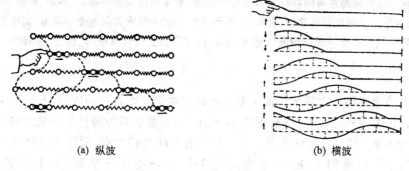

(a) 纵波　　　　　　　　　　　(b) 横波

图 11-1　地震体波的运动

地球物理学家研究了大量天然地震波传播方向和速度的数据,发现地震波在地球内部传播的速度在横向(水平方向)和纵向(垂直方向)上都有变化。地震波速度变化明显的深度,指示该深度上下物质的成分和(或)物态有改变,这个深度就可以作为上下两种物质的分界面,称为不连续面。地球内部存在两个波速变化最明显的界面,第一个不连续面以其发现者克罗地亚地震学家莫霍罗维契奇的名字命名,简称莫霍面,它将地球内部划分成地壳和地幔两层。在莫霍面以上,地震波速急剧加快,纵波速度从地壳内的 $5\sim 6 km\cdot s^{-1}$ 增至上地幔的 $8 km\cdot s^{-1}$;在莫霍面以下,横波和纵波的速度一般是随深度而增加的,但在 $80\sim 300 km$ 之间存在一个低速带;其后,波速呈阶梯状迅速加快,直至进入下地幔,波速增加才趋于减缓。到 $2900 km$ 的地幔下部,出现第二个不连续面,表现为纵波速度的显著回落和横波的消失。这个不连续面简称古登堡面(以纪念提出者,美国地球物理学家古登堡),它被确定为地幔和地核的界线。由于横波只能通过固体传播,地球物理学家推断外地核是一种金属的流体。在 $5150 km$ 的深度,纵波的速度显著增加,而横波则重新出现,表明内地核是固体的,地球中心巨大的压力被认为是使液态转变为固态的主要原因。应指出,上述地球内部结构的划分是大大简化了的模式图景。

(二) 地球内圈的分层特征

1. 地壳

地壳(crust)是固体地球最外的一层,其表面在陆地上通常可以直接暴露出来,在有水体的地方,特别是海洋区域则被水所覆盖。地壳由固体岩石构成,下界为莫霍面,它的深度很不一致。大陆地壳的厚度较大,从年轻山脉区域的 $75 km$ 厚到平原区域的 $20 km$ 厚不等;海洋地壳的厚度较小,平均约 $7 km$ 厚。整个地壳的平均厚度约 $16 km$,只有地球半径的 $1/400$,体积只有地球体积的 0.8%,质量约占地球质量的 0.4%(图 11-2)。

为了认识地壳的化学和矿物组成,首先对组成地壳的岩石类型作一简单介绍。经地质作用形成的由矿物或岩屑组成的集合体称为岩石,自然界的岩石种类繁多,根据其成因可分为岩浆岩(火成岩)、沉积岩和变质岩三大类。地壳下面存在着高温高压的熔融硅酸盐物质,称为岩浆,岩浆沿着地壳薄弱带侵入地壳或喷出地表冷凝成的岩石就是岩浆岩。岩浆喷出地表后冷凝形成的岩石叫喷出岩,如玄武岩、安山岩、流纹岩等;岩浆在地表以下冷凝形成的岩石叫侵入岩,在较浅处形成的侵入岩叫浅成岩如辉绿岩、闪长玢岩、花岗斑岩,在较深处形成的侵入岩叫深成岩如橄榄岩、辉长岩、闪长岩、花岗岩。沉积岩是在地表或接近地表的条件下,由母岩(岩浆岩、变质岩和早先形成的沉积岩)风化剥蚀的产物经过搬运、沉积和硬结过程而形成的岩石,沉积岩最显著的特征是具有层理构造。常见的沉积岩有砾岩、砂岩、粉砂岩、泥岩、页岩、石灰岩和白云岩等。变质岩是岩浆岩、沉积岩、甚至早先形成的变质岩在地壳中高温、高压和化学活性液体作用下,使矿物成分和化学成分改变而形成的岩石,常见的变质岩有板岩、片岩、片麻岩、大理岩、石英岩、蛇纹岩等。

无论是大陆地壳还是大洋地壳都主要是由硅矿物组成的岩石构成的。上地壳叫硅铝层,主要成分为氧、硅、铝等轻元素,平均密度 $2.7 g \cdot cm^{-3}$,主要岩石为酸性的岩浆岩和变质岩(SiO_2 含量大于 65%),如花岗岩、片麻岩等。这一层只有大陆地壳才有,大洋地壳缺失此层,因此呈不连续分布,平均厚度约 10 km。下地壳叫硅镁层,主要成分是氧、硅、铁和镁,平均密度 $3.0 g \cdot cm^{-3}$,主要岩石为基性岩(SiO_2 含量在 45%~52%之间),如玄武岩。大陆和大洋下面都有这一层,呈连续分布。这种地壳密度的分异被认为是地球重力作用的结果。

大陆和大洋地壳表层长期与大气和水接触,遭受各种外动力地质作用的改造,形成一层沉积物和沉积岩,平均厚度 1.8 km,最厚处可达 10 km,但局部地区有缺失。

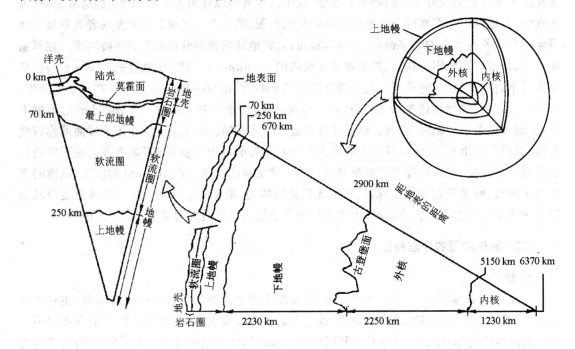

图 11-2 地球内部的结构
(根据参考书目[1]绘制)

2. 地幔

地幔(mantle)介于莫霍面和古登堡面之间,占地球体积 83%,占地球质量 67.6%,平均密度 $4.5 g \cdot cm^{-3}$。地幔的横向变化比较均匀,可分为上、下两层。上地幔从莫霍面至大约 670 km 的深度,平均密度 $3.5 g \cdot cm^{-3}$,主要成分为 MgO、FeO 和 SiO_2 等,主要岩石是超基性岩(SiO_2 含量小于 45%)如橄榄岩。该层中地震波低速带的有些区域不传播横波,表明那里已经热到熔点以上,形成液态区,可能是岩浆的发源地。由于低速带塑性较大,使物质容易蠕动变形,产生缓慢的水平运动,并给其上固体岩石的运动创造了条件,因此,这一低速带被称为软流圈(asthenosphere),其上具有刚性的固体地壳和上地幔部分合称为岩石圈(lithosphere),包括沉积层、花岗质层、玄武质层和超基性层,莫霍面就位于岩石圈内。这种按照物质强度和物态对地球内部层次的划分,有助于我们理解大陆漂移和板块构造理论。下地幔在670～2900 km的深度范围内,平均密度$5.1 g \cdot cm^{-3}$,主要成分仍是MgO、FeO和SiO_2,其中铁的含量略有增加(图11-2)。

3. 地核

地核(core)从古登堡面到地心,占地球体积16.2%,占地球质量32%。根据地震波速的变化可以分为两层,过渡带位于5150 km处。外核的平均密度$10.7 g \cdot cm^{-3}$,由于纵波速度急剧降低,横波不能通过,说明刚性为零,主要成分为液态铁和镍,物质呈液态的原因是那里的温度超过了熔点,达2700～3000 ℃。内核的平均密度$13.5 g \cdot cm^{-3}$,并测得纵波和横波,说明物质呈固态,主要成分为固体的铁。尽管内核温度很高,估计最高可达6650 ℃,但由于巨大的压力使物质仍处于固体状态(图11-2)。

11.2 地球表面的形态

(一) 海陆分布

地球表面的总面积约$5.1×10^8 km^2$,分属于陆地和海洋。以大地水准面(指与平均海水面重合并延伸到大陆以下的水准面)为基准,陆地面积为$1.49×10^8 km^2$,占地表总面积的29.2%;海洋面积为$3.61×10^8 km^2$,占地表总面积的70.8%。海陆面积之比为2.4∶1。地球上的海洋是相互连通的,构成统一的世界大洋;而陆地是相互分离并由海洋包围着的,故没有统一的世界大陆。

地表的海陆分布极不均衡。北半球的陆地占全球陆地总面积的67.5%,南半球的陆地占全球陆地总面积的32.5%。在北半球,陆地面积占半球面积的39.3%;在南半球,陆地面积仅占半球面积的19.1%。

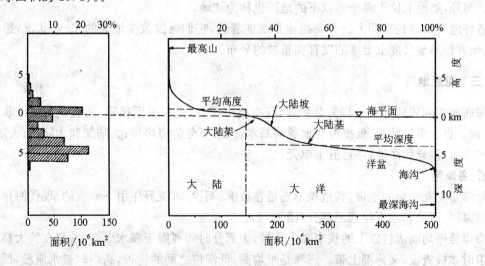

图11-3 海陆起伏曲线及地表各高程间的面积分配[3]

地球表面崎岖不平,陆地各高度带和海洋各深度带在地表的分布面积和所占比例可以用海陆起伏曲线予以表示(图11-3)。地球上的海洋,不仅面积超过陆地,而且深度也超过陆地的高度。深度大于3000m的海洋约占海洋总面积的75%;而高度不足1000m的陆地就占到陆地总面积的71%。海洋的平均深度是3795m,最深的地方是太平洋中的马里亚纳海沟,最大深度为11033m,而陆地的平均高度只有875m,最高峰珠穆朗玛峰8848.13m,二者形成强烈对比。如果将地表的高低起伏削平,则地球表面将被大约2646m厚的海水均匀覆盖。

(二) 陆地地貌

按照地表高程和起伏特征,陆地地貌可分为山地、丘陵、平原、高原、盆地和洼地等类型。

山地是许多山的统称,由山岭和山谷组合而成,其特点是具有较大的绝对高度和相对高度,切割深且切割密度大,通常位于构造运动和外力剥蚀作用活跃的地区,地质构造复杂。线状延伸的山体叫山脉,成因上相联系的若干相邻的山脉叫山系。按照我国的标准,低山的绝对高度为500~1000m,中山的绝对高度为1000~3500m,高山的绝对高度为3500~5000m,极高山的绝对高度大于5000m。它们的相对高度一般都大于200m。

丘陵是高低起伏、坡度较缓、切割破碎的低矮山丘,由山地或高原长期受到侵蚀而形成,其相对高度小于200m。

平原是海拔高度较小,地表起伏微缓的广阔平地,通常绝对高度小于200m。它以较小的高度区别于高原,以较小的起伏区别于丘陵。按成因可分为堆积平原、侵蚀平原和侵蚀-堆积平原等。平原的地貌比较单调,但有些平原上也可看到相对高度不大的小丘、湖泊和洼地。

高原是海拔高度在500m以上、面积较大、顶面起伏较小、外围较陡的高地,它以较大的高度区别于平原,又以较大的平缓地面和较小的起伏区别于山地。

盆地是周围山岭环绕、中间低平的盆状地貌。大盆地周围的山岭大都由褶皱和断裂抬升作用造成,内部低地为比较稳定或下陷的地块,地貌为平原或丘陵。按成因可分为构造盆地、风蚀盆地和溶蚀盆地等。

洼地是地表局部低洼的地方,一般规模较小,地下水位高,排水不良,中部往往积水成湖或沼泽。另外,陆地上位于海平面以下的地区也称为洼地。

各种地貌形态在空间上的分布往往是镶嵌着的,它们通过改变地表的水、热状况,影响着区域、地方和局地尺度上土壤的发育和植被的分布。

(三) 海底地貌

海底地貌和陆地地貌一样复杂多样,既有高山深谷,也有平原丘陵,而且在规模上非常庞大,外貌上更为奇特壮观。根据海底地貌的基本特征,可分为海岸带;大陆架和大陆坡;大陆隆、海沟与岛弧;洋脊和洋隆;洋盆五个单元。

1. 海岸带

指海陆交互作用的地带,其地貌形态是在波浪、潮汐、海流等作用下形成的。现代海岸带一般包括海岸、海滩和水下岸坡三部分(图11-4)。

海岸是平均高潮位以上的狭窄陆上地带,大部分时间裸露于海水面之上,仅在特大高潮或暴风浪时才被淹没,又称潮上带。海滩是平均高、低潮位之间的地带,高潮时被水淹没,低潮时露出水面,又称潮间带。水下岸坡是平均低潮位以下直到波浪作用所能到达的海底部分,又称

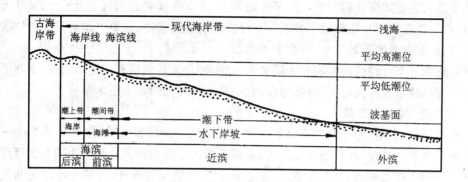

图 11-4 海岸带的组成部分[4]

潮下带,其下限通常约 10～20 m。

2. 大陆架和大陆坡

大陆与洋盆之间被海水淹没的地带称为大陆边缘,包括大陆架和大陆坡(图 11-5)。

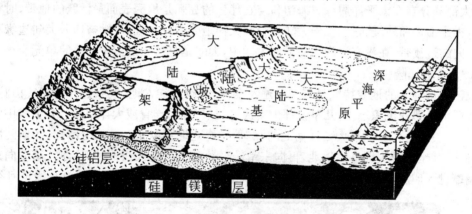

图 11-5 大陆边缘地形示意图[3]

大陆架(亦称陆棚)是与陆地连接的浅海平台,其范围从平均低潮位起以极其平缓的坡度向海延伸到坡度突然增大的地段为止。大陆架最显著的特点就是坡度平缓,平均坡度只有 0°07′。大陆架的宽度变化较大,一般在沿海有广阔平原或大河河口处,大陆架比较宽阔,而由山脉或高原组成的海岸地带,大陆架就非常狭窄甚至缺失,如欧亚大陆北冰洋沿岸的大陆架宽度可达 1000 km 以上,日本列岛的大陆架宽度仅 4～8 km,而南美洲西海岸大陆与大洋盆地之间以海沟相隔,几乎没有大陆架。大陆架外缘的深度也差别显著,如北美东海岸的大陆架外缘浅处仅 30 m 深,而北冰洋巴伦支海的大陆架外缘可达 550 m 深。我国东海大陆架是世界上较宽的大陆架之一,最大宽度达 500 km 以上,外缘深度为 130～150 m。现代大陆架是陆上和海洋各种营力交替作用的地带,并留下这些作用产生的地貌形态如沉溺的河谷(中、低纬地带)和冰川谷(高纬地带)、沉没的海岸阶地、以及水下沙丘等。大陆架上常有油气资源分布,许多著名大油田均位于大陆架海域。

大陆坡是大陆架外缘坡度变陡的部分,平均坡度 4°17′,最大坡度可达 35～45°(斯里兰卡岸外大陆坡)。多数大陆坡的表面崎岖不平,其上发育有海底峡谷和深海平坦面等次一级地貌形态。海底峡谷形如深邃的凹槽切蚀于大陆坡上,下切深度数百米甚至上千米,与陆上河谷极为相似,它是陆源物质从陆架输送到坡麓及深海区的重要通道。深海平坦面是大陆坡表面接近水平的部分,宽数百米至数千米,长数十千米。

大陆边缘这部分地壳的性质与大陆地壳一样,都是由硅铝层和硅镁层组成,而与洋盆和洋脊部分只有硅镁层的洋壳明显不同,因此,它们是大陆地壳的水下延伸部分。

3. 大陆基、海沟与岛弧

大陆基(又称大陆隆)是介于大陆坡末端与洋盆之间的缓坡地带,位于水深 2000～5000 m 处。它的表面坡度平缓,沉积物厚度巨大,常以深海扇形地的形式出现。大陆基的巨厚沉积是在贫氧的底层水中堆积形成的,富含有机质,具备生成油气的条件,很可能是海底油气资源的远景区。在海沟发育的太平洋东、西两侧区域,大陆基一般少见或缺失;而在海沟不发育的印度洋、大西洋中,大陆基则广为分布。

岛弧指延伸距离很长、呈弧形的火山列岛。岛弧靠大洋一侧常发育有长条状巨型深凹槽,横剖面呈不对称的"V"字型,靠岛弧或大陆一侧坡度较陡,靠大洋一侧坡度较缓,深度通常大于 6000 m,长数百至数千千米,宽数千米至数十千米,称为海沟。全球已识别的海沟有 20 多条,绝大部分分布在太平洋周缘。海沟和与它伴生的岛弧是地壳表面最活跃的地带,时常发生强烈的火山活动和地震。它们位于大陆地壳和大洋地壳的分界处,通常被归入大陆边缘和大洋盆地之间的过渡带,在没有海沟和岛弧的大洋中,大陆基是这一过渡带的地貌单元。

4. 洋脊和洋隆

大洋中最显著的地貌特征是有一条遍及全球、穿越大洋盆地、线状延伸的海底山脉,该山脉除表层为极薄的沉积层外,几乎全部由玄武岩组成,称为洋脊或大洋中脊。各大洋中的洋脊首尾相连,贯通一体。纵贯大西洋南北的"S"形洋脊北端穿越冰岛进入北冰洋,经斯匹次卑尔根群岛、法兰士约瑟夫地群岛以北,再向东南转至勒拿河口进入西伯利亚;洋脊南端向东绕过非洲南端进入印度洋呈"Y"字型,其北支经亚丁湾进入红海与非洲裂谷、死海—约旦河谷断裂

图 11-6 全球洋脊体系[4]

相连,南支向东经澳大利亚南伸进入南太平洋,再转向北呈反"C"字型经东太平洋伸入加利福尼亚湾,潜没于北美大陆西海岸与圣安德列斯大断裂相连,最终转向西北进入太平洋(图11-6)。这一贯通四大洋的洋脊全长 $6.5×10^4$ km,宽数百至数千千米不等,顶部水深大都在 2～3 km,高出洋盆底部 1～3 km,有的地方露出海面成为岛屿,面积占洋底面积的 32.8%,它是地球上规模最大的环球山系。从形态上看,洋脊被一系列横向断裂错开,错距达数百千米,脊部两侧的坡度平缓。大西洋、印度洋、北冰洋的洋脊顶部中央有明显的大裂缝,深达 1～2 km,宽达数十甚至数百千米,称为中央裂谷,东太平洋洋脊顶部则没有明显的中央裂谷。为了区别起见,把前者称为洋脊,后者称为洋隆。中央裂谷是海底扩张中心和海洋岩石圈增生的场所,沿裂谷带有广泛的火山活动,而大洋中脊体系还是一个全球性的地震活动带,但震源浅、强度小,所释放的能量只占全球地震释放能量的 5%。

5. 洋盆

位于洋脊与海沟或大陆基之间广阔而且比较平坦的洋底部分,约占世界海洋面积的 1/2,平均深度为 4～6 km。把洋盆分割开的正向地形主要是海岭和海底高原。海岭往往由链状海底火山构成,由于缺乏地震活动(仅有火山活动引起的微弱地震)而被称做无震海岭,如印度洋的东经 90°海岭,其长度约 4500 km。有的无震海岭顶部露出水面形成岛屿,如夏威夷群岛等。海底高原又叫海台,是洋盆中的隆起区,其边坡较缓、相对高差不大,顶面宽广且呈波状起伏,如太平洋的马尼西基海底高原和大西洋的百慕大海台等。

洋盆中还有星罗棋布的海山,它们绝大多数为火山成因,其中相对高度小于 1000 m 的称为海丘(海底丘陵)。海山一般具有比较陡峭的斜坡和面积较小的峰顶,成群分布的海山叫海山群,顶部平坦的海山叫平顶海山。海丘呈圆形或椭圆形,直径从不足 1 km 到 5 km 不等。西北太平洋海盆、中太平洋海盆和西南太平洋海盆是海山、海山群、平顶海山分布最密集的地区。

洋盆底部相对平坦的区域是深海平原,它的坡度极微,一般小于 10^{-3},有的小于 10^{-4}。深海平原的基底原来并不平坦,由于后来不断的沉积作用才把起伏的基底盖平了。

(四)地壳均衡原理

地球表面高山和深渊、大陆与海洋并存的现象,反映出地壳结构具有区域差异。在 19 世纪,阿基米德原理被应用来解释地形、地势与地壳厚度区域差异的关系。根据这一原理,密度较小的物体(如木头)是漂浮在密度较大的流体(如水)上的,物体在流体中所受的浮力等于该物体排开同体积流体的重量。设想有两个直径不同、质地相同的木球浮在水面,若其密度是水的 1/2,则每个木球都有一半浸在水中,一半露出水面。就绝对量而言,大木球浸在水中和露出水面的部分都比小木球要多。在地壳和地幔之间也存在类似的情况。密度较小的地壳"漂浮"在密度较大的地幔之上。高原和山地区域,一方面具有地面以上较高的高度,另一方面其下部浸在地幔中的部分也较深,地壳就相对厚一些;而平原和盆地区域,其地面以上的高度较低,浸在地幔中的部分也较浅,地壳就相对较薄;深海平原是地壳最薄的区域。这就是地壳均衡原理(principle of isostasy)。

由于整个地壳处于一种均衡补偿的状态中,因而会发生缓慢的上升与下沉运动。在地表负重的情况下(如冰川,沉积物,高原和山体等),地壳的下界趋于"下沉"进入地幔中;在地表释重的情况下(如冰川融化,高原和山体遭受风化剥蚀等),地壳的下界则趋于恢复"上升"(图11-7)。这就好像用手按住浮在水面的木块一样,当向下压时(增加负荷)木块下沉,把水挤向两

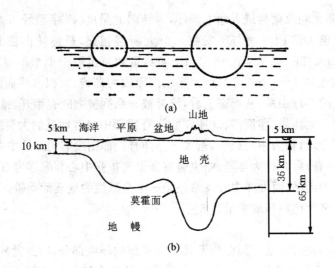

图 11-7　地壳均衡补偿示意图

侧；手放开时（减轻负荷）木块上升，得到两侧水的补偿。地壳均衡现象的一个显著例子是欧洲波罗的海沿岸和北美洲哈德孙湾第四纪以来由于冰川消失，负荷减轻而上升了约 300 m。

11.3　内外力地质作用

地球 4.6Ga（46 亿年）的历史是不断运动的过程。就地壳而言，它的地表形态、内部结构和物质成分也在时刻变化着。最显著的例子是地震和火山活动，强烈的地震产生山崩地裂及其他地质现象，给人类社会带来灾难。火山爆发形成火山锥和其他熔岩地形，很快改变地表形态和物质组成。地下深处高温高压的岩浆在向上运移的过程中，不断熔化围岩，改变着岩浆本身和围岩成分，形成新的岩石和矿物。出露在地表的岩石经受着各种形式的风化、剥蚀、搬运和堆积作用，从而形成各式各样的地貌。这些由自然动力引起地壳和岩石圈甚至地球的物质组成、内部结构和地表形态变化与发展的作用叫做地质作用。按照力的来源不同，又可以分为内力地质作用和外力地质作用。地貌就是由这两种地质作用共同塑造而成的。

（一）内力地质作用与地貌

在地球内部放射性元素衰变产生的能量驱动下，引起的岩石圈物质成分，内部结构和地表形态发生变化的作用称为内力地质作用（endogenic process），主要包括构造运动、地震作用、岩浆作用和变质作用。

1. 构造运动

构造运动（tectonism）是使岩石圈发生变形、变位以及大洋底部增生与消亡的地质作用，它产生褶皱、断裂等各种地质构造（图 11-8），引起海陆轮廓的变化、地壳的隆起和拗陷，导致山脉、高原、盆地、海沟、洋脊、洋盆等地貌单元的形成。构造运动可以引起地震活动、岩浆活动和变质作用，并影响外力地质作用的方式和强度，因此，它是使岩石圈不断变化的最重要的一种地质作用。从发生的时间上划分，晚第三纪以前发生的构造运动叫古构造运动；晚第三纪以来发生的构造运动叫新构造运动，它的痕迹在地貌上保存较好，其中，人类历史时期到现在所发生的新构造运动又叫现代构造运动。

岩石圈大致沿地球表面切线方向的运动叫水平运动,表现为水平挤压或引张,从而形成巨大的褶皱山系和地堑、裂谷,又叫造山运动。水平运动的显著表现是岩石圈板块的漂移,这种运动已经可以利用空间大地测量技术(如卫星激光测距和全球定位系统)进行瞬时的测量。岩石圈沿垂直于地表方向的运动叫升降运动,表现为大面积的上升运动和下降运动,形成大型的隆起和拗陷,产生海侵和海退现象,又叫造陆运动。一般来说,升降运动比水平运动更为缓慢,并且构造运动常表现为既有水平运动又有升降运动的复杂情况。

构造运动是岩石圈的一种长期、缓慢的运动,人们在生活中往往不能直接感觉到,但它可以在几千万年漫长的时期中引起翻天覆地的变化,如喜马拉雅山地区在二千多万年前才开始从海底升起,在 2 Ma(200万年)前急剧上升并初具规模,现在已经成为世界上最高的山脉。一般而言,陆地上表现为上升运动的地区,以剥蚀地貌为主,形成高山深谷、河谷阶地、多层溶洞等;表现为下沉运动的地区,则以堆积地貌为主,形成洪积扇形地、冲积平原和埋藏阶地等。在海洋上,则可以根据海底平顶山和珊瑚岛距海底或海面的距离说明地壳的升降运动。由于珊瑚生长在高潮线到水深 50 m 的水域,所以,如果发现珊瑚礁水深大于 50 m,可作为地壳下沉的标志;相反,如果珊瑚礁高出海面,则可作为地壳上升的标志。

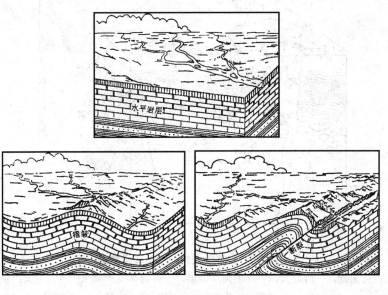

图 11-8 褶皱与断裂构造的形成

2. 地震作用

地震作用(seismism)是由地震引起的岩石圈物质成分、结构和地表形态发生变化的地质作用,这种震动常在几秒钟至多几分钟内即行停止。地震一般发生在地壳和地幔上部,那里的岩石在地应力的作用下发生破裂,并以弹性波的形式传到地表,这个破裂处就是震源,它在地面上的垂直投影叫震中,按震源深度的不同,可分为浅源地震(<70 km)、中源地震(70~300 km)和深源地震(>300 km)。

全世界 90% 以上的地震是由于岩石圈变形并在构造比较脆弱处发生破裂造成的,这类地震叫构造地震,此外,火山爆发、洞穴坍塌和山崩等也可造成地震,但数量很少。一次强烈地震所释放的能量是巨大的,试验证明,在坚硬的花岗岩中爆炸一颗相当于两万吨黄色炸药的原子弹,所释放的能量才大致和一次六级地震(6.3×10^{13} J)差不多,而记录到的最大地震震级在八级以上。地震震级越高,所释放的能量越大。地震发生后,会产生地貌形态的一系列变化。例如,在松散土层分布地区,地面常出现隆起和塌陷;在地势陡峻的山区,由于边坡不稳,在强烈震动下会引起岩石崩塌和大块岩体滑动,形成山崩、滑坡,崩落下来的岩块常常阻塞河道,改变河谷地貌的形态。在城镇区域,地震则会摧毁各种人工基础设施如房屋、道路、桥梁等。

3. 岩浆作用

岩浆作用(magmatism)是指岩浆在形成、运移和冷凝过程中自身的变化及其对周围岩石和地貌的影响,包括侵入作用和火山作用两种类型。

处于高压状态下的岩浆,在上升过程中以巨大的压力沿围岩层面或断裂等薄弱部分挤入而占据一定空间,经冷却凝固成各种产状的侵入体(图11-9)。在接近地表部位形成的岩体叫浅成侵入体,包括岩盘、岩床、岩墙等;在地壳深处3～6 km以下形成的岩体叫深成侵入体,包括岩基和岩株等。

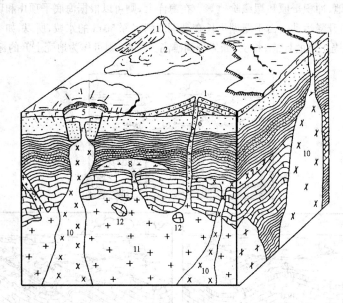

图 11-9　岩浆侵入体与喷出体示意图
1—火山锥,2—熔岩流,3—火山颈及岩墙,4—熔岩被,5—破火山口,6—火山颈,
7—岩床,8—岩盘,9—岩墙,10—岩株,11—岩基,12—捕掳体

火山喷发是一种极为壮观而又令人生畏的自然现象,灼热的熔浆喷出地表的同时有大量火山气体和火山尘埃与碎屑逸出,形成火红的巨大烟柱,地下轰鸣,地面震颤,空气受热膨胀上升产生强烈对流,高温喷发物引起空中电荷的变化,顿时风雨交加,电闪雷鸣。强火山爆发能在平流层下部形成一个由硫酸盐粒子组成的气溶胶层,从而增加大气的反射率,大大减少到达地面的直接太阳辐射,导致地表温度的下降,称为"阳伞效应"。

火山喷发物常堆积成圆锥形的山体,岩浆从地下喷出地表的通道叫火山通道(被火山碎屑和熔岩充填后称为火山颈),其出口叫喷出口,喷出物在喷出口周围堆积形成的漏斗状环形坑叫火山口。火山的喷发方式主要有中心式喷发和裂隙式喷发两种。中心式喷发的喷出物沿火山通道喷出地表,平面上成点状,其最大特点是喷出物堆积成火山锥。裂隙式喷发的喷出物沿地壳的断裂带溢出地表,喷发的基性熔浆多呈平缓的、大面积分布,冷凝成岩后称为熔岩被(图11-9)。

4. 变质作用

变质作用(metamorphism)是指在地表以下的地质环境中,岩石在固态下发生结构、构造或物质成分变化并形成新岩石的地质过程。岩石是否发生变质,通常看是否有重结晶现象和变质矿物出现。引起岩石变质的主要因素是温度、压力和化学活动性流体。温度升高会引起岩石的重结晶,变质作用的温度一般大于 150 ℃。在低于这个温度的地质环境中,松散沉积物经过压实、脱水、胶结等过程形成岩石,称为成岩作用,不属于变质作用的范畴。由于变质作用是在固态下进行的,所以,可以把岩石的始熔温度看作变质作用的高温界限,对于大多数岩石来说,这个高温界限在 700~900 ℃。高于这个温度的岩浆,由于温度降低而冷凝结晶的成岩过程,则属于岩浆作用范畴。导致岩石变质的压力包括由上覆地层引起的静压力,由构造运动产生的定向压力,以及由存在于沉积岩中的原生水和从岩浆中析出的流体形成的流体压力。压力可以使重结晶矿物产生定向排列,从而形成变质岩特有的结构和构造,如片麻状构造。变质作用中的化学活动性流体是一种以 H_2O 和 CO_2 为主,并包含多种金属和非金属组分的溶液,它们可以促进矿物成分的溶解,加大扩散速度,增强重结晶作用和降低岩石的重熔温度。

根据变质作用所处的地质环境与变质因素的组合关系,以及变质产物的特征,可以分为接触变质作用、碎裂变质作用和区域变质作用。接触变质作用是在岩浆与围岩的接触部位上,由岩浆散发的热量和流体引起的变质作用,属于低压、高温的变质作用,一般发生在距地表 3~8 km 深度范围内,其产物不具片理构造,如角岩和大理岩等。碎裂变质作用是在构造运动的定向压力下,使岩石发生变质的作用,变质程度由岩石的碎裂程度表现出来,其产物通称为碎裂岩,由大小不等的岩块彼此镶嵌时叫断层角砾岩,碎屑很细且压得坚实的叫糜棱岩。区域变质作用是在大范围内发生的、与强烈构造运动密切联系的变质作用,其变质带长几百至几千千米,宽几十至几百千米,深几千米至几十千米,它是各种变质因素综合引起的,其产物具有明显的片理构造。与侵入体相似,变质岩体也只有在构造抬升作用下被剥露出地表后,才会在外力地质作用下形成独特的地貌形态。

5. 构造地貌

由内力地质作用形成的地貌称为构造地貌,可以划分为 3 个等级:第一级叫做星体地貌,如大陆和大洋;第二级叫做大地构造地貌,如山地、平原、盆地、高原等;第三级叫做地质构造地貌,它们是由于不同地质构造和不同岩层的差别抗蚀力而表现出来的地貌。有些地质构造地貌是原始的构造形态直接表现在地貌上;有些地质构造地貌则是已形成很久的地质构造经外力侵蚀剥露而显现出来的地貌。地质构造地貌主要包括以下几种类型:

(1) 水平岩层构造地貌。主要发育在由软硬相间的不同岩性组成的水平岩层地区。顶部是硬岩(灰岩、胶结紧密的砂岩或砾岩)的水平岩层经外力切割后,就会形成方山和桌状台地。在巨厚红色砂砾岩上发育的方山、奇峰、陡崖、深谷地貌称为丹霞地貌,我国以广东韶关和仁化的丹霞山最为典型。

(2) 单斜构造地貌。主要出现在大的构造盆地边缘或舒缓的背斜和向斜构造翼上,如果这一构造由软硬岩层交互组成,经侵蚀、剥蚀后,就会形成单面山和猪背脊等地貌。单面山顺岩层走向延伸,两坡不对称,与层面近于垂直的坡短而陡,与层面近于平行的坡长而缓。猪背脊的岩层倾角较大,因此,两坡的坡长和坡度都差不多。

(3) 褶曲构造地貌。包括背斜山、向斜谷和向斜山、背斜谷等地貌形态。背斜山和向斜谷是顺构造的,称为顺地形;向斜山和背斜谷是逆构造的,称为逆地形。后者是由于背斜轴部张节理比较发育,外力侵蚀作用进行得较快使然。

(4) 断层构造地貌。由断层活动造成的陡崖称为断层崖。通常断层崖的走向线较平直,在断层崖被侵蚀的过程中,随着横切断层面的河谷的扩展,完整的断层崖被分割成不连续的断层三角面,例如,渭河谷地南侧秦岭山前一带的断层三角面便十分清晰。由于断层所在的部位正好是岩层的破碎带,所以,河流常常沿这种软弱地带侵蚀,形成断层谷。这种河谷两侧的地层不能对应,地形也不对称,一侧高且陡,另一侧则低而缓。受断层控制,河谷在平面上比较顺直。

(5) 岩浆岩构造地貌。分为侵入岩体地貌和火山与熔岩流地貌两类。岩浆侵入体只有在构造抬升作用下被剥露出地表后,才会在外力地质作用下形成独特的地貌,华山便是一个由花岗岩组成的岩株。最常见的火山地貌形态是火山锥,我国山西大同和黑龙江五大连池均可见成群的火山锥。火山停止喷发后,火山口积水形成火口湖,如位于中朝边境处的白头山天池。当岩浆沿裂隙或火山口溢出地面时,就形成熔岩流,它往往沿着斜坡流向低地或凹地。固结了的熔岩,由于抗蚀力比较强,常常可以使下伏的岩石免受侵蚀,从而形成熔岩垄岗或熔岩台地。

(二) 外力地质作用与地貌

在太阳能量和重力的驱动下,由空气、水体、冰川、生物等的作用导致地表物质状态和地貌形态变化的过程称为外力地质作用(exogenic process),可分为风化作用、负荷作用、剥蚀作用(denudation)、搬运作用(transportation)和沉积作用(sedimentation)等。为了叙述的方便,本节按几种主要的动力来源讲解剥蚀、搬运和沉积作用。

1. 风化作用

风化作用(weathering)是指地表的岩石和矿物在原地发生物理性状和化学成分的变化,从而形成松散堆积物的过程,岩石圈表层被风化的残留部分称为风化壳。风化作用为进一步的外力搬运作用提供了原料,因此,它是一切外力地质作用和地貌过程的先导,并为土壤的形成奠定了物质基础。

根据风化作用的性质,可以将其分为三大类型:

(1) 物理风化作用。指引起岩石和矿物破碎的变化过程,它使岩石从比较完整的固结状态变为较松散的状态,岩石的孔隙量和表面积增大。物理风化主要包括因地表温度的昼夜和季节变化使岩石表面热胀冷缩,产生裂缝和片状剥离的作用;因岩石孔隙中水的冻结和融化使裂隙不断加深扩大,最后崩裂成岩屑的冰冻作用。

(2) 化学风化作用。指引起岩石成分和化学性质发生变化的过程,它使岩石和矿物在水、水溶液和空气中的 O_2 与 CO_2 作用下,发生溶解、水化、水解、碳酸化和氧化等一系列复杂的化学变化,其结果是破坏原生的岩石和矿物,并产生新的粘土矿物如高岭土等。

(3) 生物风化作用。指生物对岩石和矿物产生的破坏作用,这种作用的性质可以是机械的,也可以是化学的,包括生长在岩石裂隙中的植物根对岩石的劈裂作用,以及生物在新陈代谢过程中产生的各种有机酸溶液对岩石的腐蚀作用。

影响风化作用速度的因素很多,以气候的影响最为显著。降水丰富且水循环快的区域有利于化学风化的进行;温度则影响化学反应的速度;降水和温度的组合状况影响着植物的数量和类型,它们对生物风化的速度产生影响。由于地球上的气候具有明显的分带性,从而决定了风化作用速度和类型的分带性(图11-10)。

在降水多、温度高、植被茂密的热带森林地区,化学风化和生物风化作用普遍而强烈,岩石和矿物迅速分解,形成大量厚层的粘土矿物,风化壳厚度可达 100 m 以上;而在降水少、温差大、植被稀少的低纬荒漠地区和温度低、降水少、冰雪覆盖的极地地区,以物理风化为主,化学风化微弱,风化壳厚度很薄。在相对高度很大的中、低纬山地,由于水热条件随高度的变化,风化作用速度和类型也明显不同。地形对风化

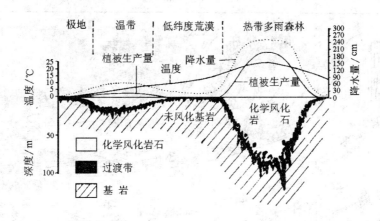

图 11-10 北半球赤道到极地风化作用的分带性[3]

作用的影响还表现在坡度和坡向上,陡坡地下水位低、植被稀少,物理风化较强,并且风化产物不易保存,故风化壳较薄;反之,缓坡化学和生物风化较强,风化产物易于残留,风化壳较厚。山地阳坡日照时间长,昼夜温差大于阴坡,并且植被稀少,因此,物理风化比阴坡强烈,地表更为凹凸不平。此外,在相同的水热条件下,由于不同矿物组成的岩石具有不同的抗风化能力,所以,风化强度也不同。

2. 负荷地质作用

负荷地质作用(loading process)是指地表经风化作用产生的松散堆积物和岩块在重力为主的作用下,沿斜坡向下的运动过程,它与其他外力地质作用的不同之处在于负荷物本身既是地质作用的动力又是作用的对象,例如,一块巨石从高处快速下落,在碰撞和破坏山坡基岩的同时本身也被撞碎,从而完成侵蚀、搬运和堆积过程。产生这种运动的先决条件是斜坡的坡度大于松散堆积物和岩块的休止角,此时,沿坡面向下的侵蚀力克服了坡面的摩擦力和块体之间的内聚力,从而使坡面物质因平衡状态被打破而向下移动,直至新的平衡态建立起来为止。可见,坡面是一个具有自稳定性和自组织性的开放系统,它接受外部的动能、势能、热能和碎屑物质等输入,并通过松散堆积物和岩块的迁移,向外输出物质和能量,具有稳定—失稳—再稳定的发展演化特征。

根据负荷地质作用的运动特点,可将其分为以下几种类型(图 11-11):

(1) 崩落作用。指岩块与基岩脱离、崩落、沿山坡滚滑,最终在坡脚堆积的整个过程,其发生的条件是岩块与基岩的联结力小于岩块自身的重量,并且岩石裂隙比较发育。崩落作用在物理风化强烈的高寒和干燥地区最易发生,在河岸、海崖等局部地形陡峻的地区也常发生。一般认为,地形坡度大于 45°即可发生崩落作用。崩积物通常在平缓的坡麓形成锥状体,称为倒石堆,而崩落留下的岩壁则形成峻峭的陡崖。

(2) 潜移作用。指地表松散堆积物或岩层长期缓慢地向坡下移动的过程,它的发生除了重力的驱动外,地下水起着润滑剂的作用,因此,主要发生在比较湿润的地区。潜移作用造成斜坡上土层和岩层的蠕动,发生形变。

(3) 滑动作用。指陆地及水下斜坡上的岩体或松散堆积物沿着一个甚至几个滑动面整体向下滑移的过程。滑动作用通常以潜移作用为先导,当滑动体先缓慢后快速地向下滑动时,如果遇到陡峻的山坡,就会转变为崩落作用。滑动作用所产生的巨大滑坡常给工程建筑和人民生命财产带来严重的灾害。大多数的滑坡发生在松散堆积物中,基岩滑坡相对较少。滑坡形成的基本条件中,除具有大量的松软土层或夹有软弱岩层的坚硬岩石等物质条件,岩体多断裂、节理、岩层倾向与坡向一致等地质构造条件,以及斜坡坡

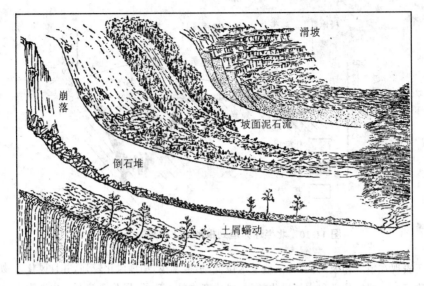

图 11-11 负荷地质作用及其造成的地貌形态[6]

度超过边坡休止角等地貌条件之外,降雨是导致滑动的主要触发因素,90%以上的滑坡与降雨有关。此外,地震也可诱发滑坡。

(4) 流动作用。指大量积聚的泥沙、岩屑和石块等,在水分充分浸润饱和的情况下,沿着斜坡和谷地的流动过程。以泥土为主的叫泥流,以石块为主的叫石流,但最典型的流动体是石、土和水的混合体,称为泥石流。泥石流形成的基本条件是:有大量松散固体物质的聚集;有一个储存松散物质的圈椅形凹地地形,并有陡峻的流通沟谷;有丰富的降水使松散物质内水分充分饱和,增加流动能力。在高山暴雨区或冰川积雪区,当斜坡上或沟谷中的松散碎屑物质被暴雨或融冰、融雪水所饱和时,往往在重力作用下形成这种沿斜坡或沟谷流动的特殊洪流。泥石流具有突然爆发的特点,表现为大量的泥石在顷刻间形成巨龙状洪流,迅猛地沿山坡及沟谷泻下,尘烟腾起,泥浆飞溅,其中滚动着几十吨重的巨大石块,发出轰隆的响声,震撼山谷。其前锋掀起的十余米高的"石浪"可摧毁各种障碍物,巨量的土石方被拥至沟口平缓地区堆积,常常掩埋农田、森林,堵塞河道,冲毁路基、桥涵和灌溉渠道,摧毁城镇和村庄,产生极大的破坏力。

3. 地面流水的地质作用

地面流水的地质作用是指地面液态水沿最大倾斜方向流动过程中对地面物质的侵蚀、搬运和堆积作用,在陆地上除极端寒冷、干燥的地区外,几乎到处可见地面流水,因此,流水作用是促使地表形态发展、变化的最重要的地质动力之一。

地面流水作用可分为暂时性流水作用和经常性流水作用。暂时性流水包括片流和洪流,它们对坡面进行面状和沟状侵蚀,形成不同规模的沟状地貌,如细沟和冲沟等。在可溶性岩石组成的山坡上可产生溶蚀作用,形成溶沟石芽地貌;而在土质疏松的黄土区,冲沟极易形成并且发展迅速,把地面切割得支离破碎、千沟万壑。

被片流搬运下来的松散物质堆积在山坡上,形成坡积物。山坡上的碎屑物质进一步向山麓移动,以致形成沿山麓分布的平缓地形,叫做坡积裙。洪流则携带大

图 11-12 流水侵蚀地貌和堆积地貌示意图[7]

量的碎屑物质下泻,在流出沟口后,因坡度减小、水流分散而沉积,形成洪积物,其堆积而成的扇状地形叫做洪积扇(图 11-12)。

河流侵蚀作用分为下蚀和侧蚀两种。下蚀作用使河道不断加深,切刻出一条条槽形的凹地,称为河谷。河谷底部较平坦的部分叫谷底,由河水占据的沟槽叫河床,谷底以上直抵分水岭的斜坡叫谷坡。在河谷发育的初期,谷底几乎全为河床所占据,随着侧向侵蚀的发展,河谷不断展宽,凸岸边滩也相应展宽、延长,形成雏形河漫滩。在洪水期,由于河漫滩水深比河床处浅,使河漫滩上流速减慢,在平水和枯水期,滩面上生长有植物,更加降低了洪水时滩面上的水流速,导致悬浮在水中的固体物质在河漫滩上沉积下来,形成一层粘性土,称为河漫滩相沉积物,其下部为河床相沙砾层,因此,河漫滩具有二元结构。由于河流的进一步下切,河床继续加深,使原先的河漫滩地面超出一般洪水期水面,呈阶梯状分布于河谷两侧,地貌上称为河流阶地(图 11-13)。一般来说,下蚀作用在河流的上游表现明显,形成雄伟的峡谷地貌,如长江上游的虎跳峡和三峡等;侧蚀作用在河流的下游表现明显,它使凹岸不断后退,凸岸不断前伸,河道的曲率逐渐增加,形成曲流。我国长江曲流最发育的河段下荆江从藕池口至城陵矶,两地的直线距离仅 87 km,而天然弯曲河道的长度竟达 170 km,号称"九曲回肠"。在碳酸盐岩出露的地区,地表和地下流水以溶蚀方式破坏岩石,形成峰林和峰丛等喀斯特(岩溶)地貌,如著名的桂林山水。

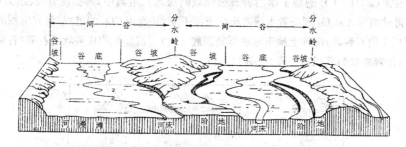

图 11-13 河谷及其横剖面形态要素[3]

河流所挟带的固体颗粒叫河流泥沙,它们主要是谷坡上片流冲刷、崩落、滑动下来的松散物质与岩块,以及冲沟内洪流冲刷出来的碎屑物质,少量是河流侵蚀河床的产物。河流泥沙按运动状态可分为悬移质和推移质两大类。悬移质指悬浮在水中并随水流运动的泥沙,一般颗粒微小,其下沉速度经常小于水流内部垂直方向的脉动分流速,在运动过程中,其中较粗的泥沙也常与接近河床的推移质泥沙相互转化。推移质则指沿河床滚动的泥沙,一般颗粒较大,其下沉速度大于水流内部垂直方向的脉动分流速,它与在河床上静止不动的河床质既有区别又可相互转化。河水中挟带的大部分为泥沙,小部分为溶解于水的盐类和胶体,河流对前者的搬运叫机械搬运,对后者的搬运叫化学搬运。河流机械搬运的碎屑颗粒大小取决于河水的动力,主要与流速有关。流速增大,搬运的颗粒增大;流速减小,搬运的颗粒变小;无法搬运的粗颗粒物质便停积或沉降下来。河流中碎屑物质发生沉积的主要场所有 3 个:(i) 河曲的凸岸,形成河床相、河漫滩相和牛轭湖(曲流经自然裁弯取直后形成的废弃河道,形似牛轭)相沉积;(ii) 河床坡降变缓处,山区河流流出山口时和河流从峡谷段进入宽谷段时,都发生大量沉积,通常在中、下游地势较平坦的地区沉积明显,形成广阔的冲积平原;(iii) 河流汇入其他相对静止的水体处,如入海口和入湖口,形成三角洲平原。

4. 地下水的地质作用

地下水的地质作用是指地下水对岩石的潜蚀作用、机械与化学搬运作用和沉积作用。潜蚀作用包括化学和机械两种方式,以化学潜蚀作用为主。与地表水相比,地下水是较强的溶剂,因为水中通常溶解有一定量的 CO_2。CO_2 与 H_2O 化合成碳酸,碳酸又可分解成 H^+ 和 HCO_3^- 离子,而 H^+ 是很活跃的离子,当含有较多 H^+ 的水对石灰岩作用时,H^+ 就会与 $CaCO_3$ 中的 CO_3^{2-}

结合成 HCO_3^-,分离出 Ca^{2+},使 $CaCO_3$ 溶解于水,其化学反应式为:

$$CO_2 + H_2O + CaCO_3 \rightleftharpoons Ca^{2+} + 2(HCO_3)^-$$

上述化学反应是可逆的,水中 CO_2 溶解得越多,地下水的溶蚀能力就越强,反应向右进行,使更多的 $CaCO_3$ 溶解于水;水中 Ca^{2+} 的含量越高,水的溶蚀能力就越弱,反应向左进行,使 $CaCO_3$ 沉淀下来。同样道理,地下水对其他可溶性岩石也具有较强的溶蚀能力。

地下水循岩石裂隙流动并溶解可溶性岩石,使裂隙扩大,在岩石中形成各种形状和大小的溶洞,它是地下喀斯特(岩溶)的主要地貌形态。大部分地下水流动缓慢且水量分散,机械冲刷力微弱,仅能冲走松散沉积物中颗粒细小的粉砂,使其结构变得疏松,孔隙扩大,例如黄土经地下水长期机械潜蚀作用后,颗粒大量流失,形成大大小小、错综复杂的地下洞穴,有些洞穴的扩大可导致顶部黄土垮塌,出现落水洞和洼地地形。只有处在可溶性岩石洞穴内的地下水如地下河,才具有较大的流量和流速,机械潜蚀作用较强。

地下水的性质决定了它对潜蚀产物搬运作用的主要形式是溶解搬运,机械搬运作用较弱;其沉积作用也以化学沉积为主,机械沉积则主要发生在地下河流经的洞穴中。最常见的地下水化学沉积作用是洞穴沉积,它是饱含 $Ca(HCO_3)_2$ 的地下水沿岩石裂隙或断层流入溶洞中,因温度升高、压力降低,水中的 $Ca(HCO_3)_2$ 变得过饱和,$CaCO_3$ 围绕着水滴的出口沉淀下来,并逸出 CO_2 的过程。洞穴沉积的产物主要有悬挂在溶洞顶板上的石钟乳;洞顶上地下水滴落到洞底,$CaCO_3$ 沉淀堆积成笋状的石笋;石钟乳和石笋相接形成的石柱;呈帷幕状的沉积物石幔等(图 11-14)。

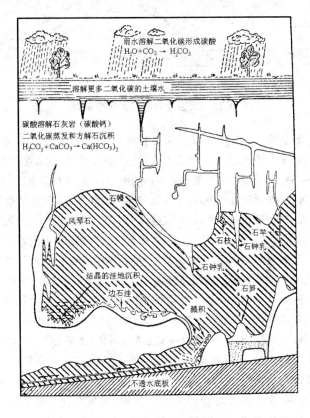

图 11-14 石灰岩溶洞的形成和洞穴沉积的产物[9]

5. 冰川的地质作用

冰川的地质作用是指冰川在流动过程中破坏冰床岩石,并将破坏的产物携带至较低海拔处堆积的作用。冰川是陆地上终年缓慢流动着的巨大冰体,它是由积雪经重结晶和压实等物理过程形成的。常见于高纬度地区(如格陵兰、南极洲)的冰川称为大陆冰川,而发生在中、低纬度高山地区(如喜马拉雅山、祁连山、阿尔卑斯山)的冰川称为山岳冰川,它们是这些地区地貌发展与变化的主要外动力。

冰川对冰床基岩进行的机械性破坏叫做刨蚀作用。其方式之一是拔蚀作用,即冰川在流动时将被冻结在冰川底部的冰床基岩碎块拔起并带走的作用;方式之二是锉蚀作用,即冰川以其冻结搬运的岩屑为工具对冰床岩石进行的锉磨,使谷底和谷壁的基岩上留下平行的冰擦痕或光滑的冰溜面。在山岳冰川的刨蚀作用下形成各种形态独特的冰蚀地貌:雪线附近山坡上的凹地在长期冰冻风化作用、崩落作用和冰川拔蚀作用下,使凹地加深和扩大形成冰斗,它是一半圆形的洼地,三面为陡壁,另一面朝山谷敞开,开口处略高于底部,直径在数百米至数千米之间;随着冰斗的后退侵蚀,被冰斗环绕的山峰变陡、变尖,形成角

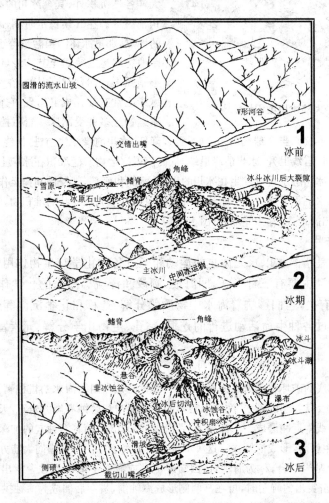

图 11-15 山岳冰川侵蚀地貌的发育[3]

峰,珠穆朗玛峰就是一个角峰;冰斗中的冰川冰流入山谷,山谷冰川的刨蚀作用使原来的山谷变深、变直、变宽,形成冰蚀谷,其横剖面呈U形;支冰川的谷地比主冰川谷浅,当冰体消融后,支冰川谷高悬在主冰川谷之上,形成悬谷;原分水岭两侧山坡和山谷发育冰川后,在冰冻风化和冰川刨蚀作用下,冰斗和冰川谷扩大,使分水岭变窄、变陡,形成尖锐起伏、状如锯齿的鳍脊(图11-15)。大陆冰川的刨蚀作用形成坑洼不平的地形,冰川消融后这些冰蚀洼地积水成湖,斯堪的纳维亚半岛和加拿大广泛分布着这种冰蚀湖。

冰川的搬运作用主要有两种方式:(i) 推运,指冰川前端以巨大的推力将地面上的岩屑和岩块向前推进,其作用原理与推土机相似。推运只发生在冰川前端前进的时候,快速流动的冰川,其前端可每日推进数十米至百米。(ii) 载运,指夹杂在冰层内部和浮在冰面上的岩屑和岩块随冰川一起运动,其作用与传送带相似。载运是冰川搬运作用的主要方式,其机械搬运力巨大,能够运送直径数米的冰漂砾。

冰川发生堆积作用的主要原因是冰川消融。此外,在冰川前进途中,也可因冰川运力不足而产生部分冰运物的中途停积。冰川堆积物叫冰碛。除高纬度地区冰川的冰运物可被脱离大陆的冰山携往大洋各地沉积外,其余冰川的冰运物大都停积在冰川消融区。在气候稳定时期,冰川前缘稳定于一定的地点,那里冰体的消融量等于供给量,冰川源源不断地将冰运物输送至其前缘堆积形成终碛,它的外形呈弧形垄岗,叫终碛垄。在大陆冰川终碛垄内侧冰床上常有鼓丘成群出现,它们是冰川流动途中因冰运物过多并受冰床基岩阻挡停积而成的,其长轴

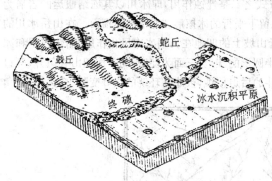

图 11-16 大陆冰川堆积地貌[3]

平行于冰川流向(图11-16)。当全球气候转冷时,雪线降低,冰川前缘缓慢前进,使终碛垄的位置也相应前移;当全球气候变暖时,雪线上升,冰川前缘退缩,从而使冰运物广泛堆积在冰床上形成底碛。

伴随冰川出现的冰川融水可以发生在冰川的表面、两侧和底部,其侵蚀和搬运作用与河流类似,通常在终碛垄以外形成冰水沉积平原。冰下水流的沉积作用还可形成长堤状的堆积物,其总体走向平行于冰川流向,冰川融化后出露地表,称为蛇形丘(图11-16)。

6. 海洋地质作用

海洋地质作用是指海水以永无休止的运动和通过各种化学与生物作用对地表所进行的改造过程。海水的运动主要有三种形式,即海浪、潮汐和洋流。海水的化学作用主要与其盐度、pH、CO_2 的溶解量有关,它们影响着海水中物质的分解、迁移和化学沉淀等过程。海水的生物作用主要是生物通过各种生命活动进行的挖掘、钻孔、生物化学分解、元素富集、沉积物堆积等过程。

海水对海岸和海底的破坏称为海水的剥蚀作用(简称海蚀作用)。海水的机械剥蚀作用主要发生在海岸地带,在那里,海浪及其卷起的石块、泥沙以猛烈的冲力撞击和磨蚀海岸的岩石,天长日久,先是在岸边陡崖下部的波浪作用线附近冲磨成一个凹槽,叫做海蚀穴。此后,随着海蚀穴的加深和扩大,使上部崖岸悬空,失去支撑而发生崩落,形成海蚀崖。这种剥蚀作用继续进行使海蚀崖向大陆方向节节后退,并在波浪作用带内形成一个基岩平台,称为海蚀台,因陆地上升或海面下降使海蚀台露出海面,便形成海蚀阶地。当波浪从两侧打击突出的岬角时,可在其两侧形成海蚀洞,贯穿后便成为海蚀拱桥。随着海蚀作用的继续发展,可使拱桥顶板崩坍,形成海蚀柱(图11-17)。海水的溶蚀作用在碳酸盐岩地区较为强烈,加上钻孔生物的作用,可在海岸岩石上蚀出许多洞穴。在大潮时,潮汐可以加强海浪的作用强度和范围,而洋流的水下剥蚀作用则比较微弱。

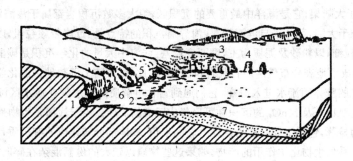

图 11-17 海蚀地貌形态[6]

1—海蚀穴，2—海蚀台，3—海蚀拱桥，4—海蚀柱，5—海蚀崖，6—海滩，7—海积阶地

海浪是海水搬运作用的主要动力，当海浪垂直海岸作用时，碎屑被推向海滩或移向海里，称为横向搬运；当海浪斜向冲击海岸时，产生沿岸流，推动碎屑作沿岸位移，称为纵向搬运。由陆地径流或由海浪侵蚀进入海洋的固体物质，受到波浪的淘洗，使细粒物质处于悬浮状态随底流和沿岸流输向浅海及深海，在浅海水底斜坡上可形成一个平缓的堆积台地，称为海积阶地（图 11-17）；粗粒物质则留在滨海带继续往复运动，互相磨蚀而逐渐变细，提供新的悬浮物。由海水周期性涨落的潮汐现象所引起的潮流变化也具有很大的搬运力，涨潮时引起的潮流可使大量碎屑处于悬浮状态，退潮时的潮流将它们带向海洋深处。与海浪和潮流相比，在深海区的洋流因流速较慢，且水中悬浮物的含量很少，因而搬运量是很小的。

海洋盆地是地球表面最为低凹的地方，也是陆地的风化剥蚀产物最终的沉积场所。不同深度的海洋环境具有不同的沉积特征。滨海带是水动力最强烈的海域，在平缓的海岸地带，一般都发育有大片海滩（图 11-17），它们与海岸平行呈带状分布，沉积物经波浪反复的磨蚀淘洗，具有很好的磨圆度和分选性，以沙或卵石为主，物质主要来源于海岸破碎的崩落物和河流带来的冲积物。在宽阔而有波状起伏的滨海带，波浪不能到达海岸崖脚的地面，只有高潮时海水才能到达，形成潮坪。在海岸以外，由沙粒堆积而成且平行于海岸的长条形海底垅岗，称为沙坝，其顶部可以露出海面或在海面以下。沙坝是海浪进入沙质浅水域，因波浪破碎或动能减弱使泥沙堆积的产物。同样是由沙粒堆积而成的长条形垅岗，其一端与海岸相连，另一端伸入海中，称为沙嘴，它是在海岸线向陆地转折处，沿岸流推动沙粒从海岸突出处开始不断向前延伸堆积的产物。随着沙坝和沙嘴的加高与伸长，二者常常连接起来筑成滨海带的屏障，在其内侧形成一个与外海半隔绝的海域，称为泻湖。此外，在河口区，河流带来的丰富泥沙受到河流和海洋动力的共同作用，沉积下来形成三角洲（图 11-18）。

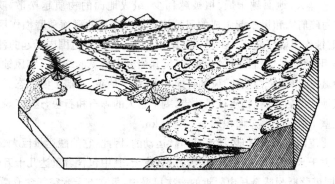

图 11-18 滨海带堆积地貌形态[3]

1—沙嘴，2—沙坝，3—泻湖，4—三角洲，5—潮坪，6—海积阶地

浅海带相当于大陆架,它是海洋中最重要的沉积区,绝大多数沉积岩都属于浅海沉积。浅海中90%以上的碎屑物来源于大陆,部分来自滨海带。浅海碎屑沉积的特点是:近岸带颗粒粗,以沙砾质为主,磨圆度较好;远岸带颗粒细,以粉砂及泥质为主,磨圆度较差。浅海中大量的化学沉积是碳酸盐,特别是$CaCO_3$和$MgCO_3$,它们形成了地表分布最广的石灰岩和白云岩。此外,大陆上湿热地区的化学风化强烈,一部分铁、锰、铝成为带电的胶体随流水进入海洋,它们遇到富含电解质的海水就在浅水区沉淀下来,在良好的沉积环境下,Fe_2O_3、Al_2O_3及MnO_2的沉积物可聚集成巨大的矿床。由于浅海是生物最为繁盛的海域,生物沉积作用也极为显著,包括生物死亡后硬体骨骼的堆积,软体部分转化成的有机质,以及生物在其生活历程中所进行的一系列生物化学作用的产物,如果这些物质以较大的份额混杂在碎屑沉积物和化学沉积物中,经过成岩作用,可以形成生物碎屑岩。在生物沉积中,以珊瑚礁的堆积最为重要,它是由一种繁殖快、营群体生活的珊瑚动物骨骼组成的。现代珊瑚礁主要分布在南、北回归线之间的温暖水域,其中,与海岸相连、宽度不等的珊瑚礁平台叫岸礁;有泻湖同陆地隔开的珊瑚礁叫堡礁,多呈不连续的岛状围绕着海岸延伸,最长的堡礁是位于澳大利亚东海岸的大堡礁,长达2000 km;平面上呈环形的珊瑚礁叫环礁,由环礁包围的水面为泻湖,有水道与外海相通。

从大陆坡到洋盆的半深海和深海带,悬浮物质颗粒极细,多为胶体,只有在极其宁静的水动力条件下才能沉积到海底,从而使得这些海域的沉积物具有世界性的共同特点,都是一些胶状软泥,颜色有红色、白色、黄色、绿色和蓝色等。此外,在软泥的表层还沉积有数量不等的锰结核,其直径一般为1~10 cm,具有可观的矿产储量。

7. 风的地质作用

风的地质作用是指风与陆面之间的面状摩擦所产生的对地表物质的侵蚀、搬运和堆积过程。风是大气的水平运动,它属于一种机械动力,并且具有阵发性和风力不稳定的特点。风的流体力学特征与流水相似,但风的动能比流水要小得多。在一般情况下,与流水速度相同的风,其侵蚀力只有流水侵蚀力的大约1/800。由于地表摩擦阻力的影响,越近地表风速越小。在地面植被茂密的地区,风力不易产生地质作用,但在地面无植被也无水体覆盖的地区,风力不须很大就能促使地表物质迁移、地形改观,产生显著的地质作用,这种作用在干旱地区尤为显著。

风沿地表前进时,具有吹毁或磨损地面的岩石、松散沉积物和土壤的作用,称为风蚀作用。风蚀可分为吹蚀和磨蚀两种:(i) 吹蚀是风力将地表松散沉积物或基岩风化产物吹离原地的作用,当风的迎面冲力和上举力的合力超过碎屑颗粒的重量和地表摩擦力时,碎屑颗粒便被吹扬起来。吹蚀作用的强度取决于风速和地面性质,风速越大、地面越干燥、植被越稀少,组成地面的物质越松散,吹蚀作用就越强烈。(ii) 磨蚀是被风吹起的碎屑物和风一起组成的风沙流对地面物质的碰撞和磨损作用,风速越大,被吹扬起来的碎屑物越多,磨蚀作用就越显著。由于风在距地面0.5 m高度范围内扬起的沙砾数量最多,所以,这个范围内的磨蚀作用最强。风蚀所形成的地貌,从陡峭岩壁上常见的蜂窝石和风蚀穴等小型地貌,到风蚀蘑菇、风蚀柱、风蚀城堡,以及风蚀洼地、风蚀谷地等大、中型地貌,可谓千姿百态。内陆干旱地区的山前冲积—洪积平原经风蚀改造后,细粒物质被风吹走,剩下粗大的砾石和石块,这种砾石遍地、植物稀少、地势平坦的地面叫做戈壁。我国戈壁总面积约5.7×10^5 km^2。

虽然风的搬运力比流水小得多,但风沙流是面状运动的,因此,它的搬运量巨大。一次大风暴可以使方圆几万至几十万平方千米的地面上空黄尘滚滚、蔽日遮天,其中包含着重达几十万吨至上亿吨的物质。20世纪30年代在美国堪萨斯州威奇托市附近的一次风暴中,每立方千米空气含有微尘达5×10^4 t。化学成分的分析还可以追踪到微尘的源地,例如来自非洲的微尘为南美洲和美国得克萨斯提供了土壤的母质;中亚、蒙古和我国西北地区的微尘可以到达华北地区,成为春季沙尘暴的物质来源,甚至在更长的时间尺度上,黄土高原的风成黄土也来源于这些地区。

随着风的长途吹送或者风遇到各种障碍物(如山体、石块、树木、灌草丛等),风力减弱,风运物质便逐渐停积下来,形成风积物。气候干燥的副热带高压区和内陆盆地是风积作用的主要场所。风积作用有两类,一类为推运物和跃运物的停积,主要成分是沙,形成外形不一的沙堆,其规模与障碍物的大小有关。沙堆的出现改变了近地面气流的动力结构,在迎风坡随着高度的增加,压力逐渐减小(顶部最小),然后沿背风坡向下又逐渐增高,到坡脚恢复正常。由于这种压力差,引起气流从压力较大的背风坡的坡脚流向压力较小的沙堆顶部,形成涡流,它使背风坡开始形成浅小的马蹄形凹地,然后进一步扩大,成为新月形沙丘(图 11-19)。沙丘地貌的形态虽然多种多样,但从形态与风向的关系上可归纳为三种:横向沙丘——沙丘走向与风向的交角大于 60°或近于垂直,如新月形沙丘和沙丘链;纵向沙丘——沙丘走向与风向的交角小于 30°或近于平行,如新月形沙垄和纵向沙垄;多向风作用下的沙丘——沙丘是在多种方向、强度大致相等的风作用下形成的,如金字塔形沙丘。根据沙丘活动的程度,常分为流动沙丘、半固定沙丘和固定沙丘。在干旱区,各种形态的沙丘连绵起伏,汇成浩瀚的沙漠。我国沙漠总面积约 5.9×10^5 km²,主要分布在西北地区。

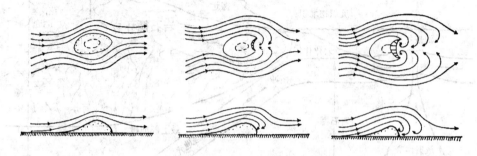

图 11-19 沙堆发育成新月形沙丘的过程

另一类风积作用为悬运物的沉积,主要成分是粉沙和尘土,形成风成黄土沉积。黄土从高空沉降下来,基本上不受地形的影响,覆盖山岳和平川,其降落面积广大,降落强度均匀,与降雪过程有相似之处。黄土降落到地面之后往往会受到其他外力地质作用的改造,使其厚度变得不均,局部地方甚至被完全剥蚀掉,这种被其他外力地质作用再剥蚀-搬运-沉积的产物称为黄土状沉积物或次生黄土。

11.4 岩石圈地质循环

(一)地质循环概说

固体地球具有一定的内部结构和表面形态,它们在各种内外力地质作用下处于不断地运动和变化之中。内力地质作用建造地表的起伏形态,外力地质作用则对地表的起伏形态进行塑造加工,不断地将其夷平。这种固体地球表层(岩石圈)与大气圈、水圈之间建造与破坏的相互作用构成一种循环模式,称为地质循环(geologic cycle),它是由地球内能和太阳能共同驱动的,并受到重力的影响。

地质循环包括 3 个次级循环:(i) 水循环是水在水圈、大气圈和岩石圈之间的运动。在这 3 个圈层的交界面上,水和空气对地表岩石、土壤进行侵蚀、搬运和堆积,并塑造地表形态;(ii) 岩石循环是岩浆过程、变质过程和沉积过程相互联系组成的循环,它产生地球上 3 种基本的岩石类型,以及它们之间的相互转化;(iii) 构造循环是在板块构造运动的推动下大洋与大陆的形成、演化和消亡过程。构造循环引起构造运动、岩浆作用和变质作用并导致地势和海陆分布的变迁,因此,它是地表外力侵蚀、搬运、沉积过程(以水循环的下半圈为主)和地表与地下三类岩石转化过程(岩石循环)的背景。这三种循环两两相互"扣"在一起构成连环状,即每个循环共有其相邻循环的半个环(图 11-20)。由于水循环和地面流水地质作用已经在前面的章节中涉及,所以,本章主要介绍岩石循环和构造循环的内容。

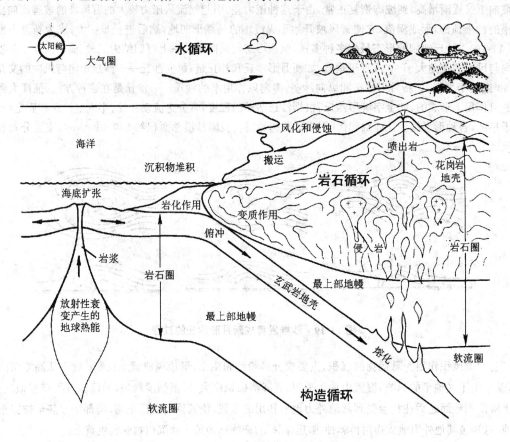

图 11-20　地质循环的图解模型
(根据参考书目[1]绘制)

(二) 岩石循环

地壳中的岩浆岩、沉积岩和变质岩在地质循环中相互转化并更新,构成岩石循环(rock cycle)。其过程可表述如下:地球内部呈熔融状态的岩浆物质较周围未熔融的岩石要轻,因而具有沿构造薄弱的特定通道朝地表向上的运动趋势。一部分岩浆停留在地表以下,冷凝而形成侵入岩,它们可以因构造抬升作用而露出地表;另一部分岩浆穿过脆性的岩石圈并喷出地表,冷凝而形成喷出岩。这两种岩浆岩一旦暴露在大气圈和水圈中,便立即会受到阳光、水力和风力等的作用,导致岩石的风化、侵蚀、搬运,并最终沉积到海盆底部和陆地低洼处,经压实、固结作用形成沉积岩。当洋底抬升,沉积岩露出地面时,它们再次经历风化、搬运、沉积和固结作用,形成新的沉积岩。随着洋底的下沉,沉积岩也随之下沉,使更多的沉积物堆积在洋底上,当沉积物的厚度足够大时,就会使其本身变质成为变质岩。此外,岩浆岩侵入过程中也会引起变质作用而形成变质岩。变质岩在地球深部被熔化,通过岩浆的上升运动喷出地表,或经挤压、褶皱抬

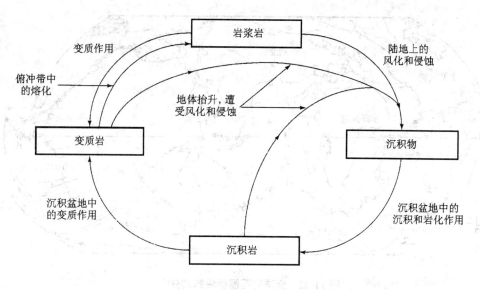

图 11-21　岩石循环模式[2]

升形成巨大的山脉,并经历风化、搬运和沉积作用。于是,开始了又一轮的循环(图 11-21)。

一个完整的岩石循环大约要经历 0.1 Ga(1 亿年),而大陆岩石圈作为整体的生命周期则长得多,这是因为大陆内部与大陆边缘的构造活动区是隔离着的,大陆内部的循环必然要慢于大陆边缘。从严格的科学概念上考察,岩石循环并不是完全封闭的。理论上讲,新的地壳物质是由地幔所驱动的岩浆活动产生的,而较老的地壳物质则在俯冲带附近被带回到地幔中去,这种地幔与地壳之间缓慢的物质交换平均 2～3 Ga(20～30 亿年)才能将地壳再次填充,也就是说,早期地壳的地质记录的大部分不仅已经经历了许多次岩石循环,而且已经被"吸收"进入了地球内部。然而,实际上,大陆内部地壳部分(地质上称为克拉通)的年龄可以达数十亿年,它是由从未经历循环的地壳物质组成的,而大陆边缘则以比 1 Ga(10 亿年)短得多的时间尺度经历着循环再生。

(三) 构造循环

板块构造学说(the theory of plate tectonics)是海洋地质、古地磁、地震和地球物理等多学科相互交叉、渗透而发展起来的全球构造理论,它是吸收了德国地球物理学家魏格纳(A. Wegener,1880～1930)提出的大陆漂移说的精髓,并以海底扩张说为基础,由一大批科学家在 20 世纪 60 年代末确立的,这一学说较好地解释了地球上构造循环的全过程。

固体地球的最上部划分为岩石圈和软流圈(图 11-2),软流圈表现出塑性或缓慢流动的性质,从而使得岩石圈漂浮在软流圈之上作侧向运动。地球表层刚性的岩石圈不是完整的地块,它被一系列构造活动带(板块边界)分割成许多大小不等的球面板状块体,叫做岩石圈板块,简称板块。研究表明,全球岩石圈可以划分为 7 个一级板块,即欧亚板块、太平洋板块、北美板块、南美板块、非洲板块、印度板块(也称印度-澳大利亚板块)和南极洲板块,它们控制着全球板块运动的基本格局。除了这七大板块之外,按照比较流行的划分方案,还有纳兹卡板块、科科斯板块、加勒比板块、菲律宾板块和阿拉伯板块,共 12 个(图 11-22)。

板块内部构造运动相对较少,属于比较稳定的区域;而板块边界则是全球最活跃的构造带

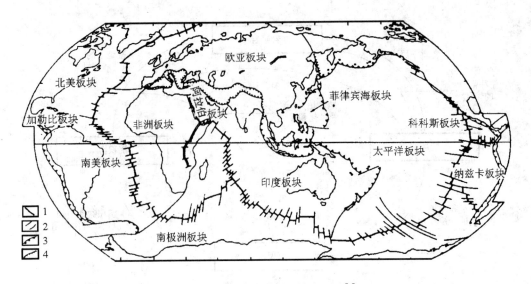

图 11-22 全球岩石圈板块的划分[5]

1—中脊轴线,2—转换断层,3—俯冲边界,4—碰撞边界

和地震带,全球地震能量的大约 95% 是通过板块边界释放的。根据板块边界上的应力性质,以及地质、地貌、地球物理和构造活动特点,可以将板块边界划分为拉张、挤压和剪切三种基本类型。这些板块间的相互作用是形成海陆分布格局和地表各种构造运动的根本原因。

(1) 拉张型边界。其应力场以拉张作用为主,特征是两板块作相背分离的运动,从而使岩石圈产生张裂和增生,造成基性、超基性岩浆的侵入与喷发,并伴随浅源地震的发生。拉张型边界的主要表现形式是大洋中脊轴部裂谷带及其延伸到陆地上的大陆裂谷带。

(2) 挤压型边界。其应力场以挤压作用为主,特征是边界两侧板块相对运动向一起汇聚而消亡,又可分为俯冲边界和碰撞边界两种。在大陆与大洋板块之间,由于大洋板块比大陆板块厚度小、密度大、位置低,故一般总是大洋板块俯冲到大陆板块之下,潜没消亡在地幔之中,形成山弧-海沟系,如南美安第斯山弧-海沟系;在大洋板块之间,一个大洋板块可俯冲于另一个大洋板块之下,形成岛弧-海沟系,如发育在洋壳上的西太平洋岛弧-海沟系。在大陆板块之间则为碰撞边界,形成山弧-地缝合线,如喜马拉雅-雅鲁藏布江地缝合线。

(3) 剪切型边界。其应力场以剪切作用为主,剪切方向与板块相对运动方向一致,这里岩石圈既不增生,也不消亡。

一般认为,地幔物质的对流是板块运动的原动力,它借助岩石圈底部的粘滞力带动上覆的板块发生大规模的运动。其中,大洋中脊体系的中央裂谷带对应于地幔对流的涌升和发散区,宽广的大洋盆地对应于海底扩张运动区,海沟则对应于对流的下降汇聚区。在地幔物质对流的驱动下,熔岩沿着洋脊拉张型边界涌出,涌出物冷凝形成新的洋壳,新洋壳推动先期形成的较老洋壳向两侧扩展,称为海底扩张,其速度大约为每年数厘米。海底扩张在不同大洋的表现形式是不同的,一种是扩张着的洋底与相邻接的大陆镶嵌在一起向两侧移动,随着新洋底的不断生成和向两侧展宽,两侧大陆间的距离随之变大,如大西洋及其两侧大陆。另一种是洋底扩展到一定程度便沿挤压型边界向下俯冲潜没,重新回到地幔中去,相邻大陆逆掩于俯冲带上,如太平洋。洋底处在不断新生、扩展和潜没的过程中,好似一条永不止息的传送带,大约经过

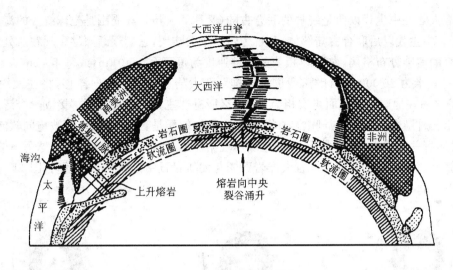

图 11-23　海底扩张模式[8]

0.2Ga(2亿年)便可更新一遍(图 11-23)。

根据海底扩张的思想,加拿大地质学家威尔逊(J. T. Wilson)研究了大洋开闭与大陆离合的循环性质,提出被命名为威尔逊旋回的假说。为了从大洋开闭方面解释全球构造循环,这一假说将大洋盆地的形成与构造演化归纳为 6 个阶段(表 11-1)。

表 11-1　洋盆形成与构造演化的阶段划分[4]

形成演化阶段	主导运动	特征形态	实　例
(1) 胚胎期	拱升	大陆裂谷	东非大裂谷
(2) 幼年期	扩张	近似平行岸线的狭长海	红海、亚丁湾
(3) 成年期	扩张	大洋中脊居中的大洋盆地	大西洋
(4) 衰退期	收缩	大洋中脊偏居一侧,边缘发育沟-弧体系	太平洋
(5) 终了期	碰撞并抬升	残余小海盆,边缘发育年轻造山带	地中海
(6) 遗痕期	收缩并抬升	年轻造山带	喜马拉雅山

地幔物质上升导致岩石圈拱升并呈穹形隆起,岩石圈拉长变薄,进而穹隆顶部断裂陷落,形成大陆裂谷体系,它是孕育中的海洋。大陆岩石圈在拉张应力作用下完全裂开,地幔物质上涌冷凝成新地壳,形成陆间裂谷,两侧陆地分离作相背运动,一旦海水注入就意味着一个新大洋的诞生。陆间裂谷两侧大陆板块相背漂移越来越远,洋底不断展宽,逐渐形成大洋中脊体系和开阔的深海盆地,标志着大洋的发展进入了成年期。随着大洋进一步张开展宽,大陆边缘远离洋脊轴部,使岩石圈逐渐冷却、增厚、变重,加之大陆边缘产生的巨厚沉积物的负荷,在地壳均衡作用下导致大洋边缘岩石圈发生显著沉陷,并在水平挤压力作用下向下潜没,形成以海沟为标志的俯冲带。当大洋板块俯冲消减量大于其增生量时,两侧大陆渐渐靠近,并在边缘形成年轻褶皱山脉,使大洋收缩,进入衰退期。相向漂移的大陆彼此越靠越近,洋盆日益缩小,表明洋壳不再增生而只有俯冲消亡,这就意味着大洋演化已进入终了期。处于终了期的残余海洋进一步收缩,洋壳俯冲殆尽,两侧陆块碰并,海盆闭合,海水退出,大洋至此消亡,只留下地缝合线作为遗痕。

此外,威尔逊旋回还从大陆离合方面解释了全球构造循环。根据魏格纳的大陆漂移说,地球上所有大陆在中生代以前是统一的联合古陆(又称泛大陆),其周围是全球统一的海洋(又称泛大洋)。中生代以后联合古陆解体,分解为若干个大陆块,它们逐渐漂移到现在所处的位置,形成如今的海陆分布格局。如果以板块的漂移速度为每百万年40 km(或每年4 cm),赤道上地球周长的一半为20 000 km计算,我们可以推断两大陆块分离后相向漂移,将在大约0.5 Ga(5亿年)之后在地球的另一面再次相会。为什么所有这些大陆块会最终拼接成一个泛大陆,而不表现出一种随机的分布格局呢?威尔逊旋回作出的解释是,这些大陆块都被拖向软流圈的冷区,它对应着关闭型大洋,在那里,大洋边缘出现俯冲带,使之逐渐收缩。在地球另一端的大洋则正在张开,为软流圈的热区,并且大洋岩石圈与大陆岩石圈镶嵌在一起运动(图11-24a)。随

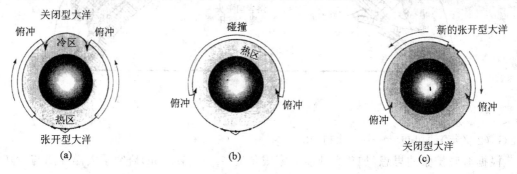

图11-24 泛大陆聚合与分离的威尔逊旋回[2]

着关闭型大洋洋盆的闭合,各大陆块碰撞、聚合形成一个泛大陆。这时,沿着当初张开型大洋的边缘开始形成俯冲带。致密的泛大陆就像是一个绝热体,使来自地幔的热量不易释放,从而导致泛大陆下面的地幔温度升高,形成新的软流圈热区(图11-24b)。在地幔物质上升的作用下,地表产生拉张力,将泛大陆劈开,形成新的张开型大洋。于是,这些大陆块开始从热的地幔物质上涌区移向数千千米以外的地幔物质冷却区,并形成大洋板块的下沉俯冲,一度的张开型大洋变成了关闭型大洋,其下面对应着冷的软流圈(图11-24c)。至此,一个威尔逊旋回便完成了。在现今的地球上,除非洲大陆之外,其他的大陆块都显示出朝向地幔冷区的运动趋势,而非洲大陆位于热地幔之上,东非大裂谷的存在就是一个证据。自从泛大陆分裂以来,非洲大陆移动得甚微,其下面的地幔仍然保持着泛大陆存在时所积累的热度。

参 考 书 目

[1] Christopherson, R. W.. Geosystems: An Introduction to Physical Geography, 2nd edition, Macmillan College Publishing Company, New York, 1994
[2] Kump, L. R., Kasting, J. K., Crane, R. G.. The Earth System, Prentice Hall, New Jersey, 1999
[3] 李叔达主编. 动力地质学原理,北京:地质出版社,1983
[4] 冯士筰,李凤歧,李少菁主编. 海洋科学导论,北京:高等教育出版社,1999
[5] 李学伦主编. 海洋地质学,青岛海洋大学出版社,1997
[6] 北京大学等. 地貌学,北京:人民教育出版社,1978
[7] A.N. 斯特拉勒,A.H. 斯特拉勒;田连恕等译. 自然地理学原理,北京:人民教育出版社,1981
[8] P.J. 怀利;张崇寿等译. 地球是怎样活动的,北京:地质出版社,1980

[9] 任美锷,刘振中主编.岩溶学概论,北京:商务印书馆,1983

思 考 题

1. 什么是地震波？为什么地震波传播方向和速度的数据可以作为地球内圈划分的依据？
2. 地球内圈分为哪几层？简述各层在结构、物理性质、化学和矿物组成等方面的主要特征。
3. 地球表面海陆分布有什么特点？简述陆地和海底地貌的主要类型及其划分依据。
4. 什么是地壳均衡原理？如何解释地壳厚度与地势高低的关系和地表负重与释重情况下地壳厚度的变化？
5. 什么叫内力地质作用？简述主要的内力地质作用过程。
6. 举例说明内力地质作用与地质构造地貌形成的关系。
7. 什么叫外力地质作用？为什么说风化作用是一切外力地质作用和地貌过程的先导？
8. 叙述主要外力地质作用的侵蚀、搬运和堆积过程及相应地貌形态的形成。
9. 为什么说地貌的发生和发展是内、外力地质作用共同塑造的结果？举例说明之。
10. 什么叫地质循环？它包括哪几个次级循环？
11. 简述岩石循环的过程。
12. 什么叫板块？全球岩石圈可划分成哪些板块？简述板块边界基本类型的应力性质及地质、地貌和构造活动特点。
13. 什么叫海底扩张？如何用海底扩张原理解释洋盆形成与演化的阶段和过程？
14. 如何用大陆漂移假说和威尔逊旋回假说解释全球的构造循环？

第12章 生物地球化学循环

生物地球化学循环(biogeochemical cycles)是指生命有机体及其产物与周围环境之间反复不断进行的物质和能量的交换过程。各种生命有机体都能从其周围环境中吸取生命必不可少的元素和无机化合物,同时又通过排泄或呼吸作用把废物排到体外的环境中;当生命有机体死亡后,其残体通过微生物降解而成为简单化合物,也返回到周围环境中,供生命有机体再次吸收利用。生物地球化学循环不是完全封闭的,循环中总有一部分物质以难溶化合物的形式存在于土壤中,某些物质还离开了生物圈进入沉积层,甚至形成沉积岩(以化石燃料形式保存在岩层中)。

自然界中的生物地球化学循环与土壤和植物的发生、发展紧密联系在一起,并形成了大气-水-土壤-生命系统物质和能量的复杂流动网络。随着人类社会的发展,人类活动对于生物地球化学循环正在产生越来越大的影响,最明显的影响是大气、水体和土壤的污染,这种环境污染必然影响生命有机体的生长和发育,以及人类社会和经济的发展。本章主要介绍自然界中土壤圈与生物圈(特别是陆地植被)的组成、结构与功能,及其在生物地球化学循环中的作用。

12.1 土壤的组成

大气圈、水圈和岩石圈是地表系统中无生命的圈层,而土壤圈和生物圈则是地表系统中具有类生命和生命性质的圈层。从地球演化历史方面考察,这后两个圈层形成较晚,属于地表系统中比较"年轻"的成员。

土壤(soil)通常是指位于陆地表层和浅水域底部、由有机物质和无机物质组成的、具有一定肥力而能够生长植物的疏松层,其厚度从数厘米到数米不等。土壤在地球表面所构成的连续覆盖层称为土壤圈,它处于大气圈、水圈、岩石圈、生物圈的交接地带,是生物有机体和非生物环境之间的相互作用面。土壤圈与其他圈层间不断地进行着物质与能量的交换。

土壤既不同于无机的岩石,也不同于有机的生物,具有独特的性质。土壤与岩石风化壳、土状沉积物(如黄土)和经外力搬运的各种运积物等虽然同属地球的疏松表层,但前者中含有能够供给植物生长的有机养分,后者则只是形成土壤的基质,也称为土壤母质。虽然土壤具有某些近似生命有机体的生理功能,如自动调节土体内水、热、气、肥的能力和抵抗酸化与碱化的缓冲作用等,但由于土壤中无机物质的含量占优势,所以与由有机物质组成的生物不同,表现为调节能力弱,并且不具有一般生物的生长、发育和繁殖等功能,因此,土壤被看做是一种类生物体。土壤的本质和生命力所在是肥力(soil fertility),它是土壤在外界环境条件影响下,协调植物生理生态要求的能力,衡量这种能力强弱的标准是土壤中水、热、气、肥周期性动态达到稳、匀、足、适地满足植物需求的程度。土壤肥力的大小与土壤的组成成分,土体结构和土壤物理、化学性质密切相关。

(一) 土壤的无机组成

矿物质是土壤中最基本的组分,重量占土壤固体物质总重量的90%以上。矿物质通常是指天然元素或经无机过程形成并具结晶结构的化合物。大部分土壤矿物质都来源于各种岩石，例如花岗岩就是石英、云母、正长石和斜长石等矿物的供应者。这些矿物经物理和化学风化作用从它们矿物结晶体的束缚中释放出来，成为植物矿质养分的主要来源。

土壤中的矿物质包括两大类：一类是原生矿物，指在物理风化过程中产生的未改变化学成分和结晶构造的造岩矿物，如石英、云母、长石等，属于土壤矿物质的粗质部分，形成砂粒（直径在 2.00～0.05 mm 之间）和粉砂（直径在 0.05～0.002 mm 之间），只有通过化学风化分解后，才能释放并供给植物生长所需的养分，原生矿物是土壤中各种化学元素的最初来源。另一类是次生矿物，指岩石在风化过程中新生成的土壤矿物，包括简单盐类，铁、铝氧化物和次生铝硅酸盐，其中铁、铝氧化物和次生铝硅酸盐是土壤矿物质中最细小的部分，称为粘土矿物，如高岭石、蒙脱石、伊利石、绿泥石、褐铁矿和三水铝石等，它们形成的粘粒（直径小于 0.002 mm）具有吸附和保存呈离子态养分的能力，使土壤具有一定的保肥性（表 12-1）。

表 12-1　土壤中的主要原生矿物和次生矿物[7]

原生矿物	化学式	次生矿物	化学式
石英	SiO_2	方解石	$CaCO_3$
正长石	$KAl\,Si_3O_8$	白云石	$CaMg(CO_3)_2$
钠斜长石	$NaAl\,Si_3O_8$	石膏	$CaSO_4 \cdot 2H_2O$
钙斜长石	$CaAl\,Si_3O_8$	磷灰石	$Ca_5(PO_4)_3 \cdot (Cl,F)$
白云母	$KAl_3\,Si_3O_{10}(OH)_2$	褐铁矿	$Fe_2O_3 \cdot 3H_2O$
黑云母	$KAl(Mg \cdot Fe)_3Si_3O_{10}(OH)_2$	赤铁矿	Fe_2O_3
角闪石	$Ca_2Al_2Mg_2Fe_3Si_6O(OH)_2$	三水铝石	$Al_2O_3 \cdot 3H_2O$
辉石	$Ca_2(Al \cdot Fe)_4(Mg \cdot Fe)_4Si_6O_{24}$	粘土矿物	Al-Silicates

（二）土壤的有机组成

土壤中的有机部分指来源于生物体的土壤物质。有机质按重量计算只占土壤固体总重量的 5% 左右。土壤中充满了从微小的单细胞有机体到大的掘土动物，例如在每立方厘米耕层中细菌的数量可达 10 亿个以上，而在每立方厘米的森林土壤中，螨虫的数量亦可达到 1 万个。土壤中的生物群可以分为土壤植物区系和土壤动物区系。土壤植物区系包括细菌、放线菌、真菌、藻类，以及生活于土壤中的高等植物器官（根系）等。土壤动物区系包括至少有部分生活史是在土壤中度过的所有动物，如变形虫、纤毛虫（原生动物）；线虫、蚯蚓（蠕虫）；土鳖、螨、蚁类（节肢动物）；蜗牛、蛞蝓（软体动物）；爬行类、地松鼠、土拨鼠（脊椎动物）等。

土壤有机部分主要可以分为两类：原始组织及其部分分解的有机质和腐殖质。原始组织包括高等植物未分解的根、茎、叶；动物分解原始植物组织，向土壤提供的排泄物和死亡之后的尸体等。这些物质被各种类型的土壤微生物分解转化，形成土壤物质的一部分。因此，土壤植物和动物不仅是各种土壤微生物营养的最初来源，也是土壤有机部分的最初来源。这类有机质主要累积于土壤的表层，约占土壤有机部分总量的 10%～15%。有机组织经由微生物合成的新化合物，或者由原始植物组织变化而成的、比较稳定的分解产物便是腐殖质（humus），约占土壤有机部分总量的 85%～90%。腐殖质是一种复杂化合物的混合物，通常呈黑色或棕色，性质上为胶体状，它具有比土壤无机组成中粘粒更强的吸持水分和养分离子的能力，因此，少量的腐殖质就能显著提高土壤的生产力。

(三) 土壤水分

根据水分在土壤中的存在方式,可分为吸湿水、毛管水和重力水。土壤水分通常是以溶液的形式存在的。土壤溶液是土壤中的水及其所含溶质的总称,它包含有溶解的各种盐类,这些盐类多数是植物生长所必需的养分。在土壤固体与土壤溶液之间和土壤溶液与植物之间,存在着养分的交换,这些交换在一定程度上受溶液中盐分浓度的影响,而溶液中的盐分浓度又取决于土壤中的总盐量和土壤的含水量。

(四) 土壤空气

土壤空气来源于大气,它存在于未被水分占据的孔隙中,其性质与大气圈中的空气明显不同:(i) 土壤空气不是连续分布的,由于不易于交换,局部孔隙之间的空气组成往往是不同的;(ii) 土壤空气一般含水量高于大气,在土壤含水量适宜时,土壤空气的相对湿度接近100%;(iii) 土壤空气中 CO_2 含量明显高于大气,可以达到大气中浓度的几倍到上百倍,O_2 的含量略低于大气,N_2 的含量则与大气相当(表12-2)。这是由于植物根系的呼吸和土壤微生物对有机残体的好气性分解,消耗了土壤孔隙中的 O_2,同时产生大量 CO_2 的缘故。

表 12-2 英格兰表土空气成分与大气成分(体积分数)的比较[9]

空气成分	O_2	CO_2	N_2
土壤空气	20.65	0.25	79.20
大气空气	20.97	0.03	79.0

12.2 土壤的性质

(一) 土壤的垂直分层

沿垂直方向的分层性是土壤最明显的特征,不同的层次具有独特的物理性质、颜色和外形等,构成土壤的形态。为了认识土壤的这一特征,通常需要一个较小的土壤单元,这就是土壤单体。它具有可以称为土壤的最小体积,形状大致为六面柱状体。土壤单体的地表面积可以从 $1\sim 10 m^2$,横向宽度要大到足以表现土体分层的特点。土壤单体的垂直切面称为土壤剖面(soil profile),它一般都表现出水平方向成层的特点,这些在土壤发育过程中形成的、具有不同形态特征的层次称为土层。

自然土壤剖面主要可以划分为几个基本土层,从地表向下为:

(1) 枯枝落叶层,用 O 表示。它是形成土壤有机质的基础,由地表植物的枯枝落叶堆积而成,以森林土壤最为典型。上部为较新的枯枝落叶,仍未分解,肉眼可分辨枝、叶的形态;覆盖在下部的枯枝落叶形成时间较久,枝、叶等已部分地被分解,肉眼难以辨认其原来的完整形态。

(2) 腐殖质层,用 A 表示。它是土壤有机质在土壤动物和微生物的作用下经腐烂、分解和再合成的产物,这层的颜色在土壤剖面中最深,呈灰黑色或黑色,一般具有团粒状结构,并富含有机养分。

(3) 淋溶层,用 E 表示。随着上层水分的下渗,水溶性物质和细小土粒向下层移动,产生淋溶作用。在淋溶作用强烈的土壤中,不仅易溶性物质如 K、Na、Ca、Mg 从此层淋失,而且难溶性物质如 Fe、Al 和粘粒也发生变化而下移,结果在此层中只留下最难移动、抗风化力最强的矿物颗粒,以石英为主。因此,淋溶层颜色浅淡,土壤颗粒较粗,主要由砂粒和粉砂粒组成。

(4) 淀积层,用 B 表示。此层淀积了 E 层淋溶下来的物质,质地较粘重,土体紧实,颜色一般为棕色或红棕色。

(5) 母质层,用 C 表示。它是形成土壤矿物质的基础,尚未经过成土作用,可分为两种基本类型:一类是由岩石风化的残积物组成的残积母质,如花岗岩风化壳;另一类是由经过水力和风力等搬运的堆积物组成的运积母质,如河流冲积物。

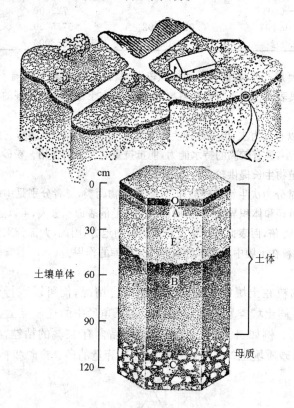

图 12-1　土壤单体和土壤剖面[3]

图中,A、E、B 层合称为土体(solum),是成土作用最为活跃的层次和真正意义上的土壤层

(二) 土壤的物理性质

土壤的物理性质在很大程度上影响着土壤的其他性质如土壤养分的保持、土壤生物的数量等,因此,物理性质是土壤最基本的性质,它包括土壤的质地、结构、比重、容重、孔隙度、颜色、温度等方面。本节择其主要的性质予以介绍。

1. 土壤质地

土壤质地(soil texture)表示土壤颗粒的粗细程度,也即砂、粉砂和粘粒的相对比例。土壤中许多物理、化学反应的进行都受到质地的制约,这是因为它决定着这些反应得以进行的表面积。按照土壤颗粒的大小,可以划分出不同的土壤粒级,表 12-3 列出了美国制和国际制土壤粒级的划分标准及其有关性质。

表 12-3 土壤的粒级及其性质[10]

粒 级	美国制 直径/mm	国际制 直径/mm	每克颗粒数 (个)	每克表面积 (cm²)
极粗砂	2.00～1.00		90	11
粗 砂	1.00～0.50	2.00～0.20	720	23
中 砂	0.50～0.25		5700	45
细 砂	0.25～0.10	0.20～0.02	46000	91
极细砂	0.10～0.05		722000	227
粉 砂	0.05～0.002	0.02～0.002	5776000	454
粘 粒	<0.002	<0.002	90260853000	8000000

砂粒的矿物组成主要是石英,它的直径和体积较大,颗粒间的孔隙也大,有利于排水和通气,但保持养分的能力很低。由于其表面积小于粉砂和粘粒,所以砂粒在土壤化学和物理的活动性方面所起的作用较小。

粉砂的矿物组成仍以石英为主,但其他原生和次生矿物的比例大于砂粒,它的直径和体积介于砂粒和粘粒之间,孔隙相对较小,具有较高的持水能力,能抵抗重力对水的作用。粉砂比砂粒具有更大的表面积,风化速度较快,能为植物生长提供较多的可溶性养分。

粘粒的矿物组成通常分为次生铝硅酸盐和铁、铝氧化物两类,二者分别是中纬度和热带风化过程的典型产物。由于粘粒的直径和体积异常细小,所以每克粘粒的表面积极大,可以达到粉砂的约 1.8 万倍,是极粗砂表面积的约 73 万倍,而表面是化学反应最活跃的地方,因此,大部分水分和某些有效养分都被吸持在粘粒的表面,使粘粒在土壤中起着水分和养分储存库的作用。

根据砂、粉砂和粘粒在土壤中按不同比例的组合情况,便可以进行土壤质地的分类。图 12-2 中给出了 12 种不同土壤类别的粒级比例。在三角形中的任一点上,砂、粉砂和粘粒的质量分数之和都是 100%。例如 A 点代表一个土壤样品含有 15% 的粘粒,65% 的砂和 20% 的粉砂,其质地类别名称是砂质壤土;B 点代表一个含有等量的砂、粉砂和粘粒的土壤样品,其质

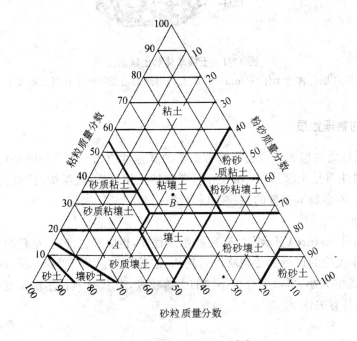

图 12-2 土壤质地三角形[10]

地类别名称是粘壤土。虽然图中各种土壤类别仅以一条线彼此划分开,但实际上不同土壤的质地是渐变的。

2. 土壤结构

土壤质地是说明单个土壤颗粒大小的,然而除了砂粒以外,土壤颗粒极少以单粒状态存在,它们总是彼此粘结着。土壤结构(soil structure)就是指土壤颗粒相互胶结在一起而形成的团聚体,也称土壤自然结构体。团聚体内部胶结较强,而团聚体之间则沿胶结的弱面相互分开。土壤结构是土壤形成过程中产生的新性质,不同的土壤和同一土壤的不同土层中,土壤结构往往各不相同。土壤团聚体按形态分为球状、板状、块状和棱柱状四种(表12-4)。

表12-4 土壤团聚体形态和所处位置

团聚体名称	球 状	板 状	块 状	棱 柱 状
团聚体形态				
通常所处的土层	A层	E层	B层	B层

由于多数土壤团聚体的体积较单个土粒为大,所以它们之间的孔隙往往也比砂、粉砂和粘粒之间的孔隙大得多,从而可以促进空气和水分的运动,并为植物根系的伸展提供空间,为土壤动物的活动提供通道。

在各种土壤结构中,球状团粒结构对土壤肥力的形成具有最重要的意义,成为肥沃土壤的重要标志之一。表现为:

(1) 团粒内部存在大量的毛管孔隙,吸水力强,能储存很多水分;团粒之间则为非毛管孔隙,易于排水且经常充满空气。因此,具有团粒结构的土壤既能蓄水,又能通气,可协调土壤水分和空气的关系。

(2) 团粒内部属嫌气环境,有机质分解缓慢,有利于养分的保存;团粒之间为好气环境,有机质分解迅速,能保证养分的供应。因此,具有团粒结构的土壤兼具好气和嫌气的条件,能较好地解决养分供给与保存的矛盾。

(3) 当降雨或灌溉时,水分可通过团粒间的非毛管孔隙渗入土壤内部,既可减少地面径流的损失,又可增加深部土层的湿润度;雨后或停止灌溉时,表层团粒因蒸发而失水收缩,使之与下层团粒间毛管的联系被割断,形成一隔离层,下层团粒中保存的水分便不易被蒸发掉。因此,具有团粒结构土壤的抗旱与防涝性能均较好。

3. 土壤孔隙

按照体积分数,理想的土壤含有大约45%的矿物质、5%的有机质和50%的孔隙。在孔隙中,水分和空气各占约25%的体积。土壤的质地与结构对土壤孔隙、土壤容重和土壤密度有很大影响。当容重和密度增加时,孔隙的体积便减少;反之,孔隙的体积则增大。可见,要测定土壤的孔隙,必须考察土壤的容重和密度。

土壤容重指单位土样体积(包括孔隙)的烘干土壤重量,一般用每立方厘米的克数(g/cm^3)表示。如充满400cm^3土芯的烘干土重量为600g,则该土样的容重是1.5g/cm^3。容重从一个侧面反映了土壤的松紧程度。不同土壤和同一土壤不同土层的容重存在着明显的差异。通常含腐殖质较多且结构良好的粘土、粘壤土和壤土,容重为1.0~1.6g/cm^3;含腐殖质较少且结构不良的砂壤土和砂土等,容重为1.2~1.8g/cm^3;紧实的底土层容重可达2.0g/cm^3以上。

土壤密度指单位压缩土样体积(不包括孔隙)的烘干土壤重量,也用每立方厘米的克数表示。但它不随颗粒间土壤孔隙的数量而变化,对于许多土壤来说,土壤密度的平均值约为 2.6 g/cm³,近似为一个常数。

土壤的总体积包括固体和孔隙两部分,知道了其中一部分,便可测定另一部分的值。由于土壤容重和土壤密度都是以 g/cm³ 表示的,根据二者的数值就可以计算出土壤固体颗粒体积所占的百分数(压缩土样的体积/土样的体积),由总体积100%减去这一百分数,即可得到单位体积土壤中孔隙体积所占的百分数,即土壤孔隙度(soil porosity),其公式为:

$$\text{土壤固体体积百分数} = \frac{\text{土壤容重}}{\text{土壤密度}} \times 100\%$$

$$\begin{aligned}\text{土壤孔隙度} &= 100\% - \text{土壤固体体积百分数} \\ &= 100\% - \frac{\text{土壤容重}}{\text{土壤密度}} \times 100\% \\ &= \left(1 - \frac{\text{土壤容重}}{\text{土壤密度}}\right) \times 100\%\end{aligned}$$

土壤的孔隙度受到土壤容重的影响,容重越大,则孔隙度越小。没有孔隙的固结岩石比风化壳和土壤的容重要大,因此孔隙度要小。就表土来说,砂质土壤的孔隙度一般为35%～50%,壤土和粘性土则为40%～60%,有机质含量高且团粒结构好的土壤的孔隙度甚至可以高于60%,但紧实的淀积层的孔隙度可低至25%～30%。

土壤孔隙的大小不同,粗大的土壤颗粒之间形成大孔隙(孔径大于 0.1 mm),细小的土壤颗粒如粘粒之间则形成小孔隙(孔径小于 0.1 mm)。一般来说,砂土的容重较大,总孔隙度较小,但大部分是大孔隙。由于大孔隙易于通风和透水,所以砂质土的保水性差而通气性好。粘土的容重较小,总孔隙度较大,且大部分是小孔隙,由于小孔隙中空气流动不畅,水分运动主要为缓慢的毛管运动,所以粘土的保水性好而通气性差。壤土则孔隙大小适中,既能维持土壤和大气间经常的气体交换,又具有较高的有效水分含量,最适宜于植物的生长。由此可见,土壤中孔隙的大小和孔隙的数量是同样重要的。

4. 土壤温度

土壤温度(soil temperature)既是土壤肥力的要素之一,也是土壤的重要物理性质,它直接影响土壤动物、植物和微生物的活动,以及粘土矿物形成的化学过程的强度等。例如,在 0 ℃以下,几乎没有生物的活动,影响矿物质和有机质分解与合成的生物与化学过程是很微弱的;在 0～5 ℃之间,大多数植物的根系不能生长,种子难以发芽。

土壤所吸收的能量主要来源于地面吸收的太阳辐射能,它大约占进入大气圈顶的太阳辐射能的 50%。被地面吸收的辐射能转化为热能,并以长波辐射、水分蒸发、加热土壤以上的空气和加热土壤层等途径散失。从长期平均来看,土壤的热量收支是大致平衡的。但从短期来看,白天和夏季热量的收入显著超过热量的支出,使土温上升;夜晚和冬季则相反,热量的支出显著超过热量的收入,使土温下降。因此,土壤温度具有日变化和季节变化。

土壤温度日变化的幅度在表层最大,随着深度的增加而减小。例如,在美国新泽西州 Seabrook 的测量结果表明(见参考书目[1]),一天内整个垂直剖面上的最高温和最低温都出现在土壤表层,其中最高温在13时,最低温在凌晨5时,变幅达 12 ℃。空气中温度的日变化略小于土壤表层。在表层以下,即使是在较浅的深度如地下 20～40 cm 处,温度也保持相对稳定少变,变幅小于2℃,在 40 cm 以下,则温度几乎没有日变化。

土壤温度的季节变化与日变化有相似之处,表现为土壤表层的温度季节变幅最大,中、下土层的温度变化缓慢且幅度小。据美国得克萨斯州学院试验站的测量结果(见参考书目[9]),从上下土层温度的相对高低来看,10月到次年3月,土壤表层温度低于土壤深层,热流从土壤深处向上传递到地表;4月到9月,土壤表层温度高于土壤深层,热流由地表向下传递到土壤深部。此外,在土壤深层,温度的变化具有明显的滞后性,表现为深层土温在3月和5月低于1月,在9月和11月高于7月。

土壤温度的升降幅度和速度,除受到能量输入和输出状况的影响外,还与土壤的热性质如土壤比热和土壤导热率有关。

土壤比热指单位质量(g)土壤的温度升降1K所吸收或放出的热量[J/(g·K)],它约相当于水的比热的五分之一。因此,水分含量多的土壤在春季增温慢,在秋季降温也慢;相反,水分含量少的土壤在春季增温快,在秋季降温也快。此外,不同质地和孔隙度的土壤,其比热也不同,砂土的孔隙度小,比热亦小,土温易于升高和降低,粘土则相反。

土壤导热率指单位截面($1 cm^2$)、单位距离(1 cm)相差1K时,单位时间内传导通过的热量,单位是$J/(cm·s·K)$。土壤三相组成中以固体的导热率最大,其次是土壤水分,土壤空气的导热率最小。影响导热率的主要因素是土壤孔隙度、松紧度和含水量。土壤颗粒愈大,容重愈大,孔隙度愈小,则导热率愈大;反之,土壤颗粒愈小,容重愈小,孔隙度愈大,则导热率愈小。例如砂土的导热率比粘土要大,其升温和降温都比粘土迅速。对于同一种土壤来说,土壤越紧实,导热率越大,这是由于压紧后增加了颗粒之间的接触面,从而增加了热传导通路的缘故。此外,因为土壤水分导热率比土壤空气导热率高得多,所以,当孔隙度和松紧度一定时,土壤导热率随着土壤含水量的增加而增大。

(三) 土壤的化学性质

存在于土壤孔隙内的土壤溶液溶解有各种离子,是土壤中化学反应的介质。例如,当NaCl溶解在土壤溶液中时,它分离为带正电的钠离子Na^+和带负电的氯离子Cl^-。在土壤中,一些离子只携带一个电荷,而另一些离子则携带2个甚至3个电荷,如硫酸根SO_4^{2-}、铝离子Al^{3+}等。这些溶解于土壤溶液中的离子构成了植物养分的来源。土壤溶液中的胶体颗粒具有离子吸收和保存的功能;土壤溶液的酸碱度决定着离子的交换和养分的有效性;土壤溶液的氧化还原反应则影响着有机质分解和养分有效性的程度。因此,土壤化学性质主要表现在土壤胶体性质、土壤酸碱度和氧化还原反应三个方面。

1. 土壤胶体性质

如前所述,次生粘土矿物和腐殖质是土壤中最为活跃的成分,它们呈胶体状态,具有吸收和保存外来的各种养分的性能,是土壤肥力形成的主要物质基础。在胶体化学中,任何物质以微粒的形式均匀分散在另一种物质中所构成的体系称为分散系,其中分散的物质称为分散相,分散相存在于其中的物质称为分散介质。胶体一般是指物质颗粒直径在$1\sim100 nm$之间的分散系。土壤胶体(soil colloids)颗粒的直径通常小于$1 \mu m$,它是一种液-固系,即分散相为固体,分散介质为液体。根据组成胶粒物质的不同,土壤胶体可分为有机胶体(如腐殖质)、无机胶体(如粘土矿物)和有机-无机复合胶体三类。由于土壤中腐殖质很少呈自由状态,常与各种次生矿物紧密结合在一起形成复合体,所以有机-无机复合胶体是土壤胶体存在的重要形式。

由于胶体颗粒的体积很小,所以胶体物质的比表面(单位体积物质的表面积)非常大。土壤中胶体物质含量越多,其所包含的面积也就越大。据估算,在$10^4 m^2$的土地面积上,如果20 cm

厚的土层内含直径为 1 μm 的粘粒 10%,则粘粒的总面积将超过 7×10^8 m²。根据物理化学原理,一定体积的物质比表面越大,其表面能也越高。因此,胶体含量越高的土壤,其表面能也越高,从而养分的物理吸收性能便越强。

土壤胶体对养分吸收的最主要方式是物理化学吸收,这与土壤胶体的带电性有关。一般来说,土壤胶体带有负电荷,但在某种情况下也可以带正电荷。这样,土壤溶液中呈离子状态的物质便被土壤胶粒所吸附,带负电荷的胶粒吸附阳离子,带正电荷的胶粒吸附阴离子。土壤胶粒通过这种物理化学吸收作用,将许多对于植物生长至关重要的金属阳离子保存在土壤中,避免其随淋溶作用而流失,以供给植物的根系(图 12-3)。

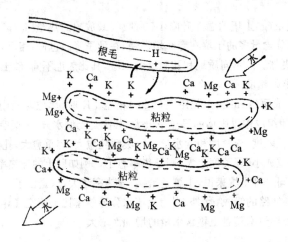

图 12-3　土壤胶体通过吸收作用对阳离子的保存[8]

胶体吸附的离子还可与土壤溶液中其他电荷符号相同的离子相交换,称为离子交换。一种阳离子将另一种阳离子从胶粒上交换下来的能力称为该阳离子的交换能力。各种阳离子的交换能力是不同的,取决于离子价、原子序数、离子浓度和离子运动速度等,土壤中最常见阳离子的交换能力,按大小顺序如下:

$$Fe^{3+} > Al^{3+} > H^+ > Ca^{2+} > Mg^{2+} > NH_4^+ > K^+ > Na^+$$

度量土壤阳离子交换性质的指标主要有土壤阳离子交换量和土壤盐基饱和度。

土壤阳离子交换量(cation exchange capacity)指每千克干土中所含交换性阳离子的总量,以 mmol (+)·kg^{-1} 表示。例如,若某种土壤的 1 kg 烘干土中含有 20 mmol 的交换性 Ca^{2+},10 mmol 的交换性 Mg^{2+},4 mmol 的交换性 K^+,2 mmol 的交换性 Na^+ 和 100 mmol 的交换性 NH_4^+,则该土壤的阳离子交换量为这些交换性阳离子 mmol 数的总和,即 136 mmol (+)·kg^{-1}。各种土壤的阳离子交换量是不同的,其大小主要与所含胶体的数量和种类有关。一般胶体愈多,土壤的阳离子交换量愈大,有机胶体的阳离子交换量大于无机胶体。土壤的阳离子交换量大,说明土壤胶体从土壤溶液中吸附或交换的阳离子多,土壤的养分状况好。

土壤盐基饱和度(degree of base saturation)指土壤胶体吸附交换性盐基离子多少的程度,用所吸附的交换性盐基离子总量占交换性阳离子总量的百分比表示:

$$盐基饱和度(\%) = \frac{交换性盐基离子总量[\text{mmol}(+) \cdot \text{kg}^{-1}]}{交换性阳离子总量[\text{mmol}(+) \cdot \text{kg}^{-1}]} \times 100$$

这里交换性盐基离子指除了 H^+ 和 Al^{3+} 之外的其他阳离子如 Ca^{2+}、Mg^{2+}、K^+ 和 Na^+。这样,盐基饱和度

80%表明阳离子交换量的4/5由盐基离子所占有,其余部分由氢离子和铝离子占有。当土壤胶体所吸收的交换性阳离子完全为盐基离子时,土壤盐基饱和度为100%,这种土壤称为盐基饱和土壤;当完全没有盐基离子时,这种土壤被认为是无盐基态;处于这两种极端情况之间的土壤称为盐基不饱和土壤。在交换性阳离子总量一定的情况下,盐基饱和度大的土壤,养分含量较高,肥力状况较好;盐基饱和度小的土壤,养分含量较低,肥力状况较差,对植物生长不利。

胶体的供肥和保肥功能除了通过离子的吸附与交换来实现之外,还依赖于胶体的存在状态。当土壤胶体处于凝胶状态时,胶粒相互凝聚在一起,有利于土壤结构的形成和保肥能力的增强,但也降低了养分的有效性;当胶体处于溶胶状态时,每个胶粒都被介质所包围,是彼此分散存在的,虽可使养分的有效性增加,但易引起养分的淋失和土壤结构的破坏。土壤中的胶体主要处于凝胶状态,只有在潮湿的土壤中才有少量的溶胶。

2. 土壤酸碱度

土壤酸碱度又称土壤反应(soil acidity and alkalinity reaction),它是土壤盐基状况的一种综合反映。土壤酸度是由H^+引起的,而土壤碱度则与OH^-的数量有关。H^+大大超过OH^-的土壤溶液呈酸性;而OH^-大大超过H^+的土壤溶液呈碱性;如果两种离子的浓度相等,土壤溶液则呈中性。

交换性氢离子可以直接增加土壤溶液中H^+的浓度,土壤溶液中铝离子则通过水解作用间接产生H^+,其反应式如下:

$$Al^{3+} + H_2O \longrightarrow Al(OH)^{2+} + H^+$$

金属阳离子如Ca^{2+}、Mg^{2+}、K^+则对土壤溶液中OH^-浓度有直接的影响,如在钙饱和的土壤中,金属阳离子促进OH^-形成的趋势明显,胶体水解而引起的碱性反应可表示为:

$$[土壤胶体]Ca + 2H_2O \rightleftharpoons [土壤胶体]_H^H + Ca^{2+} + 2OH^-$$

土壤的酸度有两种类型,一种称为活性酸度,它是由土壤溶液中游离的H^+造成的,通常用pH表示。化学上把溶液中氢离子浓度的负对数定义为pH,对于土壤而言,pH就是土壤溶液中氢离子浓度的负对数。根据pH的高低,可将土壤分为若干的酸碱度等级,图12-4是美国的一种划分结果。

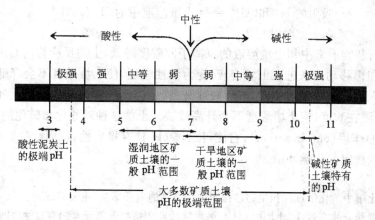

图12-4 土壤酸碱度分级及其pH变化范围[9]

另一种酸度称为潜在酸度,它是土壤胶体所吸附的H^+和Al^{3+}被交换出来进入土壤溶液中所显示的酸度。因为这些离子在被交换出来之前并不显示酸度,因此得名。这种酸度通常是用中性盐如 KCl 溶液与土壤胶体发生交换作用,将 H^+ 和 Al^{3+} 释放到土壤溶液中所显示的 H^+ 数量予以测定的,以 $mmol(+) \cdot kg^{-1}$ 表示。但在实际工作中,有时也可以近似地用 pH(KCl) 来表示。

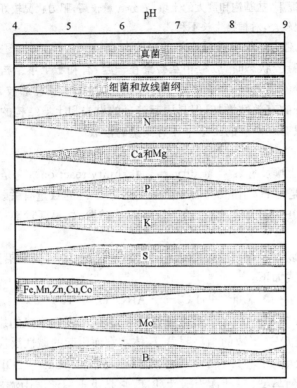

图 12-5　土壤 pH 与微生物活动和植物营养元素有效性之间的关系[9]

活性酸度和潜在酸度在本质上并没有截然的区别,二者保持着动态平衡的关系,可用反应式表示:

$$\text{吸附的 } H^+ \text{ 和 } Al^{3+} \rightleftharpoons \text{土壤溶液中的 } H^+ \text{ 和 } Al^{3+}$$

　　　　潜在酸度　　　　　　　　　活性酸度

假如加入石灰物质来中和土壤溶液的氢离子使酸度降低,上述反应将向右进行,结果是更多的吸附性氢和铝移动出来进入土壤溶液,变为活性酸度,使土壤酸度不会降低过快;而当较多的氢离子加入到土壤溶液之中时,溶液酸度升高,上述反应将向左进行,更多的氢离子被胶核所吸附,变为潜在酸度,使土壤酸度不会升高过快。土壤这种对酸化和碱化的自动协调能力称为土壤的缓冲作用(buffer action),它使得土壤 pH 具有稳定性,从而给高等植物和微生物提供了一个比较稳定的化学环境。

土壤 pH 对土壤中的化学过程和生物过程产生一系列的重要影响,主要表现为:

(1) 影响土壤养分的有效性。土壤的 pH 与微生物活动和植物营养元素的有效性之间存在着相关性,当 pH 在 6~7 的范围内时,大多数养分元素的有效性都较高(溶解度较高),微生物的活性也较大,这种酸碱环境宜于植物的生长和微生物的活动。当 pH 增大或减小时,有些养分元素变得难溶,使植物的养分供应受到一定的限制。如在强碱性的土壤中容易发生 Fe、Mn、Zn、Cu、Co 等的缺乏;在 pH 8.5 左右的中等碱性土壤中,P 由于与 Ca 和 Mg 结合而降低了有效性;在 pH>8.5 时,Ca 和 Mg 的有效性亦趋于降低。在酸性土壤中，常发生 N、P、K、Ca、Mg、Mo 的缺乏。对于土壤微生物来说，当土壤 pH 在 5.5 以上时，细菌和放线菌较为活跃；但真菌具有特别强的适应力，在各种土壤酸碱性条件下都能旺盛生长(图 12-5)。

（2）影响植物的性状。一些植物对于土壤酸碱度的适应范围比较狭窄，成为不同酸碱度土壤的指示植物。根据它们对土壤酸碱度要求的不同，可以分为酸性土植物(pH＜6.5)、中性土植物(pH 6.5～7.5)和碱性土植物(pH＞7.5)。酸性土植物是只能生长在酸性或强酸性土壤上的植物，它们在碱性土或钙质土上不能生长或生长不良，如水藓(*Sphagnum*)、曲芒发草(*Deschampsia flexuosa*)、铁芒箕(*Dicranopteris linearis*)、茶树(*Camellia sinensis*)等；钙质土植物是适于生长在含有高量代换性 Ca^{2+}、Mg^{2+} 的钙质土或石灰性土壤上的植物，它们在酸性土上不能生长，如蜈蚣草(*Pteris vittata*)、铁线蕨(*Adiantum cappillus-veneris*)、南天竺(*Nandina domestica*)、甘草(*Glycyrrhiza uralensis*)等；盐碱土植物是适于生长在盐碱土上，不见于酸性土和钙质土上的植物，如海蓬子(*Salicornia herbacea*)、芨芨草(*Achnatherum splendens*)、碱蓬(*Suaeda glauca*)等；大多数农作物和其他植物适宜在中性土壤里生长，为中性土植物。

3. 氧化还原反应

在土壤溶液中经常地进行着氧化还原反应(oxidation-reduction)，它主要是指土壤中某些无机物质的电子得失过程。一个原子或离子失去电子的过程称为氧化作用，易失掉电子的物质，称为还原剂；而一个原子或离子得到电子的过程称为还原作用，易得到电子的物质，称为氧化剂。土壤中存在着多种多样的氧化还原物质，在不同的条件下，它们参与氧化还原反应的情况是不同的。

土壤中的氧化作用主要由游离氧、少量的 NO_3^- 和高价金属离子，如 Mn^{4+}、Fe^{3+} 等引起，它们是土壤溶液中的氧化剂，其中最重要的氧化剂是氧气。在土壤空气能与大气进行自由交换的非渍水土壤中，氧是决定氧化强度的主要体系，它在氧化有机质时，本身被还原为水：

$$O_2 + 4H^+ + 4e \longrightarrow 2H_2O$$

在土壤淹水的条件下，大气氧向土壤的扩散受阻，土壤含氧量由于生物和化学消耗而降低。如果土壤中缺氧，则其他氧化态较高的离子或分子成为氧化剂。

土壤中的还原作用是由有机质的分解、嫌气微生物的活动，以及低价铁和其他低价化合物所引起的，其中最重要的还原剂是有机质，在适宜的温度、水分和 pH 等条件下，新鲜而未分解的有机质还原能力很强，对氧气的需要量非常大。

一般来说，氧化态物质有利于植物的吸收利用，而还原态物质不但有效性降低，甚至会对植物产生毒害。在非渍水土壤中，铁一般以氧化铁的形态存在，在有机质累积层或渍水条件下，铁则可还原为亚铁。锰在氧化还原反应方面的表现与铁有相似之处：在氧化条件下，以高价锰的形态存在；在还原条件下，则为低价锰。硫仅在较强的还原条件下，才会由硫酸盐的形态转化为硫化物，其主要形态为分子态硫化氢。相应的，硝酸根离子和二氧化碳可分别还原为氮气、铵离子和甲烷。土壤中主要元素的氧化还原形态如表 12-5 所示。

表 12-5　土壤中主要元素的氧化和还原形态

元　素	氧化态	还原态
O	O_2	H_2O
C	CO_2	CH_4, CO
N	NO_3^-, NO_2^-	N_2, NH_4^+, N_2O
S	SO_4^{2-}	H_2S
Fe	Fe^{3+}	Fe^{2+}
Mn	Mn^{4+}	Mn^{2+}

当用白金电极插入含有氧化和还原物质的土壤溶液中时,电极和溶液之间就会产生一定的电位差,称为氧化还原电位 E_h,它是衡量土壤氧化还原反应强度的指标,以伏特(V)为单位。氧化还原电位主要受土壤通气状况和土壤有机质的影响。在一般疏松的砂质土壤中,易于排水,通气良好,氧化态物质多,氧化还原电位就高;而坚硬的粘性土壤,排水不畅,通气不良,还原态物质多,氧化还原电位就低。由于通气良好土壤的 E_h 一般都在 0.3V 以上,所以,通常将 $E_h=0.3V$ 作为氧化性和还原性的分界线。在 $E_h>0.3V$ 的氧化土壤中,溶解氧在决定电位方面起着重要作用;在 $E_h<0.3V$ 的还原土壤中,决定电位的主要是有机还原性物质,而铁、锰、硫等的被还原,就是与有机还原性物质相作用的结果。

土壤氧化还原反应既受到土壤物理、化学性质的影响,也反过来影响土壤的其他性质,主要表现为:

(1) 影响土壤养分的赋存状态和有效性。例如,氧化还原状况是影响土壤中氮素转化的一个重要因素,还原条件有利于有机态氮的累积。在矿质态氮部分,氨态氮和硝态氮的比例与氧化还原电位之间存在负相关关系。硝化作用是硝化细菌和某些异养硝化微生物在通气良好的土壤中将氨氧化为硝酸的过程,硝酸态氮是植物容易吸收利用的氮素养分,但是在雨水过多的情况下却易于淋失。在有机质含量高、通气不良的土壤中,硝酸又容易被反硝化细菌作用而还原为 N_2O 或 N_2 逸散到大气中去,从而导致土壤脱氮而引起氮素的损失。这两个过程直接影响到土壤中氮素的保蓄和供应。

(2) 强烈还原条件对植物的毒害作用。在强烈还原条件下,产生一系列还原物质,这些物质的过多累积,对植物根系起毒害作用。例如,亚铁和硫化物对水稻生长的影响,在黑根的形成方面表现极为明显。根据中国科学院南京土壤研究所的观察结果,土壤氧化还原电位与黑根占总根数的百分率有负相关的趋势,在 $E_h<0.1V$ 时,黑根形成的速度较快,由于黑根的生命活动力较弱,它的增多对水稻生长是不利的。此外,土壤氧化还原电位与果树的生长势和生产力有密切关系,一般土壤氧化还原电位低的果园,果树的产量也低,在 $E_h<0.5V$ 时,苹果的生产力显著下降。日本的试验结果表明,各种果树在土壤的氧化还原电位降低到一定数值时,便会停止生长。例如在 pH=6 时,苹果和梨停止生长时的 E_h 是 0.28~0.36 V;桃为 0.33~0.35 V;而葡萄停止生长时的 E_h 数值较低,为 0.17~0.18 V。

(3) 对土壤酸碱度的影响。在土壤渍水的情况下,土壤的 pH 会趋向于中性。对于酸性土壤而言,渍水后的 pH 升高是由于土壤中变价元素在还原过程中消耗 H^+ 而使 OH^- 相对增加所致。碱性土壤的情况有所不同,渍水后的 pH 下降是由于在碱性及嫌气条件下土壤溶液中溶解的 CO_2 增多所致。土壤渍水后 pH 趋于中性这一变化,对提高土壤养分的有效性具有积极的意义,因为在中性环境中大多数营养元素的有效性是最高的。

12.3 土壤的生物地球化学循环

由于土壤圈处于大气圈、水圈、岩石圈、生物圈的交接地带,所以,土壤的生物地球化学循环必然与土壤圈和其他圈层之间的相互作用密切相关。为了便于叙述,我们把土壤作为一个系统来分析它与环境之间的物质和能量交换特点。

(一) 土壤养分系统

土壤系统是由土壤矿物质、土壤有机质、土壤水分、土壤空气和土壤生物等相互关联的要素组成的整体,系统的上边界是具有土壤覆盖的地表面,下边界是土体与非土体(母质)之间的过渡界限。土壤系统是一个开放系统。系统的能量输入主要来源于三种途径:太阳辐射能,地球内能和生物固定的太阳能,其中以太阳辐射能所占的比重最大,是到达地表地球内能的约

10 000 倍,而生物圈的光合作用也仅利用达到地表太阳能的约 0.1%~1%。土壤系统的能量主要通过土壤表层向下的热通量、向上的蒸发潜热释放和湍流感热通量等形式向外输出。土壤系统的物质输入包括岩石风化的矿物质、落叶和动物残体等有机物质、水和空气等;物质输出主要是通过淋溶作用使有机、无机物质和土壤水的向下流失,以及土壤空气向大气的排放。

对于这样一个复杂的系统来说,试图建立统一的模式概括其能量、养分、水分和空气等的运动及其相互作用是相当困难的。然而,如果仅就土壤系统中作为肥力构成因素的养分子系统进行分析,则会获得对土壤系统物质运动的较为深入的认识。土壤养分子系统包括 5 个基本组分:(i) 来自矿物风化的养分输入;(ii) 来自大气的养分输入;(iii) 由于淋溶作用造成的养分输出;(iv) 由动、植物和微生物活动引起的养分循环;(v) 植物有效养分在土壤中的储存。

各组分之间的关系可用图 12-6 予以表示。土壤养分一般是指植物可利用的、对植物的生长发育起重要作用的营养成分。土壤养分状况是衡量土壤特征和肥力水平的重要指标,它受到各种有机、无机营养元素输入和输出及其动态的影响。因此,养分的储存是系统分析的中心。

土壤无机养分的输入主要来自矿物质的风化和大气。来自大气的养分通常是以含有溶解养分的雨水降落和尘埃降落的方式进入土壤的。养分物质从系统中的输出主要通过淋溶作用,即通过地表径流、土壤渗流和地下径流来实现。这种养分通常是以溶解状态流失的。在垂直方向水流的淋洗作用下,伴随着土壤颗粒、土壤胶体以及被吸附在其上的阳离子的向下移动。

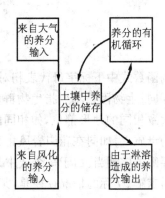

图 12-6　土壤养分系统的概念模型[13]

在自然条件下,养分的淋溶流失受到矿质养分循环作用的抑制。绿色植物的根系在土壤中吸收并集中了离子和分子形式的各种营养元素用于建造自身,食草类动物通过啃食植物而获得营养。随着有机体或组织的死亡和新陈代谢活动的进行,有机物质(如植物的叶、枝、茎和动物的粪便、尸体等)被归还给土壤,再由微生物把这些有机体和有机化合物分解为植物有效养分或无机化合物,于是绿色植物又可以从土壤中吸收这些养分,并重复这种循环。在农业经营条件下,植物和动物的产品作为收获物从养分循环体系中被人类夺走,使自然的养分循环链断裂,本来可以返回土壤的各种养分随着收获物一起丧失掉。这些失去的养分必须依靠施用化肥或有机肥料予以补偿。

综上所述,来自风化的养分输入和养分循环起着提高土壤养分储量的作用,而淋溶流失和取走收获物则起着降低土壤养分储量的作用。降水既有促进养分随排水流失的负面作用,也有将大气中的化学物质和养分带入土壤养分系统的正面作用。土壤养分状况是养分输入、输出和循环三者达到平衡的结果。

(二) 成土因素分析

在 19 世纪末,俄国土壤学家道库恰耶夫(V. V. Dokuchaiev,1846~1903)从土壤发生学的观点,提出土壤形成因素学说,用函数式表示为:

$$S=f(cl, o, p, t)$$

式中 S 代表土壤,cl 代表气候,o 代表生物,p 代表母质,t 代表时间,f 为某种函数关系。

1941年，美国土壤学家詹尼(H. Jenny)进一步扩充了这一函数式，最初，他增加了地形因素(用 r 表示)，认为土壤的性质是气候、生物、地形、母质和时间等成土因素(factors of soil formation)综合作用的结果，用函数式表示为：

$$S=f(cl, o, r, p, t...)$$

其中省略号代表其他尚未确定的成土因素。如果研究单一因素对土壤的影响，可假定其他成土因素暂时保持不变，然后考察土壤整体性质或某一土壤特征随该状态因素变化的情况，这样，函数式可分解成下列各式：

$$S=f(cl)_{o, r, p, t} \quad \text{(气候函数)}$$
$$S=f(o)_{cl, r, p, t} \quad \text{(生物函数)}$$
$$S=f(r)_{cl, o, p, t} \quad \text{(地形函数)}$$
$$S=f(p)_{cl, o, r, t} \quad \text{(岩石函数)}$$
$$S=f(t)_{cl, o, r, p} \quad \text{(时间函数)}$$
$$S=f(\cdots)_{cl, o, r, p, t} \quad \text{(其他成土因素函数)}$$

上列函数式中下标字母代表相对不变的成土因素。气候因素不变通常指温度和降水条件的大致相同；生物因素不变指生物群落的大致相同，如同为森林或草原；地形因素不变指土壤发生在大致相同的地形部位，如相同的坡度、坡向和海拔高度等；母质因素的不变指土壤发育在相同的母质上，如同在花岗岩风化壳或河流冲积物上发育；时间因素不变则指研究地区土壤的成土年龄大体相当。由于每个式中只有一个变量，所以土壤性质与成土因素间的函数关系就比较容易求解。实际的情况往往是，某一特定土壤性质的形成是在一个主导因素和若干次要因素作用下的结果，例如土壤有机质含量与年平均温度之间存在着指数函数的关系，年均温越高，土壤有机质含量越低。

1961年，詹尼以开放系统的观点把5个成土因素视为土壤系统的状态因素，修改后的函数式可写成：

$$S=f(L_0, P_x, t)$$

式中：第一个状态因素 L_0 是土壤系统的初始状态，即当土壤开始发生(假定时间为零)时土壤特征的综合状况，包括母质、地形、矿物质和某些有机物质等；第二个状态因素 P_x 是土壤系统状态不断变化的外部潜势，它控制着土壤系统能量与物质的供给和损失，包括气候和生物；第三个状态因素是时间 t。

（三）土壤形成过程

土壤的本质是肥力，因此，土壤的形成过程主要是土壤肥力发生与发展的过程，它从一个侧面反映了地表系统的生物地球化学循环。

1. 土壤形成的一般过程

从地表系统物质循环的角度来看，土壤肥力的发生与发展是自然界物质的地质大循环与生物小循环相互作用的结果。地质大循环是指矿物质养分在陆地和海洋之间循环变化的过程。陆地上的岩石经风化作用产生的风化产物，通过各种外力作用的淋溶、剥蚀、搬运，最终沉积在低洼的湖泊和海洋中，并经过固结成岩作用形成各种沉积岩；经过漫长的地质年代，这些湖泊、海洋底层的沉积岩随着地壳运动重新隆起成为陆地岩石，再次经受外力作用。这种物质循环的周期大约在 $10^6 \sim 10^8$ a。其中以岩石的风化过程和风化产物的淋溶过程与土壤形成的关系最为密切。风化过程在土壤形成中的作用主要表现为原生矿物的分解和次生粘土矿物的合成。前者使矿物分解为较简单的组分,并产生可溶性物质,释放出养分元素,为绿色植物的出现准备了条件,后者使风化壳中增加了活跃的新组分,从而具有一定的养分和水分的吸收保蓄能力,二者为土壤的形成奠定了无机物质的基础。可见,风化过程对土壤系统来说,是一种物质输入过程。淋溶过程使有效养分向土壤下层和土体以外移动,而不是集中在表层,具有促进土壤物质更新和土壤剖面发育的作用,对于土壤系统来说,它是一种物质迁移和输出过程。

生物小循环又称为养分循环,指营养元素在生物体和土壤之间循环变化的过程。植物从母质和土壤中选择吸收所需的可溶性养分,通过光合作用合成有机体;植物被动物食用后变成动物有机体;植物、动物有机体死亡后归还土壤,经微生物分解与合成转化为植物可以吸收的可溶性养分和腐殖质,腐殖质经过缓慢的矿质化,也为植物提供养分。这种物质循环的周期较短,一般为 $1 \sim 10^2$ a。其中有机质的归还、分解和腐殖质的合成促进了植物营养元素在土壤表层的集中和积累,成为土壤肥力形成与发展的关键。

从地表系统的演化历程来看,生物的出现较晚,因此,生物小循环是在地质大循环基础上发展起来的,是叠加在地质大循环上的较小时间尺度的次级物质循环。在对于土壤形成的作用方面,地质大循环的总趋势是陆地物质的流失,造成土壤系统养分的淋溶分散,而生物小循环的总趋势是使流失中的物质保存和集中在地表,并不断在土壤与生物之间循环利用。一般来说,如果风化作用和有机质的归还、分解与腐殖质合成作用较强,而淋溶作用较弱,土壤中养分保存多,肥力水平则较高;如果风化作用和有机质的归还、分解与腐殖质合成作用较弱,而淋溶作用较强,土壤中养分保存少,肥力水平则较低。此外,人类的各种生产活动如砍伐森林、耕垦草原、围湖围海造田、开采矿山、城市建设,以及向土壤中排放各种污染物等都会对地质大循环和生物小循环产生干扰,从而影响一个地方土壤肥力的发展方向与平衡状态。

2. 土壤的主要发生过程

土壤形成的一般过程适用于整个土壤圈,然而,由于地球表面成土因素的多种多样,不同土壤类型的形成又有其特殊的成土过程。

(1) 原始土壤形成过程。指从裸露岩石表面及其风化物上低等植物着生到高等植物定居之前形成土壤的过程。包括着生蓝藻、绿藻、甲藻、硅藻等岩生微生物的"岩漆"阶段,地衣阶段和苔藓阶段,在这三个阶段的发展中,细土和有机质不断增多,为高等植物的生长准备了肥沃的基质。现在,这一成土过程主要发生在高山区。

(2) 盐渍化过程。由地表季节性的积盐和脱盐两个方向相反的过程构成,主要发生在干旱、半干旱地区和滨海地区,可分为盐化和碱化两种过程。盐化过程指地表水、地下水和母质中的易溶性盐分在强烈的蒸发作用下,通过土体中毛管水的垂直和水平移动,逐渐向地表积聚的过程;碱化过程是交换性钠不断进入土壤胶体的过程,其前提是土壤溶液中钠离子的浓度较高,它使土壤呈强碱性反应,并形成碱化层。

(3) 钙积过程。指干旱、半干旱地区土壤中碳酸盐发生移动和积累的过程。在季节性淋溶条件下,降水将易溶性盐类从土体中淋失,而钙、镁只部分淋失,部分仍残留在土壤中。因此,土壤胶体表面和土壤溶液被钙或镁所饱和,在雨季,向下移动的钙淀积在剖面的中部或下部,形成钙积层。

(4) 粘化过程。指土壤剖面中粘粒形成和积累的过程,主要发生在温暖、湿润的暖温带和北亚热带气候条件下。由于化学风化作用,使原生矿物强烈分解,次生粘土矿物如水云母、蛭石和高岭石大量形成,表层的粘土矿物向下淋溶和淀积,形成淀积粘化土层。

(5) 白浆化过程。指在季节性还原淋溶条件下,粘粒与铁、锰淋溶淀积的过程,主要发生在冷湿的气候条件下。在地下水季节性浸润的土壤表层,铁、锰与粘粒随水流失或向下移动,在腐殖质层(或耕层)下形成粉砂量高、而铁、锰贫乏的白色淋溶层;在剖面中、下部则形成铁、锰和粘粒富集的淀积层。

(6) 富铝化过程。指土体中脱硅、富铝铁的过程。在热带、亚热带高温多雨的气候条件下,风化产物和土体中的硅酸盐类矿物被强烈水解,释放出盐基物质,产生弱碱性条件,可溶性盐类、碱金属(周期表第I族的主族元素,如钠、钾,它们的氢氧化物易溶于水,呈强碱性)和碱土金属(周期表第II族的主族元素,如镁、钙,它们的氧化物都呈碱性)盐基及硅酸大量流失,而铁、铝等元素却在碱性溶液中沉淀,形成土体中铁、铝氧化物的富集,使土体呈红色。

(7) 有机质积累过程。指在木本或草本植被覆盖下,土体上部进行的有机质积累过程,它是自然土壤形成中最为普遍的一个成土过程。根据地表植被类型的不同,包括漠土有机质积累过程、草原土有机质积累过程、草甸土有机质积累过程、林下有机质积累过程、高寒草甸有机质积累过程和湿生植被的泥炭积累过程等。

(8) 潜育化过程。指土体中发生的还原过程。在长期渍水的条件下,空气缺乏,E_h 一般低于 0.25 V,甚至为负值。有机质在嫌气分解过程中产生还原物质,高价铁、锰转化为亚铁和亚锰,形成一个蓝灰色或青灰色的还原层次,称为潜育层。

(9) 灰化过程。指土体表层 SiO_2 残留,Al_2O_3 和 Fe_2O_3 淋溶、淀积的过程。在寒带或寒温带针叶林植被下,由于凋落物富含单宁和树脂类物质,在真菌作用下生成有机酸,它使原生矿物和次生矿物强烈分解。伴随着有机酸溶液的下渗,土体上部的碱金属和碱土金属淋失,难溶的 Al_2O_3 和 Fe_2O_3 也从表层下移,淀积于下部,只有极耐酸的 SiO_2 残留在土体上部,形成一个强酸性的灰白色淋溶层,称为灰化层。

(10) 土壤熟化过程。指在耕作条件下,通过耕耘、培肥和改良,促进水、肥、气、热诸因素不断谐调,使土壤向有利于作物高产方面转化的过程。通常把种植旱作条件下的定向培肥土壤过程称为旱耕熟化过程;把淹水耕作,在氧化还原交替条件下的定向培肥土壤过程称为水耕熟化过程。

(四) 世界土壤类型

土壤分类(soil classification)是将自然界的各种土壤按照其基本性质、形成条件、形成过程等的相似性加以归纳,组织成一定的分类系统,并给各种土壤命名的工作,其主要目的是满足人类对土地利用的需要。

人类对于土壤分类的尝试,可以追溯到遥远的古代。早在 3000 年前,中国古籍《禹贡》和《管子·地员篇》中就有根据土壤颜色和性质对土壤种类划分和命名的记载。在 19 世纪初期和中期,研究者们认为母质是决定土壤特性的最主要因素,于是根据母质来划分土壤类型,但这种划分只适用于幼年土壤。在 19 世纪后期,道库恰耶夫提出了根据成土因素和成土过程进行土壤分类的方法,称为土壤发生学分类,它强调气候与植物的相互作用是土壤发生的首要条件。该分类系统的主要缺点是假定土壤特性是在未开垦利用条件下发生的,这样,受到严重侵蚀、耕作过度、或由迁移来的物质形成的土壤,都很难归入这种发生学分类系统中去。20 世纪 50 年代,美国农业部着手拟订一个全新的土壤分类方案,于 1975 年发表。这一分类系统的着重点放在当前的土壤形态特征方面,把反映某些土壤类型发生的专有特征及其他特征,包括田间观察到的土壤剖面形态、实验室分析的理化性状和土壤水分、温度状况等加以组合,作为分类的依据,把具有共同诊断层或诊断特征的土壤归入同一分类单位,称为形态指标-诊断土层分类法。由于土壤形态特征与土壤发生是密切相关的,所以土壤的成因也已经被考虑在内。该方案将全球的土壤分为 10 个土纲,并绘制了世界土壤分布图(图12-7),图中还包括有山区土壤和冰原两种特殊类型。

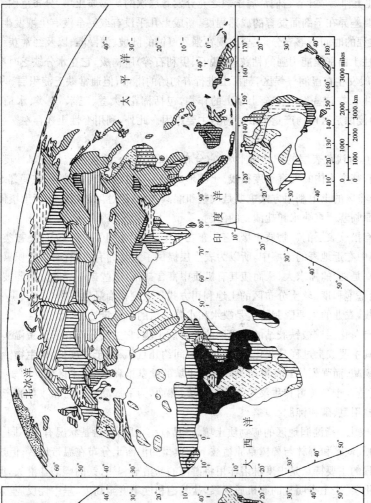
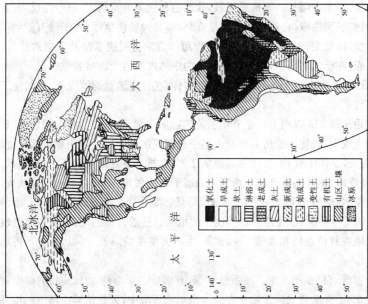

图12-7 世界土壤分布
(根据参考书目[1]绘制)

(1) 新成土、变性土和始成土。它们都属于缺乏充分发育层次的矿物质土壤,分布范围不受气候和植被类型的制约,其主要差异在于剖面发育的成熟程度。新成土几乎没有或完全没有土壤发生层次的迹象,其原因是土壤形成过程的时间不够充分,主要出现在强烈侵蚀的陡坡、河漫滩、以及经常获得新冰运物的冰水沉积平原上。变性土由涨缩能力强的粘粒(蒙脱石、伊利石等)所构成,它在水分缺乏时期会形成深而宽的裂隙。始成土一般发生在湿润气候区,剖面上进行着初始的淋溶,但通常缺乏淀积层。从土地利用和管理的角度看,可以生长在这些发育不全土壤上的作物,包括棉花、大豆、玉米、麦类、水稻、甘蔗和蔬菜等,排水不良、泛滥和侵蚀是对作物产量造成威胁的主要原因。此外,利用变性土还存在交替发生的裂开与闭合问题。

(2) 旱成土。指具有浅色表层的矿物质土壤,它分布在降水稀少、植被稀疏的干旱沙漠区,由于化学风化和淋溶受到限制,整个土体的发育程度很浅。土壤形成的主要过程是钙积过程,在局部地区还有盐化过程发生。旱成土分布区的土地利用方式主要是放牧和灌溉农业,但过度放牧会加速土壤侵蚀和降低土壤的通透性,农业也面临着严重缺水和盐渍化的问题。

(3) 软土。指具有松软表层的矿物质土壤,它分布在半干旱、半湿润气候区,天然植被类型为草原。由于草类根系茂密且集中在近地表的土壤中,所以为表土层提供了大量的有机质(有机质积累过程)。另外,草类对矿质养分(特别是钙)的需求大,从而使其有机质中富含盐基,这些盐基经养分循环被释放出来,维持着表土层较高的盐基饱和度。软土分布区的土地利用方式是大规模商品性谷物(小麦、黑麦、大麦、玉米和高粱)的种植和放牧,农业的主要限制因素是缺水和水分供给的不稳定性。

(4) 灰土。指具有灰化层或被铁胶结的硬盘层的矿物质土壤,它主要分布在寒温带湿润气候区,天然植被类型为针叶林,其主要成土过程是灰化过程,成土时间约几百年。由于温度低,微生物活动弱,使表层有机质含量高,向下锐减,而强烈的酸性淋溶则降低了土壤的盐基饱和度。灰土区域的主要经济活动是林业,此外,这种土壤还适合于马铃薯和甜菜等作物的生长,然而,为了提高农作物和牧草的产量,需要添加石灰石改良土壤,并施用氮、磷和钾肥。

(5) 淋溶土和老成土。指湿润地区的矿物质土壤,都具有粘化层,但盐基状况有所不同。淋溶土出现在季节性干湿交替的气候区和森林与稀树草原植被下。典型的淋溶土分布在温带地区,但热带和亚热带也有分布。其形成过程的主要特点是中度淋溶作用将游离的易溶盐和钙、镁的碳酸盐淋失,但粘粒未遭破坏,下移淀积形成粘化层。表土有明显的有机质积累,盐基饱和度中度至高度,呈中性反应。老成土分布在潮湿亚热带气候区并可扩展到热带,自然植被主要是森林,部分为稀树草原。由于没有受到第四纪冰川的影响,成土时间较长,化学风化更彻底,大范围的淋溶作用造成粘化层或紧接其下层的盐基含量降低,土壤呈酸性反应,比较贫瘠。在土地利用上,具有较高肥力的中纬度淋溶土维持着世界上一些最集约形式的农业,如美国的"玉米带"。老成土的土地利用方式多种多样,在合理施肥的情况下,可以使玉米、燕麦、烟草和饲料作物获得丰产。

(6) 氧化土。指在距地表2m以内有一个氧化层的矿物质土壤,分布在热带湿润地区,自然植被为热带雨林。在高温多雨的气候下,氧化土经历着所有土壤中最彻底的化学风化作用和富铝化过程,强烈的淋溶使盐基和硅酸大量流失,土体中铁、铝氧化物富集呈红色。在排水良好的条件下,有机质氧化非常迅速,使土壤中有机质的含量较低。植被起着维持土壤肥力低态平衡的关键作用,雨林一旦被砍伐,这种平衡随即破坏,土壤肥力将由于氧化、淋溶和土壤侵蚀而迅速降低。氧化土分布区最普遍的土地利用方式是游垦,火烧是游垦耕作制的基本特征,以便清除地面茂密的植被。随着人口的增加,这些地区耕地的需求量越来越大,由于一般土地在种植谷物和蔬菜 2~3a 后,生产力便很快降低,所以,开垦新耕地的工作在不断地进行着。

(7) 有机质土。指富含有机质的土壤。按重量计算,有机质占土壤的 12%~18% 以上;按容积计算,有机质则超过土壤的 50%。有机质土通常发育在低洼积水的环境中,天然植被由湿生的沼泽植物和草甸植物组成。由于在一年内的大部分时间是水分饱和或接近于水分饱和的,使有机质的分解受阻,所以,有机质积累过程和潜育化过程为主要的成土过程。在人工排水后,有机质土很适合于进行集约的农作物生产,一般不需要施氮肥,但需施用磷肥和钾肥,并加入石灰以补充钙和镁。

12.4 生态系统的组成与结构

大气圈、水圈、岩石圈和土壤圈的空间异质性与时间动态性构成了多样性的生存条件,从而产生了多样化的生物有机体。在自然界,生物体总是通过物质和能量的交换与其生存环境相互联系和相互作用着,形成一个自组织的统一体,这样的生态功能单位叫做生态系统(ecosystem)。生态系统是开放系统,它与其环境之间进行着物质和能量的交换,二者之间的边界通常具有过渡带的性质。较小的简单生态系统,如森林、草原、荒漠、湖泊、水塘、内海、海滩、岛屿等,组成较大的复合生态系统。地球表层就是一个巨大的复合生态系统(也可称为生态圈),它由大小不等、种类繁多、复杂程度各异的生态系统镶嵌而成。任何一个生态系统都可以分为两个子系统,即生物群落和非生物环境(图 12-8)。

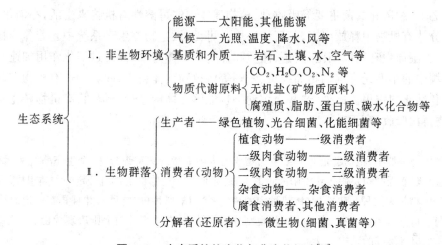

图 12-8 生态系统的生物与非生物组分[16]

(一)生物群落

从宏观生物学的角度,可以将地球上的生物划分成以下几个层次:
(1) 个体。指单个的生物体,如一棵油松树、一只狼。
(2) 种群。占据一定环境空间的同种生物个体组合,如一片油松林、一群狼。
(3) 群落。在一定环境空间内生物种群有规律的组合,它是由多个生物种通过彼此的相互联系与作用组成的生物群体,如由油松、辽东栎混交林,林下灌草和生活在其中的昆虫、鸟类及微生物等组成的生物群体。

生物群落(biome)是生态系统的核心,可以分为三大功能类群:

1. 生产者

生产者(producers)包括各种绿色植物和化能合成细菌。绿色植物能够通过光合作用把吸收来的水和 CO_2 转化成为初级产品——碳水化合物,并将其进一步合成成为脂肪和蛋白质等,用来建造自身,这样,太阳能便通过生产者的合成与转化源源不断地进入生态系统,成为其他生物类群的惟一食物与能量来源。化能合成细菌也能将无机物合成为有机物,但它们利用的能量不是来自太阳,而是来自某些物质在发生化学变化时产生的能量。例如,硝化细菌能将氨氧化成亚硝酸和硝酸,利用这一氧化过程中释放出来的能量把CO_2和水合成为有机物。

2. 消费者

顾名思义,消费者(consumers)不能直接利用太阳能来生产食物,只能通过直接或间接地以绿色植物为食获得能量。根据不同的取食地位,又可以分为直接依赖植物的枝、叶、果实、种子和凋落物为生的一级消费者,如蝗虫、野兔、鹿、牛、马、羊等植食动物;以植食动物为食的肉食动物为二级消费者,如青蛙、黄鼠狼、狐狸等;肉食动物之间存在着弱肉强食的关系,其中的强者成为三级和四级消费者。这些高级的消费者是生物群落中最凶猛的肉食动物,如狮、虎、鹰和水域中的鲨鱼等。有些动物既食植物又食动物,称为杂食动物,如某些鸟类和鱼类等。

3. 分解者

分解者(decomposers)包括细菌、真菌、土壤原生动物和一些小型无脊椎动物,它们靠分解动、植物残体为生。微生物分布广泛,富含于土壤和水体的表层,空气中含量较少且多数为腐生的细菌和霉菌。微生物是生物群落中数量最大的类群,据估计,1g肥沃土壤中含有的微生物数量可达1亿个。细菌和真菌主要靠吸收动、植物残体内的可溶性有机物来生活,在消化过程中,把无机养分从有机物中释放出来,归还给环境。可见,微生物在生态系统中起着养分物质再循环的作用。土壤原生动物以细菌、真菌、藻类和死的有机体为食,并通过消化作用加速有机物的分解。土壤中的小型无脊椎动物如线虫、蚯蚓等将植物残体粉碎,起着加速有机物在微生物作用下分解和转化的作用。此外,这些土壤动物也能够在体内进行分解,将有机物转化成无机盐类,供植物再次吸收、利用。

在各种生物类群中,植物群落是联结生命物质与太阳能量的关键组分,整个生态系统的运行就取决于植物群落的旺盛程度和它们截获太阳能量的本领。任何一个植物群落都有一定的种类组成、数量、优势种(个体多,生物量大的种)、建群种(优势种中的最优者)和附属种(次要种),并且具有一定的结构特征,在水平方向上可分为随机分布、成群分布和规则分布等结构,在垂直方向上则表现为由乔木层、灌木层、草本层和地被层等形成的结构。

在气候季节性变化明显的温带地区,整个植物群落的外貌也具有以年为周期变化的特征,表现为植物的萌芽、展叶、开花、结果、叶变秋色和落叶等物候期的季节性发生,称为群落的季相(seasonal aspect)。如在北京地区,植物群落季相的一般特征为:初春草木萌动;仲春万紫千红;晚春绿肥红瘦;初夏繁花绿叶相映好;仲夏万绿丛中几点红;晚夏嘉荫蔽日花踪寥;初秋硕果累累;仲秋叶色斑斓;晚秋落木萧萧;初冬霜叶凋零;隆冬万木萧疏;晚冬春意初露。植物群落季相的更迭是地表系统季节变化的一种综合反映。

由于外界环境条件是不断变化着的,所以,植物群落也处于不断变化之中,当这种变化沿着某种方向进行时,就会使植物群落的组成和结构发生质的变化,最终导致一个植物群落被另一个植物群落所替代,这种现象称为演替(succession)。按照演替发生的原因,可以分为由变化着的自然环境条件与植物群落之间相互作用所产生的自然演替和由人类活动所产生的人为演替;按照演替发生的起始环境条件,可以分为在原生裸地上开始的原生演替和在次生裸地上开始的次生演替;按照演替的方向,可以分为植物群落从低级向高级的顺行演替和从高级向低级的逆行演替。例如,在适合森林生长的自然环境条件下,原生或次生演替通常是一种顺行演替,其系列可以概括为:

裸地→地衣群落→苔藓群落→草本群落→灌木群落→乔木群落

最终形成适合于当地自然环境条件、结构稳定的顶级群落。然而,由于自然环境条件恶化的影响(气候变迁、洪水、森林火灾、泥石流等),也可以使演替过程倒退,逆行演替的方向与顺行演替相反,并且既可以是缓慢的过程,也可以是快速的过程。由人类活动引起的顺行演替如在原生或次生裸地上种草和植树造林,恢复适合于当地自然条件的植被;逆行演替如毁林开荒,导致植被破坏、水土流失加剧和土地退化。

(二) 非生物环境

非生物环境(abiotic environment)包括作为系统能量来源的太阳辐射能;温度、水分、空气、岩石、土壤和各种元素等物理、化学环境条件;以及生物物质代谢的原料,如 CO_2、H_2O、O_2、N_2、无机盐类、蛋白质、糖类、脂类和腐殖质等。它们构成生物生长、发育的能量与物质基础,又称为生命支持系统。对于植物来说,最基本的非生物环境因子是光照、温度和水分。

(1) 光照。太阳能量通过植物的光合作用以化学能的形式被固定,进入生态系统,然后又以热的形式从系统的许多部分被散失掉。每天阳光照射的期间称为光照期。在赤道上,每天的光照长度总是 12 h,随着离赤道距离的增加,光照长度的季节性差异越来越显著。植物适应这种光照长度的季节变化,形成很有规律的开花和发芽季节,称为光周期现象(photoperiodicity)。根据植物开花过程对光照长度的反应的不同,分为每天的光照长度超过一定临界长度并经过一定日数才能开花的长日照植物(如原产于高纬地带的小麦、大麦、油菜、甜菜等);每天的光照长度短于一定临界长度并经过一定日数才能开花的短日照植物(如原产于热带、亚热带的水稻、玉米、高粱、谷子等)和开花不受光照长度影响的中间性植物(如西红柿和水稻、大豆的一些特早熟品种等)。大多数植物的光照长度界限是 12~14 h。

(2) 温度。作为植物生活的重要条件之一,温度与植物生化反应的速率关系密切。根据范霍夫(van't Hoff)定律,温度每增高 10 ℃,化学反应加快一倍。因此,温度影响植物的发育速度、各物候期早晚和生长期的长短。植物的每个生命过程都有 3 个基点温度,即最适、最低和最高温度。在最适温度下植物生长发育迅速而良好,在最低和最高温度下植物停止生长发育,但仍能维持生命。如果温度继续降低或升高,就会发生不同程度的危害直到致死。植物光合作用和呼吸作用的进行也有相应的 3 个基点温度。

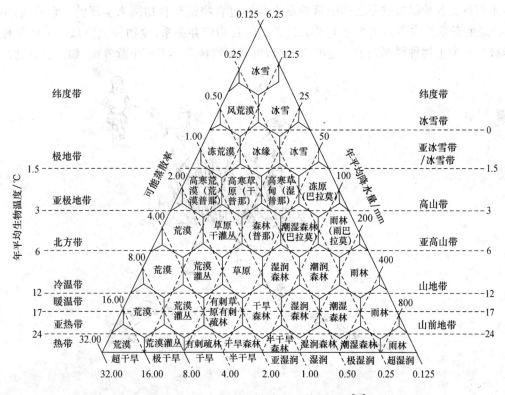

图 12-9　Holdridge 植被-气候分类三角形[17]

(3) 水分。植物的生命离不开水。水是光合作用固定CO_2、形成糖的原料和输送养分的溶剂。植物靠水维持膨压得以挺立,以利于各种代谢活动的正常进行。植物还通过蒸腾调节温度,使自身不致过热。更重要的是,水还是原生质的组成部分,没有水,原生质就会死亡,生命也就会停止。植物生长对于土壤水分的要求也有最适、最高和最低的3个基点。低于最低点,植物萎蔫,生长停止;高于最高点,根系缺氧,窒息,烂根;只有处于最适范围内,才能维持植物体的水分平衡,以保证植物生长发育良好。不同植物具有不同的最适土壤水分要求,因此,在不同的水分条件下,发育着不同的植被类型。而水分的供给则取决于降水量、蒸发量、入渗量和径流量等的大小及其季节分配状况。

所有这些环境因子的共同作用使得生态系统的性质在地表沿着一定方向发生变化。温度、降水和植被水平分布之间的一般关系表现为:随着温度从高向低的变化,依次产生炎热、温暖、寒冷和极地等不同植被带的分化;在同一植被带内,随着降水从多到少的变化,依次出现森林、草原和荒漠植被类型的分化。德国地理学家洪堡(A. von Homboldt, 1769~1859)在考察了秘鲁的安第斯山脉后,提出"生物带"的概念,用来描述植物群落与高度之间的关系。在高山区域,随着海拔高度的升高,也会出现与从低纬热带向高纬寒带类似的植被带分化现象。图12-9概括地描述了水热条件与植被分布之间的一般关系。

(三) 营养结构

生态系统的营养结构(trophic structure)是指生态系统中的非生物环境与生物群落之间和生产者、消费者与分解者之间,通过营养或食物传递形成的一种组织形式,它是生态系统最本质的结构特征。

生态系统各种组成成分之间的营养联系是通过食物链和食物网来实现的。食物链(food chain)是生态系统内不同生物之间类似链条式的食物依存关系,食物链上的每一个环节称为营养级。每个生物种群都处于一定的营养级,也有少数种兼处于两个营养级,如杂食动物。生

图12-10 简单食物链的例子[8]

态系统中的食物链包括活食食物链和腐食食物链两个主要类型。活食食物链从绿色植物固定太阳能、生产有机物质开始,它们属于第一营养级,植食动物属于第二营养级,各种肉食动物构成第三、第四及更高的营养级。腐食食物链则从有机体的残体开始,经土壤动物的粉碎与分解和细菌、真菌的分解与转化,以无机物的形式归还给环境,供绿色植物再次吸收。从营养级来划分,分解者处于第五或更高的营养级。老鼠以谷物为食,鼬鼠以老鼠为食,鹰又以鼬鼠为食,鹰死后的残体被各种微生物分解成无机物质,便是简单食物链的一个例子。然而,自然界中的食物链并不是孤立存在的,一个易于理解的事实是,几乎没有一种消费者是专以某一种植物或动物为食的,也没有一种植物或动物只是某一种消费者的食物,如老鼠吃各种谷物和种子,而谷物碎屑又是多种昆虫的食物,昆虫被青蛙吃掉,青蛙又是蛇的食物,蛇最终被鹰捕获为食;谷物的秸秆还是牛的食物,牛肉又成为人类的食物(图 12-10)。可见,食物链往往是相互交叉的,形成复杂的摄食关系网,称为食物网。一般来说,一个生态系统的食物网结构愈复杂,该系统的稳定性程度愈大。

12.5 生态系统内的能量流动

能量是生命的本质特征和生态系统运转的基本动力,一切生命活动都与能量有关,甚至生物体本身就是能量积累的结果。在地表系统中,太阳是生命的基本能源,太阳能进入生态系统是通过绿色植物的光合作用(photosynthesis)实现的,光合作用产生的化学能为植物和直接与间接以植物为食的动物的生长、发育、繁殖奠定了能量的基础,这些能量在动、植物的呼吸过程中被提供给生命有机体用来作功,最终,生物积累的能量在其残体分解时被释放出来。物质与能量是不可分的,伴随着太阳能的固定、传递和转化,生物体形成了初级生产与次级生产,不同营养级之间在能量传递效率方面还遵循着一定的规律性。

(一)光合作用与呼吸作用

绿色植物吸收阳光的能量,同化 CO_2 和 H_2O,制造有机物质并释放 O_2 的过程,称为光合作用。到达植物叶片表面光能的大约 1/4 可以被叶绿素所利用。叶绿素只吸收橙光-红光和紫光-蓝光波段的光,而将绿光和一些黄光反射掉。这就是为什么树木和其他植被呈现出绿色的原因。以形成的有机物质是葡萄糖为例,光合作用的化学反应式为:

$$6CO_2 + 6H_2O \xrightarrow[\text{叶绿素}]{\text{光}} C_6H_{12}O_6 + 6O_2$$

由上式可知,光合作用就是 CO_2 被还原和 H_2O 被氧化的作用,地球上的植物每年从大气圈中移走约 2×10^{11} t 以 CO_2 形式存在的碳,用于光合作用。光合过程的有机产物碳水化合物是碳、氢和氧的化合物,它们可以形成简单的糖(如葡萄糖),而葡萄糖又进一步被植物用来制造淀粉,它是一种更复杂的碳水化合物和植物中主要的食物储存物质。初级生产力就是太阳能以这些有机物质的形式被储存在植物中的速率。光合作用是一个吸能反应,因此,生成的葡萄糖带有较高的化学能。

植物不仅储存能量,而且消耗能量,这些能量是通过呼吸作用(respiration)使碳水化合物转化而获得的。因此,呼吸作用是光合作用的逆过程:

$$C_6H_{12}O_6 + 6O_2 \longrightarrow 6CO_2 + 6H_2O$$

在呼吸作用中,储存在植物中的有机物质被氧化,释放出 CO_2、H_2O 和作为热量的能。食物中的糖分可以给动物身体提供热量,就是这个道理。植物的生长是依赖于通过呼吸作用消耗之后,碳水化合物的剩余量进行的。

为了深入了解光合作用与呼吸作用过程中的熵变特征,我们可以根据上面的光合作用化学反应式计算它的总摩尔熵变(见参考书目[18]和[19])。在物理化学中约定:以压强在1atm下,绝对温度$T\rightarrow 0$时的稳定平衡凝聚状态为参考点所规定的熵值,为纯物质的规定熵。知道了某些元素和化合物在25℃下的标准规定熵$S_m^\ominus$,就可以计算特定化学反应中的标准反应熵$\Delta_r S_{m(反应)}^\ominus$(式中$\nu_i$为反应物或生成物的计量系数):

$$\Delta_r S_{m(反应)}^\ominus = \sum \nu_i S_{m(生成物)}^\ominus - \sum \nu_i S_{m(反应物)}^\ominus$$

光合作用化学反应式中各项在1atm、25℃下的标准摩尔规定熵$S_m^\ominus$分别为:CO_2—25.69,H_2O—8.41,$C_6H_{12}O_6$—25.5,O_2—24.659,单位是R,R称为普适气体常量,数值等于8.31451 J·(mol·K)$^{-1}$。这样,光合作用的标准反应熵为

$$\Delta_r S_{m(反应)}^\ominus = [S_m^\ominus(C_6H_{12}O_6) + 6S_m^\ominus(O_2)] - [6S_m^\ominus(CO_2) + 6S_m^\ominus(H_2O)]$$
$$= (25.5 + 6\times 24.66 - 6\times 25.69 - 6\times 8.41)R$$
$$= -31.14R$$

但光合作用不是在1atm下进行的,因为生成物中的气体O_2在大气中只有0.21 atm的分压,而反应物中的气体CO_2在大气中的分压更小,为0.0003 atm,所以,混合气体状态对熵变的修正为

$$\Delta_r S_{m(g)}^\ominus = -6R[\ln p_{(O_2)} - \ln p_{(CO_2)}] = -6R \ln \frac{p_{(O_2)}}{p_{(CO_2)}}$$
$$= -6R \ln \frac{0.21}{0.0003}$$
$$= -39.31R$$

总摩尔熵变为

$$\Delta_r S_m^\ominus = \Delta_r S_{m(反应)}^\ominus + \Delta_r S_{m(g)}^\ominus = -70.45R = -585.8 \text{ J·(mol·K)}^{-1}$$

式中负号表明光合作用是个熵减少的过程,生成物葡萄糖是低熵的;相反,呼吸作用则是熵增加的过程。光合作用中碳水化合物(如葡萄糖)的生成可以满足有机体获得能量和负熵两方面的需求,对于消费者来说,它们又是低熵、高能的食物,由此可见,光合作用维持着生态系统的有序性。

(二)初级生产与次级生产

生态系统的生物生产是指生物有机体在能量和物质代谢的过程中,将能量、物质重新组合,形成新的产物(碳水化合物、脂肪、蛋白质等)的过程。绿色植物通过光合作用,吸收和固定太阳能,将无机物转化成有机物的生产过程称为植物性生产或初级生产;消费者利用初级生产的产品进行新陈代谢,经过同化作用形成异养生物自身物质的生产过程称为动物性生产或次级生产。

植物在单位面积、单位时间内,通过光合作用固定的太阳能量称为总初级生产量(gross primary production,GPP),单位是J·m^{-2}·a^{-1}或g(dw)·m^{-2}·a^{-1}(dw为干重),植物组织平均每千克干重换算为1.8×10^4 J热量值。总初级生产量减去植物因呼吸作用的消耗(R),剩下的有机物质即为净初级生产量(net primary production,NPP)。它们之间的关系为:

$$NPP = GPP - R$$

与初级生产量相关的另一个概念是生物量(biomass)。对于植物来说,它是指单位面积内植物的总重量,单位是J·m^{-2}或g(dw)·m^{-2}。某一时间的生物量就是在此时间以前生态系统所积

累的生产量。

据估计,整个地球净初级生产量(干物质)为 $172.5 \times 10^9 \text{ t} \cdot \text{a}^{-1}$,生物量(干物质)为 $1841 \times 10^9 \text{ t}$,不同生态系统类型的生产量和生物量差别显著(表12-6)。应当指出,这种估计非常粗略,但对于了解全球生态系统初级生产量和生物量的大体数量特征,仍有一定的参考价值。

表12-6　地球上各类生态系统的净初级生产量和生物量[22]

生态系统类型	面积 10^6 km^2	净初级生产量 $\text{g} \cdot \text{m}^{-2} \cdot \text{a}^{-1}$		全球净初级生产量 $10^9 \text{ t} \cdot \text{a}^{-1}$	生物量 $\text{kg} \cdot \text{m}^{-2}$		全球生物量 10^9 t
		范围	平均		范围	平均	
热带雨林	17.0	1 000~3 500	2 200	37.4	6~80	45	765
热带季雨林	7.5	1 000~2 500	1 600	12.0	6~60	35	260
温带常绿林	5.0	600~2 500	1 300	6.5	6~200	35	175
温带落叶林	7.0	600~2 500	1 200	8.4	6~60	30	210
北方针叶林	12.0	400~2 000	800	9.6	6~40	20	240
林地与灌丛	8.5	250~1 200	700	6.0	2~20	6	50
热带稀树草原	15.0	200~2 000	900	13.5	0.2~15	4	60
温带草原	9.0	200~1 500	600	5.4	0.2~5	1.6	14
苔原及高山植被	8.0	10~400	140	1.1	0.1~3	0.6	5
荒漠与半荒漠	18.0	10~250	90	1.6	0.1~4	0.7	13
裸岩、沙地和冰层	24.0	0~10	3	0.07	0~0.2	0.02	0.5
耕地	14.0	100~4 000	650	9.1	0.4~12	1	14
沼泽与湿地	2.0	800~6 000	3 000	6.0	3~50	15	30
湖泊和河流	2.0	100~1 500	400	0.8	0~0.1	0.02	0.05
陆地总计	149		782	117.5	—	12.2	1 837
外海	332	2~400	125	41.5	0~0.005	0.003	1.0
上涌流带	0.4	400~1 000	500	0.2	0.005~0.1	0.02	0.008
大陆架	26.6	200~600	360	9.6	0.001~0.04	0.001	0.27
藻层和珊瑚礁	0.6	500~4 000	2 500	1.6	0.04~4	2	1.2
河口	1.4	200~4 000	1 500	2.1	0.01~4	1	1.4
海洋总计	361	—	155	55.0		0.01	3.9
地球总计	510	—	336	172.5		3.6	1841

单位地面上植物光合作用累积的有机物质中所含的能量与照射在同一地面上太阳光能的比率称为光能利用率。绿色植物的光能利用率平均为0.14%,在运用现代化耕作技术的农田生态系统的光能利用率也只有1.3%左右。地球生态系统就是依靠如此低的光能利用率生产的有机物质维持着动物界和人类的生存。

理论上讲,绿色植物的所有净初级生产量都是该年植食动物所能"消费"的有机物质。但实际情况并非如此简单,由于初级生产量的一部分未能或不能被动物采食与利用,被采食的部分中,也有相当数量的有机物质通过呼吸、排泄物(粪便、尿、汗)、脱落物等形式被消耗掉,所以,净次级生产量仅仅是净初级生产量的很小一部分,例如植食动物收获蚁的净生产量仅为 $0.42 \text{ J} \cdot \text{m}^{-2} \cdot \text{a}^{-1}$,松鼠的净生产量为 $0.44 \text{ J} \cdot \text{m}^{-2} \cdot \text{a}^{-1}$(动物组织平均每千克干重换算为 $2 \times 10^4 \text{ J}$ 热量)。此外,肉食动物以植食动物为食料,进行次级生产产品的再利用和再生产,肉食动物之间还存在着弱肉强食的更高级的再生产过程。然而,由于这些生产过程都属于动物性生产,在生态学上统称为次级生产,不再划分三级、四级等生产。

(三) 能量传递与能量转化

生态系统内能量流动的一个重要特点是单向流,表现为能量的很大部分被各营养级的生物所利用,通过呼吸作用以热的形式散失,这些散失到环境中的热能不能再回到生态系统中参与能量的流动,因为尚未发现以热能作为能源合成有机物的生物体。相反,用于形成较高营养级生产量的能量所占比例却很小。

1957年,美国生态学家奥德姆(H. T. Odum)在佛罗里达的银泉完成了一项有关生物群落新陈代谢的著名研究成果。图12-11表明,群落的能量来源是太阳辐射,植物光合作用所吸收的光能是研究地点入射太阳总能量的24%。在吸收的光能中,只有5%被转化成为群落的总初级生产量,这仅相当于入射太阳总能量的1.2%。净初级生产量是总初级生产量的42.4%,即相当于36982 kJ·m^{-2}·a^{-1}(8833 kcal·m^{-2}·a^{-1})。此后,这些能量通过植食动物和肉食动物沿食物链单向传递,二级肉食动物所获得的能量仅占净初级生产量的0.24%(21 kcal·m^{-2}·a^{-1},相当于87.9228 kJ·m^{-2}·a^{-1})。在每一个营养级上,都有一些生物量流向分解者,而生物量消耗的最主要途径是生物群落的呼吸作用。另外,还有相对较少的部分生物量以有机微粒的形式离开食物链,形成"下游"输出。

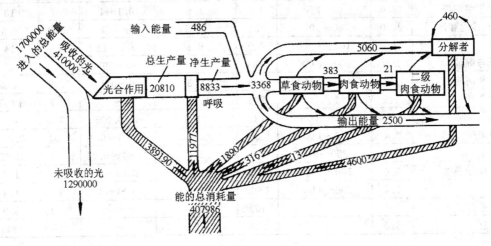

图 12-11 美国银泉生态系统的能量流动[1,16]

(单位:kcal·m^{-2}·a^{-1}, 1 cal≈4.1868 J)

如前所述,每经过一个营养级,都有大量的能量损失掉。那么,生态系统能量转化的效率究竟有多大呢?美国生态学家林德曼(R. L. Lindeman)测定了湖泊生态系统的能量转化效率,得出平均为10%的结果,即在能量从一个营养级流向另一个营养级的过程中,大约有90%的损失量,这就是著名的"十分之一定律"。比如,一个人若靠吃水产品增加0.5 kg的体重,就得食用5 kg的鱼,这5 kg的鱼要以50 kg的浮游动物为食,而50 kg的浮游动物则需消耗约500 kg的浮游植物。由于这一"定律"得自对天然湖泊的研究,所以比较符合水域生态系统的情况,但并不适用于陆地生态系统。一般来讲,陆地生态系统的能量转化效率比水域生态系统要低,因为陆地上的净生产量只有很少部分能够传递到上一个营养级,大部分则直接被传递给了分解者。

生态系统内的能量传递和转化遵循热力学定律。根据热力学第一定律,输入生态系统的能量总是与生物有机体贮存、转换的能量和释放的热量相等,从而保持生态系统内及其环境中的总能量值不变。根据热力学第二定律,生态系统的能量随时都在进行转化和传递,当一种形式的能量转化成另一种形式的能量时,总有一部分能量以热能的形式消耗掉,这样,系统的熵便呈增加的趋势。对于一个热力学非平衡的孤立系统来说,它的熵总是自发地趋于增大,从而使系统的有序程度越来越低,最后达到无序的混乱状态,即热力学平衡态。然而,生态系统所经历的却是一个与热力学第二定律相反的发展过程,即从简单到复杂,从无序到有序的进化过程。根据非平衡态热力学的观点,一个远离平衡态的开放系统,可以通过从环境中引入负熵流,以抵消系统内部所产生的熵增加,使系统从无序向有序转化。生态系统是开放系统,它通过低熵能量与物质的输入和高熵能量与物质的排出,维持着一种高度有序的状态。

12.6 生态系统的生物地球化学循环

一般认为,生命的起源归结于太阳能(或无机环境的化学能)与适当的原子团结合而合成有机分子的过程。没有能量,这些原子就不能合成复杂的高能有机分子;反之,没有适当的原子,也不能捕获和贮存生命必需的能量。可见,生态系统中能量的流动、贮存、转化和相应的化学物质的合成、贮存、转移、循环是相互依存,不可分割的,后者就构成了生物地球化学循环的主要内容。

(一)生物地球化学循环的图解模型

几乎所有经过生态系统的能量都来源于太阳,相比之下,实现能量流动的化学物质来源却要复杂得多,它们包括大气、水体、岩石和土壤等。对于一个生物群落来说,太阳能供给是取之不尽、用之不竭的,而该群落中用于捕获太阳能的化学物质则是有限的,即地球表面薄薄的一层能有效参与能量固定的化学物质总量。从运动形式来看,能量流动是单向的,不进行循环,而寓能量于其中的化学物质却不同,它们一旦失去能量的供给,就会返回生态系统的非生物环境,重新被植物吸收利用。化学物质被吸收后,会以新的有机分子的形式与太阳能重新结合。除非这些化学物质被迁出生态系统或被长期贮存起来以外,它们将会在生态系统中无限地被循环利用。生态系统的生物地球化学循环是十分复杂的,有些元素的循环主要是在生物与大气之间进行,另一些元素的循环则主要在生物与土壤之间进行,还有一些元素的循环包括了这两种途径。

图 12-12 表明,物质随水分的迁移与转化在整个生物地球化学循环过程中占据着重要的地位,它们通过降水、入渗、动、植物的吸收与排泄、地表径流和地下径流等子过程,在大气、土壤、生物和海洋之间循环着。气体物质的迁移与转化主要与植物的光合作用,动、植物的呼吸作用以及人类燃烧矿物燃料等子过程相联系,植物吸收大气中的 CO_2 合成有机物质,而后,有机体(包括活的和死的有机体)又不断被氧化产生 CO_2 和能量。此外,通过生物体运动的物质还包括其他许多元素如 N、P、S 等,它们保持适当的比例对生物体是至关重要的。在地球表层的特定地区,上述物质可构成生态系统发展的限制因素。例如,在陆地上的干旱地区,水的供应量决定着生物群落的分布与生产力;在陆地土壤、湖泊和近海海域,N、P、K 的含量常成为动、植物生长发育的限制因子。这些营养元素除了部分储存在植被、枯枝落叶层、土壤有机质和深水

及海底沉积物中之外,陆地上和海洋里的生物生产与分解过程使它们反复循环。生态系统中物种构成和每一个物种生长速率的变化取决于局地养分元素的丰度,同时受到太阳辐射强度和与物理气候系统有关的温度、降水、风和 CO_2 浓度等因素的影响。可见,生物地球化学循环将作用在地表的物理、化学和生物过程结合在一起。

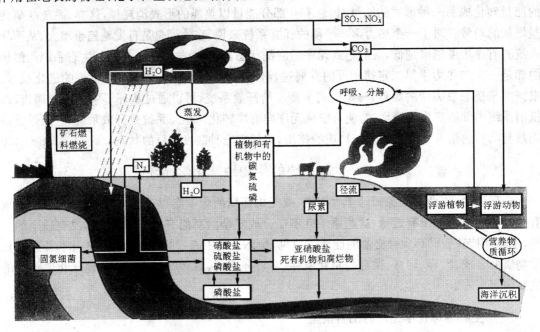

图 12-12　生物地球化学循环过程示意图[23]

(二) 重要元素的生物地球化学循环

参与有机体生命过程的化学元素大约有 30~40 种,根据它们在生命过程中的作用可以分为三类:

(1) 能量元素。包括碳(C)、氢(H)、氧(O)、氮(N),它们是构成蛋白质的基本元素和生命过程必需的元素。

(2) 大量元素。包括钙(Ca)、镁(Mg)、磷(P)、钾(K)、硫(S)、钠(Na)等,它们是生命过程大量需要的元素。

(3) 微量元素。包括铜(Cu)、锌(Zn)、硼(B)、锰(Mn)、钼(Mo)、钴(Co)、铁(Fe)、铝(Al)、铬(Ci)、氟(F)、碘(I)、溴(Br)、硒(Se)、硅(Si)、锶(Sr)、钛(Ti)、钒(V)、锡(Sn)、镓(Ga)等,尽管它们含量甚微,但却是生命过程中不可缺少的元素。

这些化学元素统称为生物性元素,无论缺少哪一种,生命过程都可能停止或产生异常。例如碳水化合物是由水和 CO_2 经光合作用形成的,但光合作用过程中还必须有 Fe、Mn、Cl 等微量元素作为辅酶或辅助因子。此外,N、P、K、Zn、Mo 也对光合作用的强度产生影响。

在自然环境中,每一种化学元素都存在于一个或多个贮存库中,元素在环境贮存库中的数量通常大大超过其结合在生命体贮存库中的数量。例如,大气圈和生物圈都是氮元素的贮存库,而大气圈中氮的数量远远大于生物圈中氮的数量。元素在"库"与"库"之间的移动,便形成物质的流动。营养物质在生态系统内的流通量采用单位时间、单位面积(或体积)通过的该物质数量的绝对值来表示。为了衡量生态系统中营养物质的周转状况,需要引入周转率和周转时间的概念。周转率(turnover rate)指单位时间内出入一个贮存库的营养物质流通量占库存营养物质总量的比例;周转时间(turnover time)是周转率的倒数,指移动贮存库中全部营养物质所需的时间。可见,周转率愈大,周转时间愈短。例如,大气圈中分子氮的周转时间约为100万年(1 Ma),海洋中硅的周转时间约为8000 a。在自然生物地球化学循环中,某种物质输入和输出各贮存库的数量通常处于大致平衡的状况,使该物质在各贮存库内的存量保持基本恒定。如果一个贮存库的某种物质输入与输出失衡,使其存量增加或减少,必将会对整个生态系统的功能产生一系列难以预料的影响。

生物地球化学循环可分为气体型循环和沉积型循环两种类型。气体型循环属于全球性的循环,循环物质主要贮存在大气圈和水圈中,包括氧、碳、氮等元素的循环;沉积型循环多属于区域性的循环,循环物质主要贮存在岩石圈和土壤圈中,如作为生命主要养分的磷元素的循环。这些元素的循环都伴随着能量流动而进行,依赖于水循环作为循环物质的载体。

1. 氧循环

氧占生命物质中原子总量的约1/4,是地球上最多的一种元素。氧的化学性质非常活泼,可以与地壳中许多元素化合,因此,它存在于几乎所有的岩石和矿物中。此外,它还是一些有机物质如糖、淀粉和纤维素的重要组成元素。由于氧的高度化学反应性和广泛存在于生物群落与非生物环境中,它的生物地球化学循环异常复杂。氧与氢化合参与水分循环,与碳化合参与碳循环,并且还参与风化过程和元素的沉积型循环。图12-13给出了氧循环的一些主要途径。

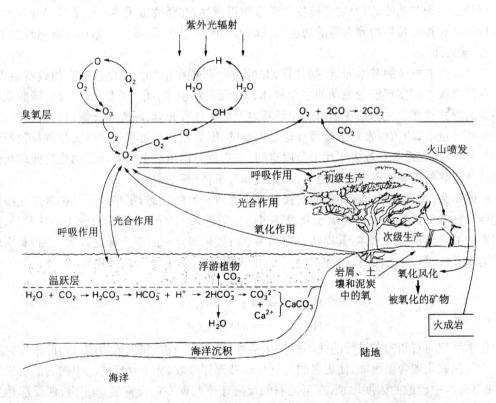

图 12-13 全球氧循环简化图示[4]

自由氧的两个主要贮存库是大气和海洋，这些库中氧含量的维持与更新主要由两个过程所支配：一个是大气圈上层水汽的光解作用，它导致氧的释放，一些氧原子与氧分子结合成臭氧，形成臭氧层；另一个是植物（包括海洋中的浮游植物）的光合作用，它固定太阳能并放出氧气，成为分子氧产生的主要来源。地球的原始大气中是没有氧气的，现代大气圈中的氧气，被认为几乎全部来源于光合作用。动、植物和微生物通过呼吸作用从大气中吸取氧气，绿色植物通过光合作用又把氧气归还到大气中，从而完成了氧的循环。

氧的循环总是与碳的循环结合在一起的，这两种元素在光合作用和呼吸作用的驱动下进行着近于封闭式的自然循环，其中，碳以二氧化碳的形式通过光合作用被固定在植物体内，再通过呼吸作用被释放到大气和水中。在海洋中，水与二氧化碳化合形成碳酸，经过一系列的化学反应，碳酸根可与水中的钙离子等化合，形成碳酸钙等化学沉积物，从而使一部分氧暂时脱离了氧循环。

尽管化石燃料燃烧等人类活动会导致大气中氧气消耗的加剧，但氧的含量仍处于一种动态平衡的状态，这可能与氧循环中的负反馈机制有关。一些研究表明，在厌氧环境中出现的硫化还原细菌可能起着这种作用，这种化能合成细菌具有利用硫酸根离子产生氧的功能：

$$SO_4^{2-} + 2C \longrightarrow 2CO_2 + S^{2-}$$

在这个过程中，自由氧并没有被释放出来，但二氧化碳却可能被光合作用所利用，最终释放出氧气。由于这种细菌只存在于厌氧环境中，大气中氧含量的变化将影响厌氧环境和该细菌种群丰度的变化，这种变化又将反过来调节氧的含量。另外，大气中二氧化碳浓度的增加也可能产生相似的调节功能，因为它使植物的光合作用增强，并释放出更多的分子氧。然而，大面积的采伐森林和排放污染物等人类活动也能减弱植物的光合作用，导致氧循环与碳循环的失衡。

2. 碳循环

碳是构成有机体的基本元素，据估计，有机物质干重的近50%是由还原态的碳所组成的，它是各营养级之间实现能量流动的主要载体。在无机环境中，碳主要以 CO_2 或者碳酸盐和重碳酸盐的形式存在。生态系统中的碳循环基本上是伴随着光合、呼吸和分解过程进行的，在较长时间尺度上，地质因素对于碳循环也是重要的，因为贮存在沉积岩中的大量碳（煤、石油和天然气等）是生态系统在过去年代中所固定的，它们暂时退出了生物圈活跃的生物地球化学循环。自然界碳的活动贮存库主要是海洋、大气和有机体（图12-14）。

一般认为，大气和海洋之间碳的交换量处于大致平衡的状态，每年从大气扩散进入海洋表面的碳量（$92.5 \times 10^9 \text{t} \cdot \text{a}^{-1}$）略大于从海洋表面扩散进入大气的碳量（$90.0 \times 10^9 \text{t} \cdot \text{a}^{-1}$）。如果大气圈中的碳全部进入海洋，其周转时间约为8a；如果海洋中的碳全部进入大气圈，其周转时间约为420a。海、气之间的碳交换发生在水的表层，由下列化学反应所决定：

$$CO_2 + H_2O \rightleftharpoons H_2CO_3 \qquad ①$$

$$H_2CO_3 \rightleftharpoons H^+ + HCO_3^- \qquad ②$$

$$HCO_3^- \rightleftharpoons H^+ + CO_3^{2-} \qquad ③$$

式中化学反应向右和向左进行的速率取决于各种反应物（左边）和生成物（右边）的浓度。例如，如果大气二氧化碳含量增加，使更多的二氧化碳被海洋吸收，化学反应式①中向右的反应将加快，并使海水中碳酸的浓度增加，直至向右的反应速率与向左的反应速率相当，使反应达到平衡为止。反之，如果海水中碳酸的浓度高，向左的反应将加快，使更多的二氧化碳生成并排向大气圈，同时降低了海水中碳酸的浓度，直至反应达到平衡为止。碳酸可进一步分解成氢离子和

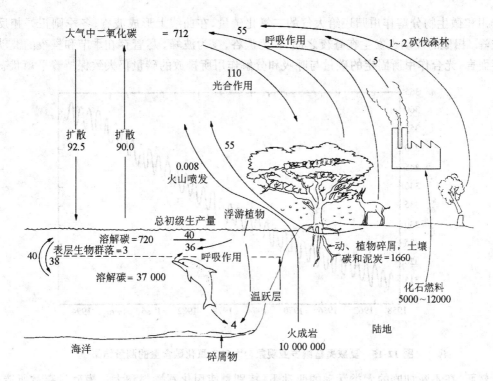

图 12-14 全球碳循环简化图示[4]

(流通量单位为 $10^9 \text{t} \cdot \text{a}^{-1}$,库存量单位为 10^9t)

重碳酸根离子,并引起海水 pH 的变化,从而影响碳酸、重碳酸根离子和碳酸根离子的相对浓度(反应②和③)。以大气二氧化碳含量增加的情况来说,二氧化碳溶解形成碳酸(反应①);碳酸分解形成氢离子和重碳酸根离子(反应②),并引起海水 pH 的降低;于是,氢离子与碳酸根离子反应生成另一个重碳酸根离子(反应③向左进行)。因此,大气二氧化碳被海洋吸收的综合化学反应是上述三个反应之和,即

$$CO_2 + CO_3^{2-} + H_2O \rightleftharpoons 2HCO_3^-$$ ④

在海水中,碳主要沿两种途径不停地循环流动着,一种是在海流驱动下的物理运动;另一种是通过浮游植物的光合作用,海洋中动、植物的呼吸作用,以及沿食物网的生物化学传递。在温跃层上下,碳的浓度是不同的,在上层暖水带和下层冷水带之间的溶解碳相互交换,并发生旋涡导致混合作用,从而使 10%~20% 的微粒物质沉入洋底,在那里,大约 15% 的碳酸钙被结合成为深海沉积物,归入缓慢的碳循环过程。

陆地环境中也存在着碳的慢循环和快循环两种过程。动、植物残体,土壤腐殖质,新生泥炭和大的植物茎干与根属于慢循环碳库;而植物的叶片和动物活体等则属于快循环碳库。一般认为,陆地碳库与大气圈碳库之间的碳交换量处于平衡状态,其数值大约为 $110 \times 10^9 \text{t} \cdot \text{a}^{-1}$,即每年由植物光合作用从大气圈移走的碳量等于动、植物呼吸作用和动、植物残体分解作用所补偿给大气圈的碳量。大气二氧化碳的主要利用者是初级生产者。植物和动物是陆地上主要的有机碳库,另一个陆地上主要的碳库是包含在土壤中和土壤表面的碎屑碳。

在全球尺度上,碳的交换随季节而变化,这可以从北半球大气二氧化碳含量的季节波动(图 12-15)看出。在夏季,初级生产者通过光合作用对大气二氧化碳的固定量超过动、植物呼

吸作用和微生物分解作用归还给大气的二氧化碳量,在曲线上形成波谷;冬季则正好相反,形成波峰。相似的波动也发生在昼夜之间,昼为波谷,夜为波峰。尽管存在季节和昼夜的波动,就全年而言,光合作用所固定的碳量与呼吸和分解作用所排放的碳量仍大致保持着平衡状态。

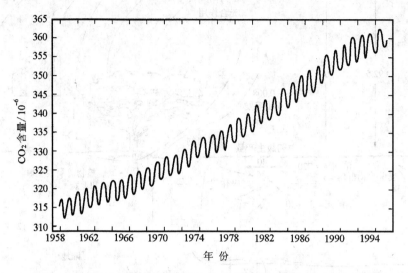

图 12-15　夏威夷冒纳罗亚观象台大气二氧化碳含量的测量结果[2]

然而,在不断加剧的人类活动的驱动下,特别是使用化石燃料和大规模砍伐森林所造成的碳的排放,正在引起自然界碳循环自组织系统的失稳。据估计,每年约有 5×10^9 t 的碳通过化石燃料的燃烧排入大气圈,其中约 50% 保留在大气圈中,近一半溶解在海洋中,只有很少的量增加到陆地生物量中。此外,砍伐森林造成的土壤裸露以及木材燃烧每年向大气圈排放 $(1\sim2)\times10^9$ t 的碳。这些逐年增加的碳排放量很可能是引起全球大气二氧化碳含量增加的主要原因。在夏威夷的观测结果表明,1958 年大气二氧化碳的平均含量约为 315×10^{-6} (ppm);到了 1995 年,已达到约 358×10^{-6},其增长的趋势十分显著,平均每年增加约 1.2×10^{-6}(图 12-16)。

大气中二氧化碳浓度逐渐增加的事实表明,海洋对二氧化碳的调节能力是有限的。可以设想,如果人类继续增加化石燃料的使用量和森林的砍伐量,海洋吸纳二氧化碳的能力终将会被耗尽,那时,更大部分的二氧化碳将被保留在大气圈中,必然会导致更为显著的温室效应加剧、全球变暖和海平面上升等一系列人类生存环境的变化。

3. 氮循环

氮是生态系统中的重要元素之一,因为氨基酸、蛋白质和核酸等生命物质主要由氮所组成。大气圈是氮的主要贮存库,其中氮气的体积含量为 78%,居所有大气成分的首位。但由于氮属于不活泼元素,气态氮并不能直接被大多数有机体所利用。因此,将气态氮转化为可被生物同化的可给态氮的过程,是氮循环的主要子过程。生物圈是氮的另一个主要贮存库,大部分氮的固定是通过生物过程实现的,称为生物固氮。此外,闪电、宇宙线、陨星和火山活动等能把少量的气态氮转变成氮化物,称为高能固氮;随着石油化学工业的发展,以气体和液体燃料为原料生产合成氨已经成为开发自然界氮素的一种重要途径,称为工业固氮。

在生物固氮过程中,氮气被分离成两个原子:$N_2 \rightarrow 2N$,1 mol(28 g)的氮气全部分离成氮原子,需耗能 668.8 kJ。这些自由的氮原子与氢化合生成氨,并释放出大约 54.3 kJ 的能量:

$$2N + 3H_2 \longrightarrow 2NH_3$$

能够完成这一转变的共有三种生物类群,即与豆科植物具有共生关系的细菌与根瘤菌,自由生活的需氧细菌和蓝绿藻(图 12-16)。在农业生态系统中,大约有 200 种具根瘤的豆科植物,它们的共生细菌是主要的固氮者。而在非农业生态系统中,固氮由大约 12 000 种根瘤菌、自由生活的需氧细菌和蓝绿藻(在水体中)承担。

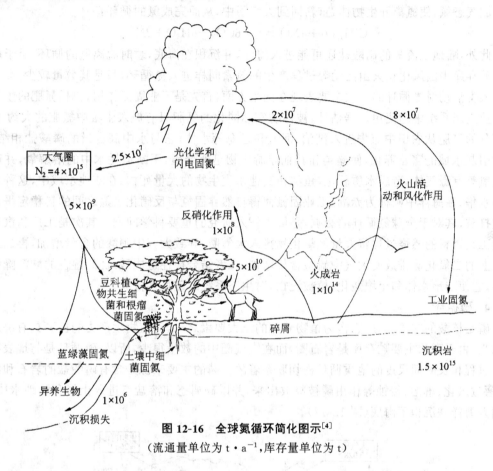

图 12-16 全球氮循环简化图示[4]

(流通量单位为 $t \cdot a^{-1}$,库存量单位为 t)

进入生物体的氮以氨或铵盐的形式被固定后,经过硝化作用形成亚硝酸盐或硝酸盐。在亚硝酸细菌作用下,氨被氧化成亚硝酸:

$$NH_3 + 1\frac{1}{2}O_2 \longrightarrow HNO_2 + H_2O + 689.7 \text{ kJ}$$

$$HNO_2 \longrightarrow H^+ + NO_2^-$$

在硝化细菌作用下,亚硝酸根可以被进一步氧化成硝酸根:

$$NO_2^- + \frac{1}{2}O_2 \longrightarrow NO_3^- + 75.24 \text{ kJ}$$

亚硝酸盐或硝酸盐被绿色植物吸收并转化成为氨基酸,合成蛋白质。然后,植食动物利用植物蛋白质合成动物蛋白质。动物的排泄物和动、植物残体经异养细菌及真菌的腐败分解作用形成氨基酸,在氨化作用中,氨基酸被分解者有机体氧化产生氨、CO_2、水和能量:

$$CH_2NH_2COOH + 1\frac{1}{2}O_2 \longrightarrow 2CO_2 + H_2O + NH_3 + 735 \text{ kJ}$$

排放到土壤中的氨可能被植物利用来合成蛋白质,或再经硝化作用被微生物氧化成亚硝酸盐和硝酸盐,并释放出能量,如此循环不已。一般来说,硝化作用对生态系统是有益的,它使氮化物供植物吸收和利用,合成蛋白质,进而被动物所利用。但由于硝酸盐可溶性强,所以,也就容易引起氮的流失。

一部分硝酸盐还可以在缺氧和有葡萄糖的条件下被真菌和假单胞细菌还原,经反硝化作用生成气态氮,使氮离开生物体,重新回到大气圈中,从而完成氮的循环:

$$C_6H_{12}O_6+4NO_3^- \longrightarrow 6CO_2+6H_2O+2N_2$$

此外,陆地上流失的硝酸盐还可能进入海洋,并沉积在海底,暂时脱离氮的循环。至于从岩石圈贮存库中因风化和火山活动等过程产生的氮素同样进入氮循环,只是其数量较少。

人类活动对氮循环的干预主要表现在两个方面,首先是工业固氮作用,包括氮肥的生产和在农业生态系统中的使用。据估计,被作物实际同化的氮肥只有施入土壤中氮肥的大约1/3,大部分的氮肥从农田中流失进入湖泊、河流和近海等水体,它与水中高含量的磷酸盐相结合,常常引起水域的富营养化,使藻类和其他浮游生物迅速繁殖,不断消耗水中的溶解氧,并产生硫化氢等有毒气体,造成水质恶化,鱼类和其他水生生物的大量死亡。在陆地水域中,这种现象称为水华,在海洋中则称为赤潮。工业固氮使得自然界固氮与反硝化去氮之间的自稳定平衡状态被打破,其对于全球氮循环的影响,是值得深入研究的重要科学问题。其次是工厂和汽车等交通工具燃料的燃烧过程将大量氮氧化物排入大气圈,导致大气中硝酸的含量增加,再加上燃煤工业的二氧化硫排放使大气中硫酸含量增加,二者结合往往造成酸沉降,湿性的酸沉降称为酸雨,它使陆地水体和土壤酸化,植被死亡,对生态系统的破坏性极大。

4. 磷循环

磷是核酸的主要成分,它作为植物养分的三大要素之一,对植物生产力的提高具有决定性的意义。由于磷的主要贮存库是岩石圈,而在大气圈中的数量很少,所以,磷循环是与地表物质迁移过程和长时间尺度的地质循环密切联系着的。磷的主要来源是含有磷酸盐的岩石和沉积物,通过风化、淋溶、侵蚀等作用磷被释放出来,并以碎屑态和溶盐态进入土壤和陆地水体,最终输入海洋并沉积于海底(图12-17)。

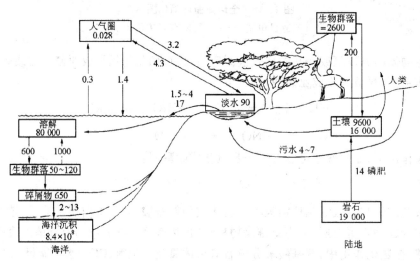

图12-17 全球磷循环简化图示[4]

(流通量单位为 $10^6 t \cdot a^{-1}$,库存量单位为 $10^6 t$)

在陆地生态系统中,植物可以直接从土壤或水中吸收无机态磷酸盐离子(PO_4^{3-}),合成自身的原生质,形成有机态磷,然后通过植食动物和肉食动物在生态系统中传递。动物的排泄物和动、植物残体经微生物的分解,重新形成无机态磷酸盐离子,其一部分归还给土壤,供植物再次利用,另一部分被微生物所利用建造自身,还有一部分随水流进入湖泊和海洋。在水域生态系统中,浮游植物吸收无机磷的速率很快,而它们又被浮游动物和其他动物所取食。浮游动物每天排出的磷几乎与贮存在体内的磷数量相当。这样,水体中既存在无机磷,也存在有机态磷化合物和可溶性大分子的胶状磷。综上所述,在陆地和水域生态系统中,磷都被有效地循环和保存着,但在人寿时间尺度上,磷素迁移的总趋势是不断地从生态系统中流失掉,使生物圈中的磷素日益贫乏,因为水域中大量的磷随动、植物残体长期沉积到海底,脱离了循环,而重新返回到循环中的磷不足以补偿其损失量。可见,磷循环是一个非闭合的循环。

与其他元素的生物地球化学循环相似,磷循环也受到人类活动的影响,特别是在农业生产中大量施用磷肥。在土壤中,磷可与钙、铁、铵等离子化合,形成不能溶解的盐,从而无法被植物所利用,降低了磷肥的效用;有机磷则通过作物收获而被移出农业生态系统,最终作为人类和动物的排泄物或者食品加工厂的废物被排放到陆地水体中,引起水域的富营养化,藻类的大量繁殖耗尽水中的氧和氮,造成水生动、植物因缺氧或中毒而大量死亡的水污染事件。

(三)大地女神假说

从上述各种元素的循环过程可知,生物群落是生态系统生物地球化学循环的关键环节,它调节着化学元素在大气、海洋和陆地各贮存库中的数量与流动速率,甚至是某些元素和化合物产生的源泉。那么,有生命存在的地球与无生命的其他行星在物质组成方面究竟有何不同?其原因又是什么呢?

空间探测表明,地球大气与相邻的金星和火星大气的化学组成完全不同。金星大气的密度是地球大气的90倍,主要成分(体积分数)是:CO_2(96.4%),N_2(3.4%),SO_2(0.02%),水汽(0.14%)等,几乎没有氧。由于高浓度二氧化碳产生的强烈温室效应,使金星表面的温度很高,达到460℃。火星大气的密度只有地球大气的0.5%,主要成分(体积分数)是:CO_2(95.6%),N_2(2.7%),Ar(1.6%),O_2(0.1%),水汽含量极微。由于火星大气非常稀薄,其表面温度很低,北半球夏季白昼温度约-10℃,冬季白昼最高温度约-85℃。再看地球,其大气成分(体积分数)主要是:N_2(78%),O_2(21%),Ar(0.934%),CO_2(0.036%),平均温度为15℃,为生命的存在提供了适宜的环境。然而,利用天体物理理论,在假设地球、金星和火星都是"正常的"太阳系行星,它们的大气形成过程遵循同样规律的情况下,根据金星和火星大气组成推断出来的行星地球大气组成与实际地球大气组成却差别异常显著。实际地球大气的CO_2分压仅为行星地球大气的千分之一(10^{-3}),而O_2的分压却高出行星地球大气的700倍,N_2的分压也高出行星地球大气的26倍,说明地球不是一颗"正常的"太阳系行星(表12-7)。

表12-7 地球和相邻行星大气组成的比较(单位:hPa)[24]

成分	金星	行星地球	火星	实际地球	实际地球/行星地球
CO_2	90000	300	5	0.3	0.001
N_2	1000	30	0.05	780	26
O_2	0	0.3	0.1	210	700

为了解释上述现象,英国大气化学家拉夫洛克(J. E. Lovelock)提出了大地女神假说(Gaia Hypothesis),其基本观点可以表述为:对于地球的特定属性,只根据物理学和化学的规律是很难解释的,必须同时考虑生物学规律。地球上的生物圈和它的环境构成一个有机的整体(称为大地女神),地球大气的组成、气温、海水温度、海水 pH 等都是由生物圈积极调节的,是生物圈通过自己的影响使地球的气候环境长期保持在适合自己生存的"稳态"上。这种通过生物圈并且为了生物圈的地表调节作用从最早出现广泛传播的生命开始便一直存在,因此,在很大程度上,是生命自己创造了它的生存环境。例如,在地球演化的历史上,大气 CO_2 含量曾高达现有含量的 10 倍,CO_2 含量降低的主要原因是绿色植物的光合作用。当绿色植物光合作用从大气中吸收的 CO_2 与动、植物呼吸和死亡动、植物体腐败向大气排放的 CO_2 达到某种微妙的平衡时,生物圈对 CO_2 的调控作用才明显减小,但植被生命活动的季节性变化仍是大气 CO_2 浓度季节波动的主要原因。地球上的生命发生始于一个无氧环境,当生物从海洋登上陆地,出现了陆地绿色植物后,它们通过光合作用向大气圈输送 O_2,使大气中 O_2 浓度显著增加,此后,光合作用产生氧的过程与有机物质腐败氧化的耗氧过程达到某种平衡,形成了富氧的地球大气圈。地球大气中高浓度氮气的累积,也与生物特别是细菌活动有关,很可能是由于反硝化作用生成并向大气排放氮气的速率大于氮气在大气中被氧化或被固氮细菌吸收转化成氮化合物的速率的结果。可见,正是生物圈的出现和发展改变了地球原始大气组成。

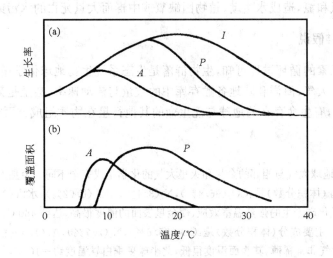

图 12-18　植物的生长率和覆盖面积与温度的关系[18]

更为奇妙的是,天文学的研究表明,在地球存在的 40 多亿年里,太阳的发光度在持续增长,而地球的温度却保持相对稳定,既没有全球海洋封冻的迹象,也没有地表平均温度升至 50 ℃ 以上的征兆,这很可能也与生物的调节作用有关。图 12-18 是大地女神假说的一个模型,显示出植物生长率(图 12-18a)与覆盖面积(图 12-18b)随温度变化的曲线。其中,曲线 I 对应水肥充足的理想状态,P 代表陆地植物,A 代表海藻。在 18 ℃ 以下时,陆地植物的生长率和覆盖面积都随着温度的升高而增大;到了 18 ℃ 以上,由于水分供应紧张,限制了陆地植物的生长,使其生长率和覆盖面积反而随温度升高而减小。海藻的生长率和覆盖面积开始下降时的温度比陆地植物更低,其原因是 8 ℃ 以上的海面下可形成温跃层,它阻止深水中营养物质的上涌,从而限制了海藻的生长与分布范围。由于陆地植物的覆盖面积影响植物对温室气体 CO_2 的固定量,而海藻的覆盖面积则可影响云对阳光的反射率(通过释放二甲基硫),所以,在曲线的正斜率区,植被对温度的调节起到负反馈的作用,即温度升高、覆盖面积增大,导致温度降低,但在曲线的负斜率区,这种调节机能失效。可见,大地女神的自我调节作用是有条件的。

12.7 地球上的生态系统类型

（一）生物多样性

生物多样性(biodiversity)指生物界的多样化和变异性,以及生物生存环境的复杂性。生命系统是一个等级系统,包括基因、细胞、组织、器官、物种、种群、群落、生态系统等多个层次,每个层次都具有多种多样的类型和丰富的变化,即都存在着多样性。但通常所说的生物多样性主要指遗传多样性、物种多样性和生态系统多样性。

遗传多样性指种内基因的变化,包括种内不同的种群间和同一种群内的遗传变异,它是物种多样性和生态系统多样性的源泉。所有的遗传多样性都发生在分子水平,并且都与核酸的理化性质密切相关。

物种多样性指一个地区内物种的多样化,包括所有植物、动物、微生物的物种。目前我们仍然不能比较准确地估计出地球上物种的数目,其变化幅度可能是 $5\times10^6 \sim 3\times10^7$ 种,甚或 $2\times10^6 \sim 1\times10^8$ 种。已经定名或描述的物种数目也不完全清楚,有 1.4×10^6 和 1.7×10^6 的说法。尽管如此,但有一点是没有疑问的,即人类活动是造成物种多样性逐渐丧失的根本原因之一。图 12-19 显示出,随着人口的扩散,大型哺乳动物和鸟类在世界上几个区域内的减少过程。据估计,晚更新世以来,大型哺乳动物和大型鸟类 73% 的属已经从地球上消失。

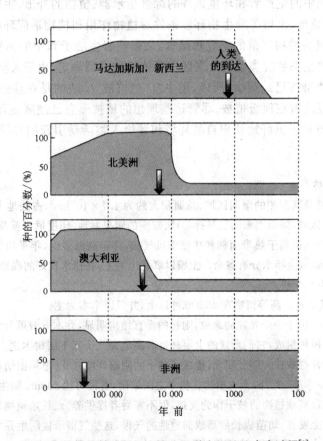

图 12-19 大型哺乳动物和鸟类物种多样性的丧失过程[2]

生态系统多样性指地球上非生物环境、生物群落和生态过程的多样性。其中，非生物环境的多样性是生物群落多样性形成的基本条件；生物群落的多样性主要指群落组成、结构和动态（包括季相和演替）方面的多样性；生态过程的多样性指生态系统的组成、结构和功能随时间变化的性质，以及生态系统内的生物群落之间、生物与环境之间相互作用方式的多样性。

生物多样性是人类赖以生存的物质基础，其直接价值表现为各种野生的和经驯化的生物种提供了人类所需要的全部食物、许多种药物和工业原料，多样化的生态系统则提供了人类休憩、旅游的场所；其间接价值主要体现在各种生物群落固定太阳能、调节气候与水文过程、防止水土流失、净化环境、促进养分循环和维持生物进化等方面。

（二）陆地生态系统

陆地面积约占全球总面积的 29%，但陆地生物群落的现存生物量却占了全球的 99% 以上，可见，陆地生物群落在整个生物圈中起着至关重要的作用。由于陆地的环境条件非常复杂，所以，从炎热多雨的赤道到冰雪覆盖的极地，从湿润的沿海到干燥的内陆，形成了各种各样适应环境条件的生物群落和陆地生态系统（terrestrial ecosystems）。根据陆地上多样化的植物和动物群落，以及它们与非生物环境之间的相互联系，可以将陆地生态系统归纳为 10 个主要类型，它们在全球的分布见图 12-20。

植物是生态系统中的生产者和环境条件的综合指示器。植物的外形、生长发育特征和分布是光照、温度、水分、地形、土壤等非生物环境条件对植物作用和植物适应环境条件的结果。与一定环境条件相适应的植物群落的组成和结构，又影响着生活于其中的消费者和分解者的种类与构成。因此，陆地生态系统类型的分布区主要依植被类型确定。由于人类活动的强烈干扰，保存下来的自然植物群落已经很少，所以，图中"自然植被"反映的是在理想状态下，与一个区域的环境条件相适应的潜在顶级植被。尽管这些理想的植被形态已经被显著地改变了，但了解这些自然植被的分布对于更好地认识自然环境和评价人类活动引起的环境变化的程度，是很有意义的。

1. 赤道和热带雨林

本类型分布在赤道及其两侧的湿润区域，总面积大约为 $1.7 \times 10^7 \text{ km}^2$，占陆地上现存森林面积的一半。它主要分布在 3 个区域，即南美洲的亚马孙盆地、非洲的刚果盆地、印度尼西亚及东南亚的一些岛屿。

赤道和热带雨林分布区属于热带雨林和热带季风气候，终年高温多雨，年平均气温在 25 ℃以上，年降水量为 1800~4000 mm，全年水分有盈余。土壤以氧化土为主，在排水良好的高地为老成土。

雨林植被具有以下几个特点：

(1) 种类组成极其丰富。高等植物在 45 000 种以上，并且以木本为主。

(2) 群落结构复杂。由于争夺光照的缘故，雨林的垂直结构明显，乔木一般可分为 3 层：(i) 上层呈连续分布，由高大的常绿树种组成，它们形成的上层林冠高高地突兀于其下层树木之上；(ii) 中层大致呈连续分布，它们茂密的叶片拦截住大部分阳光，造成了林下的阴暗环境；(iii) 下层由幼树、蕨类等组成。再往下为灌木层和稀疏的草本层。此外，藤本植物在树木之间攀附，直径可达 20 cm。附生植物如兰科、凤梨科和蕨类非常茂盛，它们以其他植物的枝干作为支撑，但不靠后者提供养分。绞杀植物以榕属的一些种为代表，它们的种子在乔木上发芽，幼苗成长后形成向地性的气根，这些气根沿被附生乔木的树干或从空中垂直下降，到达地面后入土，盘根错节，直至将被附生的乔木包围、绞杀致死为止。

(3) 乔木具有特殊结构。雨林中乔木的树干比较光滑，树皮很薄，与其高度相比，树干显得细长，其基

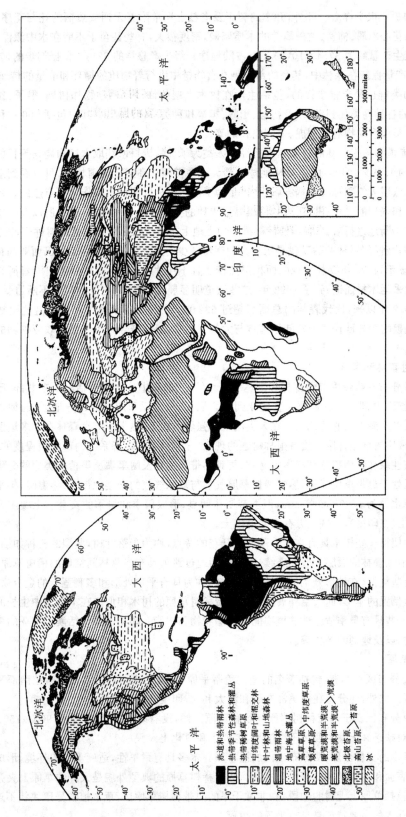

图12-20 全球主要陆地生态系统的分布
(根据参考书目[1]绘制)

部由可高达数米的板状根支撑着。此外,乔木的树干及老枝上还常附着无柄或短柄的花与花序,称为茎花。雨林树种中桃花心木属、柿科、黄檀属等的木质坚硬,密度很大,有些甚至于不能在水中漂浮。

雨林的净初级生产量约为 $37.4 \times 10^9 \text{ t} \cdot \text{a}^{-1}$,占陆地净初级生产总量的32%。根据初步的估计,大约只有3.8%的净生产量保持在森林中,其余的部分则在食物链中进行着物质的循环和能量的传递。

雨林中的动物类群也是丰富多样的,包括生活在树木上层的许多树栖动物如树懒、猴子、狐猴和蛇等,还有色彩鲜艳的各种鸟类如鹦鹉,以及树蛙、蜥蜴、蝙蝠和种类丰富的昆虫(其中包括500多种蝴蝶)。在地面生活的哺乳类肉食动物有亚洲虎、美洲虎和豹等。

据估计,原始赤道和热带雨林的一半以上已经被人类为了放牧、耕种、获取木材和烧柴等目的而清除掉,目前每年仍有约 $1.69 \times 10^5 \text{km}^2$ 的雨林从地球上消失。在夜间从高空观察雨林区,可以看到众多的人为火点,而在白天,低层大气则弥漫着烟雾,这些火是为了清除雨林以便种植农作物而点燃的。由于雨林区土壤养分的贫乏和强烈的风化、淋溶作用,使得开垦土地的生产力几年内就被耗尽,所以新一轮烧荒和清除雨林的作业在不断地进行着。然而,要使被清除的土地上重新生长出雨林的优势树种来,则需要100~250 a。除了刀耕火种以外,林业的砍伐是雨林面积逐年减少的又一个主要原因。以巴西亚马孙盆地为例,卫星照片资料显示,1975年森林砍伐的面积仍然较小且不连片;1986年便可分辨出沿着河谷两侧新出现的许多平行的采运木材通道;到了1992年,这些通道明显展宽,使通道之间的雨林不断遭受蚕食。统计资料表明,自1972年以来,砍伐森林的总面积超过 532 086 km^2,相当于整个亚马孙盆地雨林面积的13.3%。这种大规模的森林砍伐将干扰陆地植被与大气间的碳循环,是导致大气温室效应加剧的主要原因之一。

2. 热带季节性森林和灌丛

在雨林的边缘分布着热带季节性森林和灌丛生态系统,它的集中分布区包括巴西东北部、巴拉圭的一部分和阿根廷北部,非洲从东安哥拉经赞比亚到坦桑尼亚,东南亚和印度的部分地区,缅甸内地到泰国、老挝和柬埔寨,以及澳大利亚的北部。在人类活动的强烈干扰下,热带季节性森林在许多地区已经消失,以致于出现热带稀树草原直接与热带雨林毗连的现象。此外,由于生态系统内部湿润程度的差异,还产生了从热带季节性森林到稀疏丛林和灌木丛林,再到热带旱生林及耐旱灌丛等植被类型的分化。

本类型分布区处于热带季风气候、热带稀树草原气候与草原气候的交接地带,常年温暖,年平均气温在18℃以上,年降水量为1300~2000 mm,但季节变化明显,形成雨季和旱季的交替。土壤主要为氧化土、老成土和变性土(在印度),一些地方存在着淋溶土。

上述环境条件使得一些树木具有在旱季落叶和开花的特点,称为半落叶树,典型的树种如柚木等。从外貌上看,热带季节性森林的冠层一般不连续,当它渐渐地过渡为具有多草林间空地的稀树草原时,其外貌与稀疏的果园有些类似。在地形开阔的区域,常见的树种为具有平顶外形和多刺茎干的金合欢属,这些树木的枝干形态呈倒置的伞形(向天空伸展开),与热带稀树草原的树木相似。在本类型中生长的大部分树木材质不佳,但一些具有旱季适应性的植物能生产蜡状物和树脂。动物种类包括澳大利亚的考拉和白鹦鹉、象、啮齿动物,以及地栖的鸟类等。

3. 热带稀树草原

本类型的最大分布区在非洲,包括著名的塞伦盖蒂平原(坦桑尼亚和肯尼亚)、撒哈拉南部和刚果盆地以南的沿海地区。此外,还分布在南美洲东部和澳大利亚、印度的部分地区。

热带稀树草原分布区属于热带稀树草原气候和草原气候,没有冷季,年降水量为900~1500 mm,干湿季分明,水分相对缺乏。土壤主要为干淋溶土、老成土和氧化土。

由于雨季和旱季的交替出现,使分布区内的灌木和乔木多具有耐旱性,适应干旱的环境,形成小而厚的叶片,蜡质的叶表面和粗糙的树皮等形态特征。热带稀树草原的典型外貌是大片的草原上夹杂着稀疏的乔木和灌木,也包括草原上无树的地段。在非常干旱的热带稀树草原区,草本植物呈斑块状不连续地分布,其间为裸地。乔木的主要特征是具有平顶的树冠。

在非洲,热带稀树草原是大型陆地哺乳动物的家园,它们以草本植物或草食动物为食,如斑马、长颈鹿、野牛、羚羊、犀牛、象、狮子、猎豹等。鸟类包括鸵鸟、鹰、鹭鹰等。此外,还有许多种毒蛇和鳄鱼。然而,由于偷猎和栖息地的丧失,这些动物的数量正在迅速减少。因此,建立大型的热带稀树草原保护区以保存这一独特的自然景观和相应的动物群已迫在眉睫。

4. 中纬度阔叶和混交林

在常湿温暖、冬干温暖和常湿冷温气候区发育了一种混交林植被类型,主要分布在北美东部、亚洲东部和欧洲的部分地区,构成中纬度阔叶和混交林生态系统。该类型分布区的气候温和,但具有冷季,年降水量 750~1500 mm,且季节分配明显。土壤为老成土和一些淋溶土。

在北美东部,沿着墨西哥湾分布有茂密的常绿阔叶林,向北是落叶和常绿针叶混交林;我国东部从南到北则出现亚热带常绿阔叶林、暖温带落叶阔叶林和中温带针阔叶混交林。针叶树主要是各种松树,如北美乔松、多脂松、油松、马尾松、红松等,而落叶树种有栎属、山毛榉属、山核桃属、槭属、榆属、栗属等。这些混交林中包含着有价值的木材,但它们的天然分布和树种构成已经被人类活动显著地改变了。例如,在美国密执安和明尼苏达的天然北美乔松早在1910年之前已被砍伐殆尽,后来的人工造林才使它们保存至今。在我国北方,经历了若干个世纪的砍伐,天然森林也已经基本消失,现存的大多是次生林和人工林。

众多的哺乳动物、鸟类、爬行动物和两栖动物生活在这个生态系统中,代表性的动物包括红狐、白尾鹿、松鼠、负鼠、熊和大量的鸟类如唐纳雀、北美红雀等。在北部,贫瘠的土壤和冷湿的气候适合于针叶树的生长,所以逐渐向针叶林生态系统过渡。

5. 针叶林和山地森林

针叶林呈带状连续分布在北半球高纬地区。在北美大陆,从加拿大东海岸向西直抵阿拉斯加;在欧亚大陆,从西伯利亚横穿整个俄罗斯到达欧洲平原。在南半球,除了部分山区外,没有这种植被类型。但由针叶林组成的山地森林却广泛存在于世界上的高海拔地区。

本类型分布区属于常湿冷温气候,冬冷而夏短,年降水量 350~1000 mm,由于蒸发量小,水分并不缺乏。典型的土壤是灰土,呈酸性,以腐殖质和粘粒的淋溶为特征。某些针叶林分布区处于永久冻土带内,夏季表面活动层的解冻往往形成苔藓沼泽和排水不良的有机土。此外,一些地区还分布有始成土和极地淋溶土。

针叶林的主要树种有松属、云杉属、冷杉属和落叶松属。尽管这些森林在形成上是相似的,但在北美大陆和欧亚大陆之间仍存在着个别种的差异。落叶松是一种罕见的针叶树,它在冬季落叶,在春季针叶重新萌生,这可能是抵御其原产地西伯利亚极端寒冷的气候的结果,这种树也出现在北美。黄杉属和科罗拉多冷杉生长在美国和加拿大的西部山地,这些森林区是重要的木材产地。其他一些用材林分布在针叶林带的南部边缘,纸浆原材则贯穿其整个中部和北部地区。

针叶林和山地森林生态系统中代表性的动物包括狼、驼鹿、熊、山猫、河狸、狼獾、貂鼠、小型啮齿类动物和夏候鸟。鸟类中还包括留鸟如隼、鹰、松鸡和猫头鹰等。此外,还有一些适应于针叶林生境的昆虫栖居于此。

由于全球变暖,高纬地带的环境条件正在经历着显著的变化,使冻土活动层融化加剧,厚度变大,从而导致土壤渍水,到20世纪90年代末期,一些受到土壤渍水影响的针叶林已经开始死亡。这是陆地生态系统对于全球气候变化响应的一种预警信号。

6. 温带雨林

中、高纬茂密的森林称为温带雨林。在北美洲,它只出现在位于大陆西北部太平洋沿岸的狭窄边缘地带,一些相似的类型分布在中国南部、日本南部、新西兰和智利南部的几个区域。

本类型分布区属于常湿温暖气候,相对于同纬度而言,具有温和的夏季和冬季,年降水量为 1500~5000 mm,水分有盈余。土壤为灰土和始成土。

与种类组成极其丰富的赤道和热带雨林形成鲜明对比的是,温带雨林仅以几种树木为主。世界上最高的乔木——北美红杉就生活在北美的温带雨林中,它们的树龄可以超过1500a,高度在60～90m,有些甚至可高达100m以上。其他一些代表性树种有黄杉属、云杉属、雪松属、铁杉属等,它们仅保存在俄勒冈州和华盛顿州的几个谷地中,面积已不到原始森林的10%。在华盛顿州奥林匹克半岛的雨林是阔叶和针叶树的混交林,由石松、槭树和蕨类等组成。那里丰富的降水(年降水量约为4000mm)、适度的气温、夏季的雾气,以及海洋的影响造就了这种潮湿、茂密的植被。温带雨林中的动物,包括熊、獾、鹿、野猪、狼、山猫、狐狸,以及多种鸟类。

7. 地中海式灌丛

在副热带高压单体向极地一侧的陆地区域分布着地中海式灌丛,主要分布区包括地中海沿岸、美国西部的加利福尼亚、智利中部和澳大利亚东南和西南部。那里属于夏干温暖气候,夏季炎热而干旱,冬季凉而不冷,年降水量为250～650mm。土壤为干热淋溶土和干热软土。

这种生态系统中的优势灌木矮小,高度在1～2m之间,具有发育良好的深根、革质叶片和不规则的低枝,能够忍受盛夏的干旱,通常称为硬叶植物。植被的典型外貌介于木本灌丛(覆盖率超过50%)和多草的疏林(覆盖率25%～50%)之间。加利福尼亚的浓密常绿灌丛包括熊果属、紫荆属、鼠李属、桃花心木属和栎属的植物;地中海沿岸的灌丛则包括松属、橄榄属和栎属的植物。由于夏季干旱,很容易引起林木火灾,但这些深根植物能很好地适应频繁的林火,它们具有在林火后从根部重新萌发的能力。

地中海式灌丛生态系统内的大型动物有以草和嫩叶为食的鹿,以及肉食的郊狼、狼、美国山猫等。此外,还有许多啮齿类和多种鸟类。

8. 中纬度草原

在各种陆地生态系统中,中纬度草原是被人类活动改造得最为剧烈的一种。这些被称为世界的"面包篮"的区域生产出大量的谷物(小麦、玉米和大豆)和牲畜(猪和牛)。由于在人类干扰之前,这里的优势景观是草地,所以被称为草原。中纬度草原主要分布在半湿润、半干旱的内陆地区,包括美国中部、南美洲东南部,横贯欧亚大陆中部森林与荒漠之间的过渡地带等。这些区域属于常湿温暖和常湿冷温气候,年降水量为250～750mm。土壤为软土和旱成土。

在北美,高草草原的株高可达2m,分布在美国中部至98°W经线附近,这里大致是500mm等降水量线的位置。由此向东越来越湿润,向西则越来越干旱,在高草草原以西的地区分布着矮草草原。由于一个多世纪以来欧洲定居者的耕种和开垦,保存下来的原始草原已经很少,以高草草原来说,自然植被已从连绵10^8ha(公顷,$1\text{ha}=10^4\text{m}^2$)的大草原减少为几块数百公顷的草地。图12-20(p.173)中所显示的是以前北美草原的天然分布状况。在北美以外,阿根廷和乌拉圭的潘帕斯草原、乌克兰的草原也是典型的中纬度草原。草原生态系统的种类组成和生产量随当地降雨量多少而不同,在水分不足的温带干旱地区,草原的净生产量仅为100～400$g\cdot m^{-2}\cdot a^{-1}$,而在水分充足的亚热带地区,草原的净生产量可高达600～1500$g\cdot m^{-2}\cdot a^{-1}$。

中纬度草原是大型草食动物的栖息地,代表性种有鹿、羚羊、叉角羚和野牛等,其中野牛的不断减少以致近于灭绝构成了美国西部开发史的一部分。此外,还有蝗虫和其他以草及谷物为食的昆虫,以及地鼠、草原土拨鼠、黄鼠、兀鹰、松鸡等。肉食动物,包括郊狼、雪貂、獾,猛禽有鹰和猫头鹰。

9. 荒漠

地球上荒漠的面积占陆地总面积的1/3以上。在那里,植物群落为了适应干旱的环境,形成一些独特的生理生态功能:一些短命植物在数年一次的降雨发生时,种子才能迅速地萌发,并生长、开花、产生新的种子,此后,它们再次休眠,直至下一次降水过程的发生;一些旱生植物的果实只有在短时暴流的冲击下才能裂开,它们的种子落入暂时性的冲沟中,并借助那里的水分而萌发。多年生荒漠植物利用其他的适应性特征以应付恶劣的生存环境,例如,长而深的主根、散布的根系、肉质茎(如仙人掌科)、蜡质表皮、叶面纤细的绒毛(阻止水分的丧失)、旱季脱叶及反射率高的光滑叶面(降低叶温)等。由于极端环境条件的限制,荒漠中很少大型的常居动物,只有大角羊和骆驼是例外,它们可以在失去占体重30%体液的情况下保持机体不受损害,其他一些代表性的荒漠动物还有啮齿类、蜥蜴、蝎子和蛇等,这些动物的大多数具有在温度较低的夜间活动的特性。适应荒漠环境和食物来源的鸟类有渡鸦、鸲鹩、鹰、松鸡、夜鹰等。

在荒漠区,根据植被覆盖的特点,又可细分为有各种旱生植物覆盖的半荒漠和地面完全裸露的荒漠。暖荒漠和半荒漠出现在副热带高压单体稳定控制的区域,那里属沙漠气候,年平均气温在18 ℃上下,年降水量少于20 mm,蒸发剧烈、空气非常干燥。土壤为旱成土和新成土(沙丘)。例如在智利北部的阿塔卡马沙漠,30 a平均降水量仅为0.5 mm。地表植被从几乎没有到由众多旱生灌丛、肉质植物和多刺的树木组成的旱生植物群落。智利、西撒哈拉和纳米比亚的副热带荒漠正好位于大陆的西岸,因受到离岸冷洋流的影响,使这些荒漠地区夏季有雾,这种薄雾为植物和动物提供了所需的水分。其他的暖荒漠和半荒漠分布区还有墨西哥高原、阿根廷西北部、阿拉伯半岛、盖拉-索马里高原东部、伊朗高原和澳大利亚中部等。寒荒漠和半荒漠出现在较高的纬度,那里一般距水汽源地较远或处于山脉背风的雨影区,这些山脉如美国西部的内华达山脉,南美洲西部的安第斯山脉和亚洲的喜马拉雅山脉。其分布区属低纬和中纬草原气候,年平均气温在18 ℃上下,年降水量20～250 mm。土壤为旱成土和新成土。在寒荒漠地带,冬季的降雪量一般较少,夏季炎热,白天气温可高达30～40 ℃,但由于晴空、干旱和稀疏的植被使大量的辐射热损失,导致夜温低,只有10～20 ℃。许多寒荒漠区覆盖着蒿属和灌丛植被,那里在人类广泛放牧以前的时代是干旱的矮草草原区,如今北美西部大盆地的寒荒漠就是一个多世纪以来人类活动的结果。荒漠的净初级生产量极低(平均90 g·m^{-2}·a^{-1}),是个十分脆弱的生态系统。

由于气候变化和人类不合理的放牧与耕作活动等因素,使干旱、半干旱和具有干旱灾害的半湿润地区出现的土地退化现象称为荒漠化(desertification)。目前,地球上每年有50 000～70 000 km^{2}的土地成为荒漠化土地。受到荒漠化扩展危害的区域从亚洲和澳大利亚中部延伸到北非、阿拉伯半岛,以及北美和南美的部分地区。撒哈拉沙漠的向南扩展已经使这一地区的降雨过程发生了很大变化,干旱和饥饿正威胁着人们的生存。

10. 北极和高山苔原

本类型的分布区属于苔原气候和冬干冷温气候,最暖月气温低于10 ℃,年降水量150～800 mm。土壤为始成土、有机土和新成土。

北极苔原分布在北美和俄罗斯的最北部地区,濒临北冰洋。在一年之内,日照长度的变化剧烈,从几乎持续的白昼到持续的黑夜。冬季在极地大陆性气团和稳定的冷高压控制下,寒冷而漫长;夏季则凉爽而短暂。生长季节只有60～80 d,即使在这一期间内,霜也可能在任何时间发生。在这个平坦、无树的旷野上,多年冻土上的土壤发育很不充分。由于夏季冻土表面的融化,常形成排水不畅的腐泥,所以,植物的根只能穿透这一融化的深度(通常为1 m)。苔原植被由低矮的地被层草本植物和一些木本种组成,如苔草属、苔藓、北极草甸草、雪地衣和矮柳。为适应短暂的生长季节,多年生植物在夏季形成花芽,到下一年才开花授粉。苔原动物包括有麝牛、北美驯鹿、野兔、旅鼠、雷鸟和小型啮齿类,以及狼、狐狸、黄鼠狼、猫头鹰、北极熊等。此外,苔原还是鹅、天鹅和其他水鸟的重要繁殖地。

高山苔原与北极苔原类似,但它分布在较低纬度高山区的树线以上,由于越近赤道,树线的高度越高,所以,高山苔原的分布高度具有随纬度的变化。高山苔原出现在南美的安第斯山、北美的落基山、欧洲的阿尔卑斯山、赤道非洲的乞力马扎罗山、我国的长白山和阿尔泰山,以及中东到亚洲的其他一些山脉。高山苔原植被以草本植物、藓类、地衣和小灌木为主。由于高山地区多风,所以,许多植物的形态明显受到风的塑造。此外,多年冻土也会对高山苔原植物的生长产生影响。高山苔原生物群落中典型的动物包括山羊、大角羊、麋鹿等。

(三)水域生态系统

地球上的水域包括江河、湖泊和海洋,其中以海洋的面积最大,占地球总面积的71%。水作为生态系统的环境因素与陆地有着很大不同:水的密度大于空气,许多小型生物可以悬浮在水中,借助于水的浮力度过它们的一生;水的比热较大,温度变化明显小于陆地,为水生生物提供了稳定的生存环境;水是良好的溶剂,许多营养物质都可以溶解于水,为水生生物提供了养分的来源;除水体表面以外,水环境中的光照弱,含氧量低,对水生生物的生长和繁殖起到限制作用。根据水化学性质的不同,水域生态系统(aquatic ecosystems)可划分为淡水生态系统和海洋生态系统。

1. 淡水生态系统

淡水生态系统又可细分为流水生态系统(河流)和静水生态系统(湖泊、沼泽、池塘和水库等)两种。这里以湖泊生态系统为例,说明淡水生态系统的特征。湖泊是地面上长期淹水的洼地,水流很慢,水的交换周期一般为十几年到数十年。在滨岸带,由于水层相对较浅,光照充足,营养物质多,使植物种类丰富,以水生维管束植物和藻类最为繁盛,它们是湖泊生态系统中有机物质的主要生产者。充足的食物养育着多种多样的消费者,如浮游甲壳类、螺、蚌,以及蛇、蛙、鱼、水鸟等大量脊椎动物。作为湖泊生态系统生产者的绿色植物,在滨岸带具有从湖岸向湖心方向呈同心圆状分布(图12-21)的特点,可进一步分为:

(1)湿生植物带。由莎草科植物构成的湿草甸或短期积水的沼泽。

(2)挺水植物带。长期积水的湖泊浅水带,常见的植物有芦苇、茭白、香蒲、水葱等,它们根和茎的下部浸在水中,上部挺出水面,形成封闭的高草群落。

(3)浮叶植物带。随着水深的增加,挺水植物逐渐被睡莲、眼子菜等浮叶植物代替,这些植物的根着生在水底淤泥中,叶子和花漂浮在水面上。

(4)深水植物带。再往深处,苦草、狐尾草、金鱼藻等深水植物发育,它们的根系扎于湖底,茎、叶和花全部沉浸在水中。

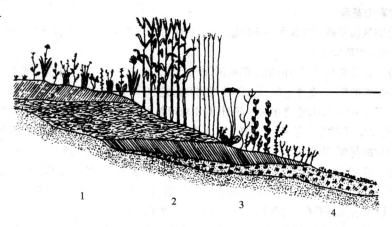

图 12-21 湖泊生态系统沿岸的植物群落分带[25]

1—湿生植物带,2—挺水植物带,3—浮叶植物带,4—深水植物带

由滨岸带向湖心延伸,水面开阔,深度加大,有机物质和泥沙含量减少,湖水清澈,按透光程度和氧气含量分为表水层和深水层两个垂直层次。表水层光照充足,温度高,生产者以浮游植物为主,包括硅藻、绿藻、蓝藻、双鞭甲藻等。由于光合作用旺盛,使该层中氧气含量高,从而吸引了众多的消费者,如原生动物、轮虫、枝角类和桡足类等。这些浮游生物又为自游生物——鱼类提供了丰富的饵料,使表水层成为多种鱼类生活的场所。深水层光照微弱,由于不能满足绿色植物光合作用的条件,所以,生物群落主要以异养动物和嫌气性细菌为主。鱼类等异养动物以各种小型浮游动物为食,细菌则分解各种有机残体,产生的无机

物质可再度被藻类利用,形成养分的循环。湖泊生态系统的净初级生产量平均为 $400\,g\cdot m^{-2}\cdot a^{-1}$,低于陆地上的森林和草原生态系统。

2. 海洋生态系统

海洋生态系统可以分为浅海带和外海带两部分。浅海带包括自海岸线起到 200 m 深度以内的大陆架部分,这里光照充足,温度适宜,并且接受河流带来的大量营养物质,成为海洋生命最为活跃的地带。主要生产者由体型很小、数量极大、种类繁多的浮游藻类,如绿藻、硅藻、植鞭毛藻等组成,它们直接从海水中摄取 CO_2、水和各种无机养料,进行初级生产。由于生产者的种类和数量十分丰富,浅海带是海洋生态系统中净初级生产量最高的区域,估计在 $200\sim600\,g\cdot m^{-2}\cdot a^{-1}$ 之间,在河口海湾地区,最高可达 $4000\,g\cdot m^{-2}\cdot a^{-1}$。这些藻类为草食性浮游原生动物和桡足类等提供了丰富的饵料,这些浮游生物又是自游动物(包括虾、鲱鱼等)的食物,此外,浅海带中底栖动物也很丰富,有植食者蛤、牡蛎、多毛类和肉食者鳕鱼等,它们共同形成浅海带复杂的食物网,使这里成为海洋次级生产量最高的海区,世界上主要的渔场几乎都位于浅海带。

外海带指深度(h)在 200 m 以下的远洋海区,最深可达 10 000 m 以上,是地球表层厚度最大的生态系统,净初级生产量约为 $2\sim400\,g\cdot m^{-2}\cdot a^{-1}$。根据海水中光照的强弱,可大致分成两个垂直带:大洋表层(0~200 m)和大洋下层(200 m 以下)。大洋表层,特别是在深度小于 100 m 的范围内,光照充足,水温较高,为浮游植物集中分布的区域。消费者除浮游动物外,主要的自游动物有灯笼鱼、竹荚鱼、枪乌贼、金枪鱼、鲑,以及凶猛的鲨鱼、庞大的哺乳动物鲸鱼和大型爬行动物海龟等。大洋下层为无光层,温度低且稳定,全年都在 0~2 ℃左右。随着深度的增加,海水压力以平均每加深 10 m 增加一个大气压的梯度急剧上升,在 10 000 m 深的洋底,压力为标准大气压的 1000 倍。在这样的深水环境中,绿色植物不能生存,但直到 10 000 m 深的海底都有海洋动物存在,它们大都属于肉食动物,以吞食活动物和动物尸体为生。深海动物一般都分层生活,下层动物以上层动物为食,形成一条垂向的食物链,营养级可达 5~6 个之多。分解者主要集中在海底,在其上的水层中,分解者多附着在悬浮物上。这些微生物除了分解有机碎屑和生物残体外,本身也是某些海洋动物的食物。

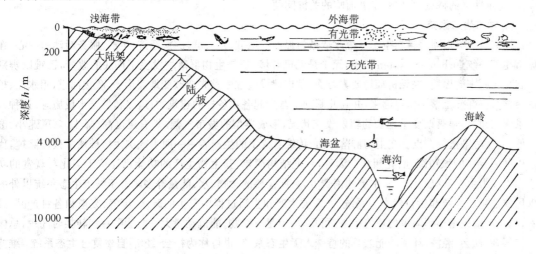

图 12-22 海洋生态系统的结构示意图[20]

(四) 人工生态系统

前两节介绍的是地球上的主要自然生态系统,即受到人类活动影响较轻状况下的生态系统。然而,在现今的世界上,除了部分热带雨林、高山林区、荒漠、极地苔原和外海带之外,绝大多数陆地、水域生态系统的营养结构和功能都在人类活动的强烈作用下发生了变化,可称为半自然生态系统。在人类开发和改造强度最为剧烈的区域如农业区和工商业集中的城市,人类已成为生态系统的"主宰",而传统意义上的生物群落则失去了自行调控和恢复的能力,这种生态系统可称为人工复合生态系统,在农业经营区域称为农业生态系统,在城市区域称为城市生态系统。

1. 农业生态系统

农业生态系统(agricultural ecosystems)中的生产者是人类栽培的各种农作物和蔬菜等,消费者包括人类社会本身和人类饲养的家禽和家畜,人则既是生物群落的组成成分,更是整个系统的调控者。与自然和半自然生态系统相比,农业生态系统有以下几个特点:

(1) 种群结构简单。由于采用的作物和畜禽品种都是按照高产、稳产、优质的目的由人类选育的,所以,在大片的农田中,往往同时只种植一种作物,除此之外,一切干扰目的作物生长的植物(如杂草)和动物(如害虫)都在消灭和控制之列。

(2) 系统比较脆弱。由于种群结构简单,食物网的构成也相当简单,使系统内各要素的相互制约和自动调节能力减弱,系统对水、旱、风和病虫害等的抵抗力降低。

(3) 物、能流动量大。由于粮食、肉类等农产品被作为商品输出系统,使系统内的物质和能量平衡受到干扰,所以,人类必须通过化肥、有机肥、农药的施用,水的灌溉,以及农用机械的燃料投入等措施,补偿系统物、能的损失。因此,农业生态系统是一个物质和能量大量输出和输入的系统。

(4) 农作物-环境-人三元结构系统。这是与自然生态系统生物-环境二元结构的本质区别,而人工控制、利用和改造是农业生态系统的决定性特征。

从净初级生产量方面看,农业生态系统中的耕地平均为 $650 \text{ g} \cdot \text{m}^{-2} \cdot \text{a}^{-1}$,略高于温带草原生态系统的净初级生产量。如何利用现代高新技术,科学地设计和管理农业生态系统,使其具有产量高、消耗低、污染少、稳定性强的特点,是农业发展面临的关键问题。

2. 城市生态系统

城市是人类对陆地自然生态系统改造最为强烈的地域,是人群社会、经济、生产、服务活动的中心。在城市生态系统(urban ecosystems)中,无论是无机环境,还是生物群落均发生了彻底的改变,已难以辨别生态系统原来的面貌。在无机环境要素方面,城市建设过程中首先要改变地表形态、疏浚河道,用水泥、柏油等材料将部分土壤层覆盖起来,并在此基础上营造起各式各样的建筑物、道路和供排水设施等。这种人工景观的建立,显著改变了地表的辐射收支状况,形成典型的城市气候,具有温度高、降水多、风速小、湿度低、空气污染重等特点。在生物群落方面,传统意义上的生产者——原生或次生植被通常被清除掉,代之以间断分布的城市绿地、花园和公园等,种群结构简单,其生物生产的功能已让位于美化与观赏的功能。人成为生态系统的中心和主要的消费者,它所需要的食物、水、能量等多来源于城市生态系统以外的郊区农业生态系统和半自然生态系统,而人类生产和生活过程中产生的废水、废气、废渣和各种产品、技术、服务等则被输出到周围的环境中去。可见,城市是一个物、能流动量大,物、能贮存和转换时间短,总体结构复杂,社会、经济、环境功能兼具的特殊人工生态系统,也可称为社会-经济-自然复合生态系统。维持这样一个生态系统的正常运行,需要作为管理者的人类付出巨大的努力。

参 考 书 目

[1]　Christopherson, R. W.. Geosystems: An Introduction to Physical Geography. Macmillan Publishing Company, New York, 1992

[2]　Kump, L. R., Kasting, J. K., Crane, R. G.. The Earth System. Prentice Hall, New Jersey,

1999
- [3] Strahler, A. H., Strahler, A. N.. Modern Physical Geography, 4th edition, John Wiley & Sons, inc., New York, 1992
- [4] Thompson, R. D. et. al.. Progresses in Physical Geography, Longman, Singapore, 1986
- [5] 陈述彭主编. 地球系统科学,北京:中国科学技术出版社,1998
- [6] 韩兴国,李凌浩,黄建辉主编. 生物地球化学概论,北京:高等教育出版社-施普林格出版社,1999
- [7] D. 斯蒂拉;王云,杨萍如译. 土壤地理学,北京:高等教育出版社,1983
- [8] B. J. 内贝尔;范淑琴等译. 环境科学,北京:科学出版社,1987
- [9] N. C. 布雷迪;南京农学院土化系等译. 土壤的本质与性状,北京:科学出版社,1982
- [10] H. D. 福斯;唐耀先等译. 土壤科学原理,北京:农业出版社,1984
- [11] 徐启刚,黄润华. 土壤地理学教程,北京:高等教育出版社,1991
- [12] 李天杰,郑应顺,王云. 土壤地理学,北京:人民教育出版社,1979
- [13] S. T. 特鲁吉尔;赵磊译. 土壤与植被系统,北京:科学出版社,1985
- [14] E. M. 布里奇斯,D. A. 戴维森主编;朱鹤健等译. 土壤地理学的原理和应用,北京:高等教育出版社,1989
- [15] 孙儒泳,李博等. 普通生态学,北京:高等教育出版社,1993
- [16] 蔡晓明,尚玉昌. 普通生态学,北京:北京大学出版社,1995
- [17] 周广胜,王玉辉. 全球生态学,北京:气象出版社,2003
- [18] 赵凯华,罗蔚茵. 新概念物理教程·热学,北京:高等教育出版社,1998
- [19] 华彤文,杨骏英,陈景祖,刘淑珍. 普通化学原理,北京:北京大学出版社,1993
- [20] 祝廷成,董厚德. 生态系统浅说,北京:科学出版社,1983
- [21] 云南大学生物系. 植物生态学,北京:人民教育出版社,1980
- [22] H. 里斯,R. H. 惠特克等;王业蘧等译. 生物圈的第一性生产力,北京:科学出版社,1985
- [23] 美国国家航空和宇航管理局地球系统科学委员会;陈泮勤等译. 地球系统科学,北京:地震出版社,1992
- [24] 王明星. 大气化学(第二版),北京:气象出版社,1999
- [25] 伍光和等. 自然地理学(第三版),北京:高等教育出版社,2000

思 考 题

1. 土壤与岩石和生物有何不同?
2. 什么是土壤肥力? 影响土壤肥力的因素有哪些?
3. 土壤的基本组分有哪些? 什么样的组分对植物的生长最有利?
4. 土壤自然剖面包括哪些基本层次? 各层的特点如何?
5. 土壤质地和结构对土壤肥力有什么影响?
6. 说明土壤孔隙度的概念和计算方法,以及它与土壤质地的关系。
7. 土壤温度状况受哪些因素影响? 它的日变化和季节变化具有什么特点?
8. 什么叫土壤胶体? 它如何实现土壤的供肥和保肥功能? 解释盐基饱和度的概念。
9. 什么叫活性酸度和潜在酸度? 试述土壤酸碱度的肥力意义。
10. 土壤中主要的氧化剂和还原剂有哪些? 试述土壤氧化还原状况对土壤其他性质的影响。
11. 简述土壤养分系统的基本组分及其对土壤养分状况的影响。
12. 试述成土因素学说的主要内容。
13. 试述土壤形成的一般规律和主要成土过程。

14. 试述世界十大土壤类型(土纲)的特征及土地利用方向与问题。
15. 什么叫生态系统？它的组成成分有哪些？
16. 简述水热条件和海拔高度与植被分布之间关系的一般模式。
17. 举例说明生态系统营养结构、食物链和食物网的构成。
18. 解释光合作用和呼吸作用的概念。从热力学角度看，光合作用的生成物对于生态系统有何重要意义？
19. 解释初级生产量、生物量和次级生产量的概念，分析全球净初级生产量和生物量的分布特征。
20. 结合实例说明生态系统能量传递与转化的基本特征和"十分之一定律"的含义。
21. 解释生物地球化学循环、贮存库、周转率、周转时间的概念，简述生物地球化学循环的图解模型。
22. 简述氧循环的过程，并说明氧循环与碳循环之间的关系。
23. 简述碳循环的过程，并说明海洋和生物群落影响大气 CO_2 含量及其季节波动的机理与限度。
24. 简述氮循环的主要生物、化学作用与过程，并说明人类活动对氮循环影响的主要表现。
25. 简述磷循环的过程及其非闭和的性质，并说明人类活动对磷循环的影响。
26. 什么叫大地女神假说？它在解释地球表层环境形成与变化方面的主要思想有哪些？
27. 什么叫生物多样性？保护生物多样性有什么重要意义？
28. 简述陆地生态系统主要类型的组成、结构、功能、动态和分布特征，及其形成的环境背景。
29. 简述湖泊和海洋生态系统结构与功能的特点及其异同。
30. 举例说明人工生态系统与自然生态系统的主要差别。

第13章 地球表层系统的整体特征

13.1 地球表层系统的结构

地球表层系统的结构(structure of the earth surface system)指系统内在的表现形式,包括系统内部各个组成要素之间相对稳定的联系方式、组织秩序和时空关系等,其最显著的表现是系统内各圈层的分化和系统随时间的发展与变化。

(一)地球表层系统的圈层结构

地表系统由5个大致成层分布的自然子系统组成,它们形成系统的空间序。按照性质可以分成3组,即3个无机子系统:大气圈、水圈、岩石圈;1个类有机子系统:土壤圈;1个有机子系统:生物圈。

此外,由于人类已经具有了在全球范围内改变其生存环境的能力,人类活动便成为导致地表系统变化的驱动力之一。因此,可以将人类圈或智慧圈从生物圈中分离出来,作为地表系统的第6个子系统,从性质上区分,它是一个超有机子系统。

由于这6个圈层之间进行着物质、能量和信息的交换,所以,它们都属于开放系统。然而,它们之间的边界不是几何学的线或面,而是逐渐过渡的带或层。在边界附近,各圈层是相互渗透和彼此重叠的。六大圈层之间的联系方式、组织秩序性和空间关系便组成了地表系统的圈层结构,而每一个圈层内部又有次级的组分和结构,形成一个有层序的整体。这是从空间上认识地表系统的结构(图13-1)。

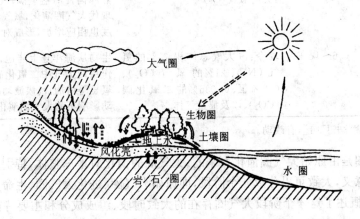

图 13-1 地球表层系统的五大自然圈层[5]

1. 大气圈

大气圈(atmosphere)由分布在行星地球周围的一层薄薄的气体混合物组成,这些气体通常称为大气,它的总质量约为 5.3×10^{21} g,占地球总质量的百万分之一(10^{-6})。在垂直方向上,由于地心引力的作用,大气质量的99%以上聚集在离地表30 km的高度内,到2000 km高度以上,大气极其稀薄,逐渐向星际空间过渡,无明显上界。在水平方向上,大气的空间尺度以南、北极之间的距离表示,具有 20 000 km 的量级。尽管大气圈具有相对小的质量和厚度,它却是地表系统中异常活跃的子系统,其性质在时间和空间上多种多样,并具有很大的变率。作为一个非线性自组织系统,大气圈对于外界环境施加给它的扰动作用的响应时间比地表系统中其他子系统要短得多,一般在几天到几周之内便可以重新平衡到一个新的状态,这主要是由于大气具有相当大的可压缩性,小的比热和密度。这些特性使大气易于流动,也更不稳定。此外,大气圈的变化对于某些涨落格外敏感,如果初始条件差之毫厘,则最终的结局就可能失之千里,因此,尽管太阳能量的输入是相对稳定的,大气的运动状态却是丰富多彩的。气象学家洛伦兹甚至用"一只蝴蝶在巴西扇动翅膀会在得克萨斯引起龙卷风"(所谓蝴蝶效应)来形容大气的这种混沌性质。大气的混沌性质并不意味着它是浑然一体、无规无序的,而是蕴涵着无穷的内部结构的,这是混沌中的有序,或可称为"混沌序"。

表 13-1　地球大气圈的演化[a]

名　称	大致时段 (10 亿年前)	组成成分 (缓慢演变过渡)	主要特征
原始大气圈	4.6~4.0	水(H_2O)、氢氰酸(HCN)、氨(NH_3)、甲烷(CH_4)、硫、碘、溴、氯	具有源于星云的气体和尘埃特性;较轻的气体如氢和氦逃逸到太空中去;大气不稳定、炎热、无液态水。
进化大气圈	4.0~3.3	40 亿年之前:水(H_2O)、二氧化碳(CO_2)、氮气(N_2)、含硫蒸气、烃,很少或无游离氧	固体内核以外的气相物质消散殆尽,内核本身开始向外释放气体,形成次生大气;地面凝聚了液态水,上空产生了云;厌氧环境;36 亿年前出现化学自养细菌。
生命大气圈	3.3~0.6	30 亿年之前:二氧化碳(CO_2)、水汽(H_2O)、氮气(N_2)、少于 1%的氧气(O_2)	固体内核继续向外释放气体;33 亿年之前蓝绿藻开始进行光合作用;全球性强烈降雨使海盆填满;气体的成分缓慢向现代大气圈演化,氧气含量增加;臭氧浓度也相应增加,形成对紫外线的屏障。
现代大气圈	0.6~现在	现今:占大气总体积 78%的氮气(N_2)、21%的氧气(O_2)、0.9%氩、0.036%的二氧化碳(CO_2)、以及痕量气体	生物从海洋登上陆地,陆地植物的光合作用使大气中二氧化碳逐渐减少,游离氧显著增加;气候波动趋于缓和;人类活动影响下的大气圈演化时代开始。

[a] 本表参照参考书目[1],有改动。

　　现代大气圈是由原始大气圈演化而来的。大气圈的演化对地球整体,特别是地表系统的形成具有重要的意义,大致可以分成 4 个阶段,即原始大气圈、进化大气圈、生命大气圈和现代大气圈。表 13-1 概述了这 4 个阶段大气圈存在的大致时段、组成成分和主要特征。

2. 水圈

　　地球上的水以液态、固态和气态的形式存在于大气、地球表面和地下的岩石中,包括海洋、湖泊、沼泽、河流、冰川、积雪、土壤水、生物水、大气水和地下水等存在形式,形成水圈(hydrosphere)。从严格的科学意义上来看,水圈并不是一个完整的圈层,它具有空间上不完全连续的性质。水圈的总质量约为 1.41×10^{24} g,占地球总质量的 2×10^{-4}(万分之二),这在太阳系中是独一无二的。水具有重要的热学特性(如热容量高),并且起着溶剂的特殊作用,它是生命过程的重要介质和塑造地表形态的活跃的外营力。对于地表系统的整体功能来说,水是排熵最有效的介质,例如,地表把熵排到上层大气主要是靠洋面的蒸发和大气中水汽的升腾与重新凝结;生物把排泄物和废热(熵)从细胞输送给排泄器官靠静脉血,进一步将它们排出体外靠尿和汗,这都离不开水。水圈中海洋起着最为重要的作用,它们的总面积约 3.6×10^8 km^2,覆盖了约71%的地球表面。海洋的总容积约 13.3×10^8 km^3,占水圈总水量的 97%。由于海洋具有大的面积、质量和比热,它们构成地表系统中一个巨大的能量储存器,太阳辐射的大部分落在海洋上并被吸收,海洋还对其上空大气的温度变化起着缓冲的作用。与大气相比,海水的密度要大得多,因此,流动缓慢,且具有更大的惯性和更显著的层结。海洋对于外界环境扰动作用的响应时间在垂直方向上变化很大,在 100 m 以内的表层为数周到数月,在几百米深处达几个季度,至深海甚至达几个世纪到几百万年,使之成为地表系统的一个稳定因素。

地球上的水最初是以岩石中结晶水的形式存在的,随着地球的收缩和温度的升高,内部大量水汽通过火山爆发释放到大气中,又以雨滴的形式降落回地面,形成原始的水圈。经过长时间的积累,最终形成海洋和陆地水体。

3. 岩石圈

地壳和上地幔最上部组成的地球固体部分称为岩石圈,其中地壳的质量为 4.3×10^{25} g,约占地球总质量的 0.7%。与其下层相比,岩石圈具有较高的刚性与弹性、较低的温度和易于破碎的特点,它包括沉积层、花岗质层、玄武质层和超基性层。岩石圈包括陆地和海床,它主要通过大陆地形对地表系统内其他成分的性质和状态产生影响。除了陆地表层与大气、水体和生物发生经常的相互作用,响应时间较短之外,岩石圈作为整体,它的运动是异常缓慢的,对外界环境扰动作用的响应时间在地表系统中也是最长的。因此,在自然地理现代过程的研究中,可以认为岩石圈是不变的因子。

地球内部圈层的形成大致可以分为 4 个时间阶段:
(1) 地球从太阳中分离出来形成行星的时间:5.5 ± 0.5 Ga(55±5 亿年);
(2) 地球内部圈层分化和形成的时间:4.5 ± 0.5 Ga(45±5 亿年);
(3) 地球表面层硬结、地壳形成的时间:3 Ga(30 亿年)左右;
(4) 最早古生物化石指示的岩石圈层形成的时间:2 Ga(20 亿年)左右。

4. 土壤圈

覆盖于陆地表面和浅水域底部、具有肥力的疏松土层构成土壤圈(pedosphere),它呈不连续分布,厚度从数厘米到数米不等。在地表系统中,土壤圈处于大气圈、水圈、岩石圈和生物圈的交界面上,是植物、动物与微生物生活的重要环境和大气、水、岩石、生物之间进行物质与能量循环、转化、交换的中心场所。相对于岩石圈来说,土壤圈的质量是很小的。

土壤是一个经历着不断变化的自然实体,然而其演化速度相当缓慢,在酷热、严寒、干旱、洪涝等极端环境中和坚硬岩石上形成的残积母质上,与环境条件相适应的、完整且成熟的土壤发生层次的形成可能需要数千年的时间,因此,土壤圈作为整体,在受到外界环境扰动后的响应(恢复)时间也相当长。在自然地理现代过程的研究中,可以认为它是相对稳定的因子。

5. 生物圈

地球上所有植物、动物和微生物等生命有机体及其占据的空间构成生物圈(biosphere),它也呈不连续分布。组成生物圈的有机物质总质量约为 1.6×10^{18} g,占地球总质量的约 4×10^{-9}(十亿分之四)。它们的分布范围大约从海洋底部和陆地土壤层到地表以上大气圈中 8 km

处。绝大部分生物集中于地表以上100 m至水下200 m之间,该层是生物圈的核心部分。由于迄今为止尚未发现其他存在生命的星球,所以,地球是已知宇宙中惟一的生命之家。根据估计,现今地球上生存着至少5×10^6种生物,而实际存在的生物物种很可能大大高于这个数目,达到3×10^7种,其中已鉴定的有大约1.7×10^6种。在人类活动的巨大扰动下,生物物种的数量正在以很快的速度减少,据估计,从20世纪70年代末到90年代末,已有$0.5\times10^6\sim1\times10^6$个物种灭绝。不同生物类群物种数量的估计值和其已经鉴定的物种数量列如表13-2。对于地表系统的整体功能来说,陆地植被和海洋植物群落起着重要的作用,主要体现在改变地表粗糙度、反射率,调节水分的蒸腾和地表径流,并且通过光合作用和呼吸作用影响大气和海洋中的二氧化碳含量等方面。在对于外部环境扰动的响应方面,生物圈对大气圈的气候变化是敏感的,它的响应时间可以从季节到数百年不等。

表13-2 地球上不同生物类群的物种数量[12]

生物类群	估计种数	鉴定种数
哺乳动物	4300	4170
鸟类	9000	8715
爬行动物	6000	5115
两栖动物	3500	3125
鱼类	23 000	21 000
无脊椎动物	4 400 000	1 300 000
维管植物	280 000	250 000
无维管植物	200 000	150 000
总计	4 925 800	1 742 125

地球上的生物圈是从原始大气圈、水圈和岩石圈演化的一定阶段交叉点上开始,经过长期的化学进化过程而产生的。这其中水体起了重要的作用,主要表现在防止强烈辐射对原始生命的伤害方面。生物在进化过程中改变了它的环境,同时也被环境所改造。有证据表明,一种称为紫硫磺细菌的原始细胞产生于距今3.6 Ga(36亿年)以前,它在无氧环境中从无机物质生产出有机物质。这种过程就是化学合成,即有机体利用化学能合成有机化合物的过程。相似的化学合成活动至今仍可以在大洋底部的某些冷且暗的环境中被观测到。大约距今3.3 Ga(33亿年)前,在地球上的浅水环境中,第一种有机体(蓝绿藻)开始进行光合作用,并将产生的氧气释放到大气圈中,这标志着生命大气圈阶段的开始,然而,大气中氧气的含量直到距今0.5 Ga(5亿年)之前才达到与现在相当的水平。由于大气中游离氧越来越多,导致臭氧的产生,并形成臭氧层,有效地吸收紫外线,这意味着陆地上生物的生存开始有了保障。大约距今1 Ga(10亿年)前,原始单细胞生物开始向多细胞生物演化。此后,海里先出现无脊椎动物,0.4 Ga(4亿年)前有了鱼类,绿色植物登上陆地,0.35 Ga(3.5亿年)前出现两栖类,动物开始从海洋向陆地发展。大约距今0.25 Ga(2.5亿年)前以后,陆地是爬行动物的世界,68 Ma(6800万年)前不可一世的恐龙突然灭绝,哺乳动物兴旺起来,4 Ma(400万年)前出现了原始人类,形成了融有智慧生命的生物圈(图13-2)。

在这漫长的过程中,生物物种从低级进化到高级,从简单进化到复杂,当代生物学告诉我们,基因中所含信息量的增长可以作为物种进化的一个标志,例如,病毒的基因中约有$10^4\sim10^5$ bit的信息量,细菌的基因中含有10^7 bit 的信息量,哺乳动物和人类基因的信息量达

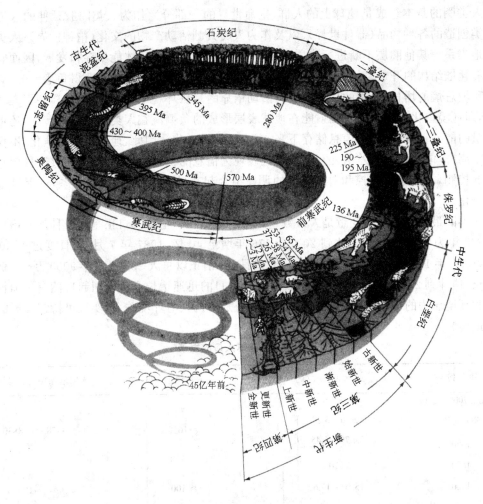

图 13-2　地球生物圈的演化模式[2]

(Ma 为 100 万年)

$10^9 \sim 10^{10}$ bit 之多。按照热力学的观点,信息量相当于"负熵",所以,从物种进化的角度看,与生命现象伴随的是熵不断地减少,或"负熵"不断地增加。就生物个体发育来说,有机体开放系统的生命活动是耗散过程,它一面从外界汲取低熵的能量和物质如太阳能、碳水化合物、洁净液态水等,一面不断向体外排出高熵物质和能量如二氧化碳、水汽、汗、尿、其他排泄物和热能等,以形成负熵流。要存活,有机体必须使自己的身体保持低熵的状态,对于生命有机体来说,熵的增加意味着生命过程的衰退,熵最大值对应的热平衡态就是死亡。

6. 人类圈

人类圈(anthroposphere)是地表系统的最新圈层,是生物圈进化的产物。从自然属性上看,人类圈和其他自然子系统一样,是地表系统的一个普通的组成部分。但是,人类又具有主观能动性,能够在认识自然环境的基础上,通过社会性的物质生产和消费过程,显著地改造其生存环境,影响其自然进化的方向、强度和速度,因此,从社会属性上看,人类圈又是地表系统的一个非常独特的子系统。

人类圈的基本组成是地球上的人群(生命世界的一部分)、作为人类四肢延伸的人造工具和人类创造的各种物品(器件世界)、以及作为人类大脑活动产物的文化(精神世界)。人类圈只有同地表系统其他圈层不断进行物质和能量的交换,获取负熵流才能生存和发展,因而它是一个具有耗散结构的开放系统。根据热力学的原理,当一个系统从环境中获得负熵流时,必然会引起环境总熵的增长。人类的生产和消费活动依靠的是从环境中输入负熵,同样会引起环境的熵增,即环境退化。然而,太阳辐射能在地球表层形成的负熵流在人类圈中流通转化,还形成了高质量的能量,最终转化为信息储存下来,产生了人类文化。因此,地球表层的演化,不仅表现为自由能(内能与热量的差值)的积累,而且表现为信息的积累。人类圈可以通过这种信息流进行自我控制,并将这种自控和对于环境的调控结合起来,协调人与环境的关系,以促进地表系统的进化。

人类圈最基本的状态变量是人口数量,统计资料表明,全球人口正呈现一种加速增长的趋势,1830年为10亿,1930年达到20亿,1976年增至40亿,1987年7月11日度过了50亿人口日,1999年10月12日又度过了60亿人口日。目前正以每天25万、每年9000万~1亿的速度增长,预计到2025年将达到82亿(表13-3)。人口的迅速增长必然会引起自然资源消耗量的增加和环境压力的加剧。因此,控制人口的增长是协调人与环境关系,实现可持续发展的重要战略措施。

表13-3 全球人口的发展[a]

年份	人口数/亿	人口倍增时间/a	人口增加10亿的时间/a
公元前7000~6000	0.05~0.1		
公元元年	2.30~3.27	≈1650	≈7830~8830
1650	4.70~5.45		
1830	10	≈200	
1900	15.50~17.62	≈100	≈100
1930	20.15		
1950	25.13		≈30
1960	30.27	≈46	
1970	36.78		≈16
1976	40.44		
1980	44.15		≈12
1985	48.45		
1988	50.73	≈49	
2000	61.16		
2025	81.92		

[a] 本表参照参考书目[8]。

(二)地球表层系统的时间结构

整个地表系统及其各组成要素都具有随着时间的推移而变化的特性,这种变化具有不同的节律和一定的方向,分别称为动态和演化,形成系统的时间序。

1. 动态

地表系统的动态指系统的圈层结构及其功能不作根本改变的准可逆变化,体现了系统的自稳定性。这种变化通常具有不同的周期、振幅、趋势和阶段性。按照变化的周期,可以分为:

(1) 昼夜节律(circadian rhythm)。指以一天即大约24 h为周期的变化,其成因背景是地球绕地轴自转所形成的白天与黑夜的循环更替。除了具有极昼和极夜现象的极圈以内的地区之外,地球表层的其余广大地区均具有明显的昼夜节律。

对于昼夜节律反应最为敏感的是大气和生物,主要表现为大气温度、湿度和压力的日周期性变化;绿色植物光合作用和呼吸作用的昼夜交替;动、植物及人体的时辰节律,如植物开花的时钟效应、动物的昼行或夜行习性、以及人体近似24 h的生理节律等。此外,海洋的潮汐也具有昼夜节律。

(2) 季节节律(seasonal rhythm)。指以一年即大约365 d为周期的变化,其成因背景是地球绕太阳公转所形成的地面接受太阳辐射能量多少的季节更替。在回归线之间的地带,由于一年中太阳高度和日长的变化不大,所以季节的更替不明显;在南、北两极与南、北极圈之间的地区,由于一年内太阳高度和日长的变化很大,得到的太阳能量极其不均,并且有1天至半年时间出现极昼或极夜现象,所以季节的更替只有冷季和暖季,相当单调;只有在南、北半球的回归线与极圈之间的地带,由于太阳高度和日长的变化适度,获得太阳能量的季节变化显著又有节奏,所以,形成春、夏、秋、冬的更替。

对于季节节律的反应最为敏感的是大气、水体和生物,主要表现为大气温度、湿度、降水、气压,以及大气环流等的年周期变化;河湖的冻融和水量随季节的变化;树木的萌芽、展叶、开花、结果、叶变秋色、落叶等植物物候变化,以及候鸟的往返迁飞、昆虫的休眠和启蛰等动物物候变化。

(3) 超年节律(interannual rhythm)。指以若干年为周期的变化,其成因可能与太阳活动、火山活动、大气环流的长期变化、厄尔尼诺和南方涛动等的影响有关。与昼夜节律和季节节律不同的是,地表系统所表现出的超年节律性并不具有一个大致相同的周期,而且各种现象出现周期的不确定性相当大,属于一种统计的规律。例如,赤道平流层有时为东风,有时为西风,具有准两年的周期;厄尔尼诺事件(赤道东太平洋海面温度持续异常增暖)具有3～7 a的准周期性;英国近200 a的树木萌芽日期具有12.2 a的平均周期;我国长江中、下游干旱和洪涝的发生具有5～6 a的周期等。

2. 演化

地表系统的演化指系统的圈层结构及其功能作根本改变的、不可逆的或循环周期很长的变化。地球作为太阳系的一颗行星,具有一定的系统演化阶段,从演化的成因上可以分为两种:

(1) 地表系统的自身演化。它是一种自然的过程,表现为系统从简单到复杂,从比较无序到比较有序的进化,也可称为自组织演化。由于系统的能量与物质逐渐以同心圆的形式分异,先是形成岩石圈、大气圈和水圈,随后又从无机环境发展到有机环境,形成了生物圈和土壤圈。生物圈中动物的发展也是从低级向高级不断进化的,最终产生了人类。地表系统的这种进化经历了数十亿年,是一种非常缓慢的过程。

(2) 人类参与下的被动演化。它是一种叠加在自然过程之上的人文过程,表现为人类对于地球圈层结构与功能的某种改造,也可称为被组织演化。例如开发矿山,改变地形;修建水利工程,改变水系;驯化新的生物种,改变生物进化和植被演替过程;农业耕作,改造土壤;排放温室气体,改变大气化学成分等。与地表系统的自身演化相比,这种被动演化往往是快速的过程,并且其强度和速度还随着人类科学技术水平的提高而不断加剧。

不难发现,在动态方面,高层次的节律往往包容着低层次的节律;低层次的节律则是高层次节律的组成部分。就演化而言,它可以是完全不可逆的过程,也可能是比动态周期更长的一种节律,但其周期的不确定性更大,这种漫长的过程构成了各种动态变化的大背景。不同时间节律之间以及节律性动态与演化之间的这种联系方式、组织秩序和时间关系便形成地表系统的时间结构。

(三) 地球表层系统的时空尺度

一般来说,在地表系统内发生的事件及其过程,都具有一定的空间与时间的延展性,并且二者之间存在着一定的关系,因此,要认识这些事件和过程的性质,就必须在特定的时空尺度上对它们进行研究(图 13-3)。

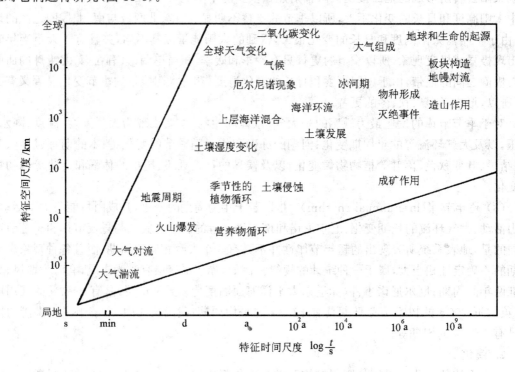

图 13-3 地球表层系统中事件与过程的时空尺度[13]

1. 地球表层系统的时间尺度

从时间的发生方面,可以划分为 5 个特征时间尺度,从大到小分别为:

(1) 几百万年至几十亿年。这一时间尺度的事件发生在地质历史时期内,它们受地球行星演化规律与进程的控制。从人类认识的角度看,属于不可逆过程中的事件。根据地质学和地球物理学的研究,地球大约经历了 4.6 Ga(46 亿年) 的历史,作为岩石圈一部分的地壳的年龄在 3.0 Ga(30 亿年) 左右,其间,固体地球的形成完成于 0.1 Ga(1 亿年) 之内。此后,岩石圈板块的运动导致地球上沧海桑田的演变;陆地上的造山运动和造陆运动形成山脉、高原等大的地形单元;大气圈和水圈的形成与演变;以及生命的起源和原始人类的出现等都属于这一特征时间尺度的事件。

(2) 几千年至几十万年。这一时间尺度的事件发生在距今最近的一个地质时期——第四纪的晚期和人类历史时期内,主要受到地球轨道参数如偏心率、黄赤交角和岁差等变化的影响。

地球公转椭圆轨道的偏心率指半焦距与半长轴之比,变化在 0~0.06 之间,现在约为 0.016,相应的近日点和远日点时地球所接受的太阳辐射量相差约 7%,偏心率的最大偏差可达 30%,变化周期约为 93 000 a。

黄赤交角即地球赤道平面与公转轨道平面的夹角,它影响着太阳辐射量的地理分布和季节分配。当黄赤交角为零时,各纬度带接受的太阳辐射量没有季节变化;黄赤交角愈大,中、高纬度带冬至和夏至之间接受太阳辐射量的季节差别愈大。黄赤交角的变化幅度为 22°08′~24°54′,周期约为 41 000 a。

岁差即春分点和秋分点沿黄道向西的缓慢移动,它使地球绕太阳公转的近日点和远日点在一年中的出现时间发生变化,例如,在大约 10 000 a 之前,地球在北半球的冬季通过远日点,而现在则是在夏季。岁差的周期约为 21 000 a。

由于上述地球轨道参数的变化可以改变整个地表系统或某个纬度带接受的太阳辐射量及其季节分配状况,并且具有几万年的周期,从而使得太阳辐射驱动下,在大气-海洋-陆地界面上发生的事件及其过程也具有准周期性变化的特点,属于可逆过程中的事件。典型事件包括第四纪冰期-间冰期的交替,以及海平面的升降;伴随着冷暖、干湿变化的大气成分,如尘埃含量的变化;古土壤层的发育;生物种的分布、迁移和灭绝;以及人类文明的诞生与发展,如北京猿人出现于距今 0.7 Ma(70 万年)前、丁村文化出现于距今 0.3 Ma(30 万年)前、仰韶文化出现于距今 11 000 a 前。

(3) 几年至几百年。这一时间尺度的事件发生在年际、年代际到世纪际,主要驱动因子包括太阳活动、火山活动、大气环流的长期变化、厄尔尼诺-南方涛动等自然因子和大气温室效应的增强等人为因子。研究表明,太阳活动具有大致 11 a 和 80~90 a 的周期,火山尘幕指数的变化具有大致 70 a 的周期,赤道平流层纬向风具有准两年的振荡,厄尔尼诺-南方涛动具有 3~7 a 的短周期和大约 70 a 的长周期,而近百年来地球大气中温室气体 CO_2 含量的变化则呈现出逐渐上升的趋势。因此,受这些因子影响发生的事件,多具有周期性、趋势性和突变性的综合特点。典型事件包括全球气温的趋势性上升,气温、海温、降水量、径流量、地表侵蚀、植物物候期及生长季节等的准周期性波动和突变,以及植物种群结构的变化和植被带的可能移动。

(4) 几天至几个季度。这一时间尺度的事件发生在数天到一年之内,其本质特征是季节的更替,主要驱动因子是太阳辐射量输入的年循环。与地表系统中较长时间尺度的变化相比,季节变化属于一种规则的韵律波动或周期性变化,它构成了地表能量流、物质流和信息流等以年为周期变化的时间背景,并且与人类的物质生产(农、林、牧、渔业)和精神文化生活(旅游、节庆、娱乐、着装等)的关系特别密切。季节性发生的典型事件包括有易于被人们感受到的大气环流的季节振荡,气温、降水和地表径流的季节波动,植物群落季相和农事季节的更替、候鸟的迁飞、昆虫的活动等,以及不易于被人们感受到的土壤-植物-大气之间生物地球化学循环的年变程。

(5) 几秒至几小时。这一时间尺度的事件发生在数秒到一天之内,其中日变化是它的本质特征,其周期性十分规则,而其他更短时间尺度的事件大多是日变化的一种瞬时表现。太阳辐射量输入的日周期是构成这种变化的主要驱动因子。典型的事件包括气候要素如气温、湿度、气压的日变化;历时几分钟到几小时的天气现象如雷雨、冰雹、大风等;树木和土体在几小时内完成的温度变化;地表面、植物冠层与大气界面上通过分子扩散、传导和湍流时时刻刻进行着的物质、能量传递等。

除此之外,尽管地震和火山爆发积累能量的过程需要几十年至数百年时间,但其运动过程仅为几秒钟、几分钟至数天,从表象上可以列入(4)和(5)之中。

在地表系统各种时间尺度的事件和过程中,自然地理学的研究注重现代的事件和过程,也即发生在中间尺度的过程,特别是从季节到近百年时间尺度上的过程,主要包括大气、海洋、陆地和生物之间的相互作用。这主要基于两点认识:(i) 现有的与人类生存密切相关的各种自然资源保有量大多只有百年的开采寿命;(ii) 现存的环境恶化速率也不容许人类考虑更长时段如几百年以后的境况。认识和预测"人寿尺度"内地表系统的状况与变化趋势,将为人类社会可持续发展战略的实施,提供科学的指导。

2. 地球表层系统的空间尺度

从空间的延展方面,大致可以划分为 4 个特征空间尺度,从大到小分别为:

(1) 全球尺度。空间范围在 20 000 km 以上,大约相当于半球至全球尺度。特征事件有太阳辐射能的分布,大气环流和洋流,温室效应加剧与全球气候变化,臭氧层的破坏,地球和生命的起源等。这些事件发生在一个相当宽的时间谱之内(年内至几十亿年),并且不同时空尺度的过程是互相影响的,例如全球的温室效应加剧和臭氧层破坏就是过去 100~200 a 以来,不同区域和地点温室气体和氟氯烃等物质排放的结果,它们对季节、年际、几十年甚至上百年的全球和区域气候变化与生态系统演变产生深远的影响。

(2) 区域尺度。空间范围在 100 km 以上,相应的地域单元有大陆、大洋、陆地上的自然地带和自然地区,以及海区等。特征事件有季风和大型天气过程(台风、气旋、反气旋、锋面),海流,厄尔尼诺-南方涛动,岩石圈板块构造运动与造山运动,冰期-间冰期交替,气候带与地带性植被-土壤的形成等。这些事件也发生在一个相当宽的时间谱之内(一年内至十几亿年),并且不同时空尺度的事件之间相互作用显著,例如第三纪末以来青藏高原的隆升对于我国乃至东亚现代自然环境的形成和分异产生的深刻影响。

(3) 地方尺度。空间范围在 10 km 以上,特征事件有地震,流域的水土流失,中尺度天气系统如中气旋、雷暴群等,植物物候期的水平变化,城市气候与大气污染,河流、水域的污染,成矿作用等。这些事件的时间谱可以从小于一天到百万年,幅度略小于全球和区域尺度。各事件发生的原因通常限于当地,使彼此间的联系性减弱,个体性增强,事件的影响往往也限于当地。

(4) 局地尺度。空间范围在数千米以下,特征事件有火山爆发,小流域地表侵蚀,小尺度天气系统如龙卷风、山谷风、海陆风,植物物候期随地形的变化,植被冠层的微气象,土壤的养分循环,点源和线源污染事件等。这些事件发生的时间谱很小,大多局限于几秒到一年之内,其空间特质性非常明显。

在地表系统各种空间尺度的事件和过程中,自然地理学注重运用从全球着眼,从区域和地方入手的方法论,研究它们的空间联系、空间格局、尺度转化、演变过程及其原因,以及人类社会、经济发展与生存环境变化之间的关系。如果说前一种方法是从上而下地认识地表系统过程的特征,后一种方法则是从下而上地认识地表系统过程的特征,二者结合起来才有助于揭示不同空间尺度事件之间的本质联系。事实上,全球尺度的环境变化必然对区域环境变化产生深远的影响(如全球变暖,臭氧层破坏),而区域环境变化也可能发展成为全球环境的变化(如温室气体的排放)。前者构成后者的背景,后者则可能成为前者的根源。

3. 时空尺度的联系性

地表系统中各种事件和过程的时间尺度与空间尺度是相关联的。一般来讲,较大空间尺度的事件和过程,其时间尺度的范围也较大;较小空间尺度的事件和过程,其时间尺度的范围也较小。例如,全球气候变化的空间尺度在 20 000 km 以上,相应的时间尺度为几十年到百年,而植被冠层微气象变化的空间尺度仅为数厘米到数米,相应的时间尺度是几秒到几分钟。

不同时间和空间尺度的事件和过程尽管影响范围不同,性质也各异,但它们是相互作用的,并且具有一定的尺度转换关系。宏观事件是微观事件产生的背景,微观事件构成宏观事件发生的基础。某一级时空尺度的事件和过程,由较低级时空尺度事件和过程的平均以及较高级时空尺度事件和过程的控制所决定。例如一个山谷的气候特征(气温、降水、逆温层等),就是由谷地中不同地形部位(海拔高度、坡向、坡度等)的局地气候的平均和当地所处的区域气候状况所共同决定的。

不同时间和空间尺度的组合具有一些典型事件和过程,因此,要研究某种事件和过程,应该根据它发生的特征时空尺度确定研究的时段和区域范围。例如,如果我们要进行一个地方气候要素季节性演变阶段(气候季节)和植物生长发育季节性演变阶段(物候季节)的划分,则研究的时段应确定为1a(该年的季节划分)或20~30a(逐年和多年平均的季节划分),空间尺度应在5~10km以内,因为超出此范围,季节的型式便可能出现显著的不同。

13.2 地球表层系统的功能

地球表层系统的功能(function of the earth surface system)指系统与外部环境相互联系和相互作用中表现出来的性质、能力、功效等。从相互作用的性质来看,可分为三种,即物理过程、化学过程和生物过程;从相互作用的层面来看,又可分为两种,即自然圈层之间的相互作用和人类活动与生存环境之间的相互作用。

(一) 圈层之间的相互作用

这种相互作用表现为大气圈、水圈、岩石圈、土壤圈和生物圈界面上物质与能量的交换过程,可以细分为几种次级的相互作用(见图13-4):

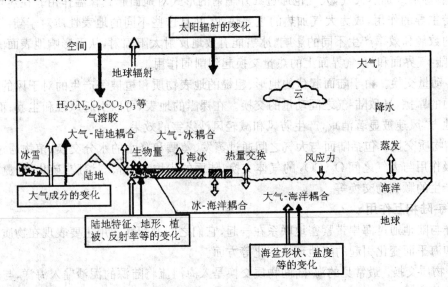

图13-4 地球表层系统各圈层之间的相互作用[11]

1. 海-气相互作用

海洋和大气同属流体,它们的运动规律有类似之处。在相互作用上,二者的主导作用体现在不同的方面。

(1) 热量交换。由于海洋占据地球表面积的71%,并且海水具有流动性和比热大的特点,所以,它是地表系统中最主要的太阳能量贮存器。据估计,海洋吸收到达地表太阳辐射的大约70%,其贮存的热量约占整个地表热量贮存的85%,并且海水密度远大于大气,流动性却小于大气,因此,在海-气交界面上的热量交换中,海洋起着主导的作用。海洋以对流、传导(感热)、蒸发(潜热)、热辐射等形式向大气输送能量,这是个排熵的过程,其结果使海洋上空大气的运动变化无常,形成丰富多彩的天气现象。

(2) 动量交换。在物理学上,动量是描述物质机械运动状态的物理量,物体之间发生动量传递时,一个物体的机械运动转化为另一个物体的机械运动。在海-气交界面上,动量的交换主要表现在大气通过风应力向海洋提供动量,从而形成海浪和洋流,并导致大范围内的能量与物质输送。因此,在动量交换中大气起着主导的作用。

(3) 物质交换。通过蒸发与降水实现的水分交换是海-气界面物质交换的最主要过程。在气体交换方面,CO_2 等气体被海洋吸收再缓慢释放到大气中的过程具有调节温室气体(确切地说,应为大气保温气体)浓度,缓冲气候变化进程的作用。此外,由浪花的飞溅而进入大气,又受降水冲刷而归还大海的盐粒交换,为大气提供了一种气溶胶,它是形成云雾的凝结核。这些大气中的微粒和液滴还可以减弱进入地球表层的太阳辐射,使地表温度下降。

2. 陆-气相互作用

陆地约占地球表面积的29%,与海洋不同的是,陆地并非均质的下垫面,它由岩石及其风化壳、各种土壤、不同的植被、以及高纬与高山地带的冰雪覆盖等组成,它们与大气间的相互作用呈现出不同的特点。

(1) 热量交换。岩石、土壤和植被表面接受太阳辐射能,并通过热辐射、传导、湍流、对流、蒸发、蒸腾等形式加热大气,大气也通过红外辐射的形式对地面起到保温作用。在热量交换中陆地起着主导的作用,成为大气加热的主要热源,并且这些不同的地表性质对于陆-气之间热量交换的数额和效率产生不同的影响。冰雪能有效地反射太阳辐射,从而影响地表面的热量收支,并对陆-气界面和海-气界面上的热量交换起到削弱作用。

(2) 动量交换。由于陆面起伏的地形、粗糙的地表物质和植被等产生的对于风的阻力,加大了地面的摩擦,导致陆-气之间动量的交换。在裸露的地表,可以引起风蚀和尘暴;而在森林覆盖的地方,风速被显著消减,产生防风和减轻风沙灾害的效果。

(3) 物质交换。包括陆面与大气之间通过蒸发、蒸腾和降水的水分交换;植物通过光合作用和呼吸作用与大气之间 O_2、CO_2 的气体交换;陆面的尘埃、花粉、气溶胶(硫化物、氮化物)进入大气产生的颗粒物交换等。

3. 海-陆相互作用

海洋与陆地通过海岸带紧密地联系在一起,它们之间的相互作用主要表现在物质交换、动量交换和海平面变化引起的陆地环境变化等方面。

(1) 物质交换。最常见的海-陆间物质交换是入海河流将陆源的泥沙输入海洋,与此同时,陆地的营养物质和污染物质如氮、磷等人工合成化合物也随外流河排入海洋,这一方面给海洋生物提供了丰富的食物,另一方面也可以造成沿岸地带的海水富营养化,使浮游生物在海水表层迅速繁殖。由于浮游生物大量消耗了海水中的氧,阻止了海洋和大气之间氧的交换,从而导致海水缺氧,最终造成大量的海洋生物死亡。死亡的各种海洋生物漂浮于海面,并随海流移动,形成赤潮,使海洋生态系统遭到破坏。此外,重金属等污染物质排入海洋后,通过食物链聚集在海洋植物和动物体内,对海洋生态系统的长期演化造成难于预料的负面影响。由此可见,陆地在物质交换方面起着主要的作用。

(2) 动量交换。在滨海地区,海水对海岸产生机械剥蚀作用,剥蚀下来的物质由海水搬运并沉积形成沙滩或砾滩。海洋在动量交换中起着主要的作用。

(3) 海平面变化。由于全球气候变暖,使海水膨胀、极地冰原和大陆冰川融化,导致海平面上升,海水入侵陆地,造成沿海地区城市被淹没、土地盐碱化、地下水咸化等,给人类生存环境和陆地生态系统带来破坏性的影响。在人类活动如地下水过度开采造成地面沉降等的叠加作用下,这种影响还会加剧。

地表系统中各圈层之间的相互作用往往具有物理、化学和生物过程的综合性质,某一种性质的变化可以引起其他性质发生相应的变化,这三种过程的相互转化与相互作用,在大气、土壤与生物之间的交界面上表现得最为显著。

植被通过光合作用将太阳辐射能转化为生物化学能(物理过程→生物、化学过程),将CO_2、水等无机物合成葡萄糖等有机物质(化学过程→生物过程),并放出O_2(吸热反应);通过呼吸作用将葡萄糖等有机物质氧化,使生物化学能转化成热能(生物、化学过程→物理过程),并放出CO_2(放热反应)。植被还以枯枝落叶的形式将复杂的有机物质归还土壤,土壤接受植被的有机残体,经各种土壤动物和微生物的分解与矿质化,形成简单的化合物,供植物再次吸收;同时,生物能进入土体后,经分解而释放出热能,这些热能与化学能也重新供给植物利用(生物过程→化学、物理过程→生物过程)。此外,大气物理和化学性质(温度、水分、化学成分)的变化直接影响植物光合作用、呼吸作用、养分吸收和生产效率等生物过程的强度和速率,同时影响着有机残体归还土壤的数量和微生物分解有机物的速率等生物、化学过程;反之,植物的生长发育和土壤的养分循环也改变着大气组成成分如温室气体CO_2、CH_4,以及N_2等的含量,并通过改变地面反射率和长波辐射等形式引起大气温度和水分状况发生改变。

(二) 人与环境的相互作用

人类活动与生存环境之间的相互作用,主要表现在两个方面:(i) 人类社会在生产、消费过程中,从环境中攫取自然资源,改变它们在自然界中所处的位置,造成环境的退化,并向环境中排放污染物质;(ii) 环境对于人类资源需求量的限制,对污染物排放量的限制,以及环境退化和环境污染对人类生活质量的影响。

1. 人与环境之间在自然资源输入端的相互作用

主要表现为人类开发、开采自然资源和物质材料,并将其输入到人类圈内或改变其在自然界中的位置与性质。概括地讲,输入的资源和物料可以大致分为5类(图13-5):

(1) 非生物性资源和原材料:金属和非金属矿石、化石燃料、建筑材料等;

(2) 生物性资源和原材料:农作物收获、林产品采伐、捕鱼、狩猎等;

(3) 土地和空间资源:原生土地性质和空间格局的改变如工业、农业、城市占用等;

(4) 水资源:地表水、地下水、土壤水、大气水、海水等的开发和利用;

(5) 空气资源:氧气的消耗如工业耗氧、燃烧用氧和生物呼吸耗氧;光合作用消耗的二氧化碳;氮气的工业制备等。

在每一种资源被开发成产品并输入人类圈的数量背后,都隐含着大量的没有产生经济价值的物料流失,某种资源开发与输入过程中的物料损失量叫做这种资源的"生态包袱"(ecological rucksack)。例如开采 1 t 褐煤平均要移动 9.68 t 的土地、岩石等覆盖物,煤的"生态包

图 13-5 人类与环境之间相互作用的模式[3]

袱"(比例系数)就是 9.68;开采 1t 铁矿石平均要移动 5.55t 的土地、岩石等覆盖物,铁矿石的"生态包袱"就是 5.55;而开采 1t 白金则要移动 350 000t 的土地、岩石等覆盖物,白金的"生态包袱"就是 350 000。全球 1983 年主要非生物资源和原材料的产量及其生态包袱的估计值详见图 13-6。

此外,生物资源和原材料获取(如农、林业产品)的"生态包袱"表现为生产过程造成的土壤侵蚀量;水和水能资源开发的"生态包袱"表现为各种水利工程的挖掘土石方量;各种基础设施建设开发土地和空间资源的"生态包袱"表现为该工程的挖掘土石方量。

如前所述,地表系统中的自然物质是有限的,对这些有限资源的开发越剧烈,人类对自然界自身演化过程的扰动作用就越大,环境对人类的负面回馈作用也就越大且越深远,这样人类为改善其生存环境质量所需投入的附加自然物质与能量就会更大,从而引发成一个类似"滚雪球"的正反馈效应。因此,尽可能减少物质和能量向人类圈的输入量,是改善人与环境间在自然资源输入端相互关系的惟一途径。

2. 人与环境之间在废弃物输出端的相互作用

主要表现为废水、废气、固体废物的排放,农药、化肥的施用和流失。研究表明,大气、水体、土壤和生物对于各种污染物的含量都有一定的容纳能力,当排放量超过其容纳能力时,便会引起大气环境、水环境、土壤和生物的污染事件,最终危及人类自身的生存,因此,尽量减少污染物的排放量,才能从根本上防止输出端人与环境间相互关系的恶化。

从根源上分析,这些废弃物从输出端排放的数量取决于资源从输入端获取的数量。根据质量守恒的原理,人类圈的资源与原材料输入量应等于作为产品和器件的储存量与废弃物输出量之和。一般来说,人类从自然界获取的资源数量越多,经生产和消费过程排放的废弃物数量就越多,同时,为了处理、处置这些废弃物所需消耗的附加自然物质和能量也就越多,这样必然加剧资源和原材料的消耗,从而会引发另一个正反馈效应。由此可见,改善人与环境间在废弃

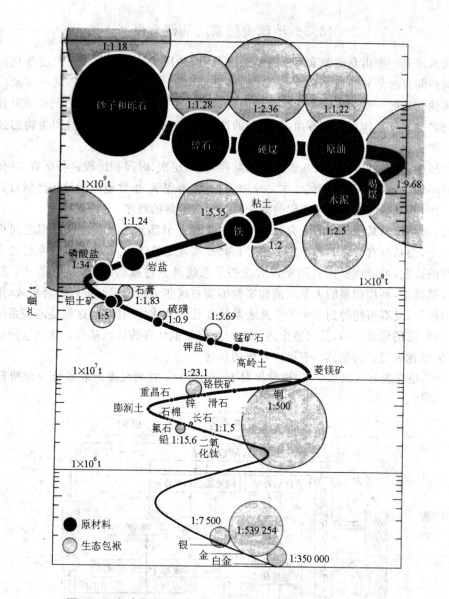

图 13-6 全球非生物资源和原材料的产量及其生态包袱比值[4]

物输出端相互关系的根本途径仍然是尽可能减少物质和能量向人类圈的输入量,并提高废弃物的循环利用效率,其基本内容包括:

(1) 树立人类圈与地表系统协同发展的人地观,将人类的物质需求严格限制在系统可能支撑的限度之内。

(2) 大幅度减少人造产品和设施提供单位社会服务的物质和能量投入量。

(3) 尽可能延长人造产品和设施的使用寿命,并提高废弃材料和产品的循环利用率。

(4) 发展清洁生产,建立以可再生资源和"绿色材料"为基础的产业体系。

(5) 逐渐减少产品的销售服务量,建立以租赁服务为主的新型消费体系。

只有这样,才能建设一个高文化素质、高效率、低物耗、低能耗的可持续发展的人类圈。

13.3 地球表层系统的概念模型

地表系统是一个由众多要素组成的多层次系统,并且是具有不同时间尺度变化的动态系统和不同空间尺度分异的地域系统。系统的各要素构成一种网络的关系,某一要素的变化将会引起其他要素的一系列连锁变化。系统的基本功能主要体现在各要素之间的相互作用和人类与环境之间的相互作用两个方面,从作用的性质上,包括物理的、化学的和生物的过程及其相互之间的转化。

在实践中,人们可以分别对地表系统的某些要素、层次、时段和地段进行研究,这便是部门自然地理学如地貌学、气候地理学、水文地理学、土壤地理学、生物地理学等和区域自然地理学所做的工作,其基本假设是地球表层的部分具有可以理解的秩序。

然而,对系统的某个部分的研究如果不建立在对各个部分之间和各种过程之间相互作用的理解之上,便是没有活力的和不完整的,因为"真实就是整体"。通过对地表系统各个部分和各种过程的研究,可以逐步建立和完善对这些子系统及其过程的认识,并构建出子系统的模型。在此基础上,利用积累的大量观测和实验事实对这些子系统模型进行综合集成,用统一的观点加以解释,就有可能得到一个关于地表系统变化的整体性的图像,这就是地表系统的概念模型,它以框图的形式表示,是对整个系统进行数值模拟计算的认识基础。建立这种模型的基本假设是:地球表层作为整体具有可以理解的秩序。

图 13-7 是在现有认识水平上,地学界对于 10~100 a 时间尺度地表系统变化机理的一种概括性的描述。

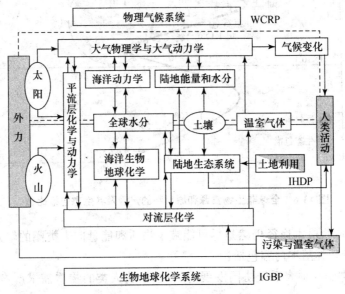

图 13-7 地球表层系统的概念模型[6]

(一) 地球表层系统的驱动力量

驱动力既可能来自系统的外部,也可能来自系统的内部。地表系统运动与变化的基本驱动力有 3 种:

1. 太阳辐射

太阳辐射是地表系统最主要的能量来源,由于它来自地表系统以外,所以属于一种外部的驱动力。地球表面是个曲面,因此,到达地表的太阳辐射空间差异显著;地球的公转、自转和地轴的倾斜(黄赤交角的存在)导致各地接受太阳辐射量的季节分配不均;地球轨道参数的变化则在更长时间尺度上改变着不同纬度带的太阳辐射量及其季节分配。太阳辐射在地球表面的这种时空不均匀分布,直接或间接地影响着大气热力状态(如各地气温的差异及其变化)、运动状态(如大气环流及其定常的和不定常的变化)和化学成分的变化(如 CO_2 浓度的空间分布及其季节变化,平流层臭氧总量的空间分布及其季节变化),以及大气、海洋、陆地之间能量转换、物质循环的强度和速度的变化。

2. 地球内能

地球内能对于地表系统最主要的驱动因子是火山活动,它通过喷发出多种颗粒物和气体引起大气上层化学成分发生显著改变,也属于一种外部的驱动力。强火山爆发可在平流层下部形成一个持久的、由硫酸盐粒子等组成的气溶胶层,从而增加大气对太阳辐射的反射率,显著减少到达地面的太阳辐射量,导致地面温度下降,称为"阳伞效应"。一般认为,一次强火山爆发可能造成的降温在当地可达 1 ℃以上,在半球和全球尺度上,平均可达 0.5 ℃,这种温度的变幅足以使地表系统的能量平衡发生改变,其对于各圈层间物质循环、能量转换的影响是不容忽视的。

3. 人类活动

人类是地球生物进化的产物,它自诞生之日起,就具有双重身份:一方面人类是地球生物圈的一部分,受到自然生态系统和环境的约束;另一方面,人类具有很高的智力和主观能动性,它能够在认识自然环境的基础上,适应并改造自然环境,影响自然进化的方向、速度和强度,成为地表系统的一个内在的扰动源。人类改变自然环境的方式主要有三种:

(1) 改变自然物质含量的比例关系。例如排放 CO_2、CH_4、N_2O、SO_2 等气体,造成温室效应加剧和酸雨;排放污染物质到水体中,导致水质恶化;施用化肥,改变土壤的化学组成;砍伐森林,捕猎动物,减少生物物种的多样性等。

(2) 改变自然物质的赋存位置。例如大型土木工程建设项目和采矿作业对表土、岩石的搬运;城市建设对土地覆盖状况的改变;远距离调水、修建水库和大量抽取地下水等对水资源时空分布的调配。目前人类所造成的地表物质迁移速度已经显著超过了自然界风化、剥蚀、搬运的速度。

(3) 带给自然界原来不存在的物质。例如排放氟氯烃,施用农药等。这些化学物质干扰了环境的化学物质平衡,造成平流层臭氧含量减少,有毒化学品在生态系统中的累积和通过大气运动、水分循环的迁移转化。据估计,全世界已经有 1000 多万种人工合成化合物,每年还有数以万计的化学品问世,其中至少有 50 种属于内源代谢激素类物质(环境荷尔蒙),如 DDT、有机氯农药、二噁英、多氯联苯等,它们可以引起人类内分泌系统、免疫系统和神经系统的异常,甚至可以导致人类生殖能力的下降。

由此可见,当代人类已经具有了从全球尺度上改变其生命支持系统的能力,从而标志着地表系统进入了一个前所未有的发展阶段。

(二) 地球表层系统的控制过程

物理气候过程和生物地球化学过程是地表系统内的两大控制过程,它们在上述 3 个基本驱动力的作用下,调控着地表系统与外界环境之间在能量收支方面的动态平衡和地表系统内大致封闭的物质循环。

1. 物理气候过程

物理气候过程受到太阳辐射能量输入、火山活动和平流层大气化学成分的影响,主要包括大气动力过程、海洋动力过程、陆地表面的能量收支过程和水分循环过程等。高、低纬度地带之间热量收支的不均衡,产生了全球的大气环流和水分输送,大气的运动对海洋表层产生摩擦应力,形成全球的大洋环流,导致地面与大气中能量和水分的重新分配,并在各地不同地表性质的参与下形成不同的气候。这就是上述4个子过程相互驱动的一般模式。

太阳辐射、火山活动和平流层大气化学成分的变化,以及人类活动排放的温室气体等,会引起地表系统中的能量动态平衡和大气环流与洋流型式发生相应的改变,这种改变通过蒸发和降水等过程影响着地面温度和水分状况的变化,即气候的变化。由于光、热、水是生物的基本生活条件,它们的变化必然会引起陆地和海洋生态系统结构与功能发生相应的调整,不过,与物理气候条件的变化相比,生态系统的响应具有时间滞后性。

2. 生物地球化学过程

生物地球化学过程受到太阳辐射、火山活动、平流层大气化学成分和人类活动排放的污染物及温室气体等的驱动,主要包括对流层化学过程、海洋生物化学过程、陆地生态过程等。这3个子过程通过化学元素在其间的循环而联系起来。化学元素在地表系统内的迁移能力有着很大的差别,那些迁移能力非常强烈的元素,往往决定着系统的很多重要特性,而迁移能力微弱或基本不迁移的元素,对系统的影响一般较小。在生物地球化学过程中,活跃的空气迁移元素有C、N、O、I等,活跃的水迁移元素有碱族、碱土族、卤族和Fe、Mn、Co、Ni、Cu、Zn、Si、P、S等,比较重要的化学物质是C、H、N、O、P、S及其化合物。这些化学元素的循环不仅影响着对流层化学过程、海洋生物化学过程和陆地生态过程的进行,而且也改变着全球能量平衡的状态。

在地表系统中参与循环的物质量,实际上仅为其总含量的很少部分,而绝大部分则贮存在各自的"贮库"之中,例如海洋是水的总贮库,地壳的岩石是碳和氧的总贮库,大气是氮的总贮库等。由于总贮存量和参与循环量的不同,各种物质的循环速率差别显著。据估计,所有地球上的水从被植物光合作用所分解,到再次为动、植物细胞的生物氧化而生成,约需2Ma(200万年);由植物光合作用产生的氧进入大气圈,再被生物的氧化代谢所消耗,全部氧循环一次约需2000 a;由生物呼吸作用排入大气圈的二氧化碳,再被植物所固定,全部二氧化碳循环一次约需300 a。

在自然状况下,生物地球化学循环维持着元素在各种"贮库"中含量的大致稳定状态,但在人类活动的强烈参与下,原有的稳定状态正在被打破,表现为水土流失和土地荒漠化,温室效应加剧,低层大气、陆地土壤、水体和近海水域污染,以及污染物在生态系统中的积累和沿营养级的高度浓缩等一系列不良的征兆。

3. 物理气候过程与生物地球化学过程的联系

这两大控制过程通过反馈机制紧密地耦合在一起,表现为二者在大气、海洋和陆地交界面上的相互驱动作用。例如,在陆地上,气候的冷暖、干湿变化决定着植被的分布,生长季节长度的波动和光合作用的效率,以及土壤中微生物分解有机物的速率等,从而对陆地碳库的碳贮存量和循环效率产生影响,这种影响的结果调节着大气中CO_2的含量,进而通过温室效应的强弱变化影响气候的冷暖、干湿变化。在海洋上,气候的冷暖变化可以使海洋中浮游生物种群结构发生变化,影响海水上下层之间的对流,从而改变海洋吸纳 CO_2 的效率和海-气之间 CO_2 的交换量,最终将反过来影响气候的冷暖变化。

人类活动排放的各种温室气体和污染物质参与到生物地球化学循环中,改变了地表系统的能量平衡状态和近地面层大气、水体、土壤中化学物质的组成,造成大气温室效应的加剧和全球变暖,以及环境的污染;而人类通过改变土地利用方式和植被覆盖状况,也可以直接改变地表的反射率和光合作用固定 CO_2 的能力,影响能量平衡和碳的循环。由此引发的气候变化对物理气候过程和生物地球化学过程的所有子过程,乃至人类活动本身均产生显著的影响。

弄清物理气候过程与生物地球化学过程之间耦合的特征和机理,并进行数学模拟计算,以预测这两大过程相互驱动所决定的地表系统的未来状况,是当今国际地圈-生物圈计划研究的根本目标。

参 考 书 目

[1] Christopherson, R. W.. Geosystems: An Introduction to Physical Geography, 2nd edition, Macmillan College Publishing Company, New York, 1994
[2] Press F. and Siever R.. Earth, San Francisco, 1974
[3] S. Bringezu. Ressourcennutzung in Wirtschaftsraeumen, Springer, Berlin Heidelberg, 2000
[4] F. Schmidt-Bleek. Das MIPS-Konzept. Droemer, Muenchen, 1998
[5] 潘树荣等.自然地理学,北京:高等教育出版社,1985
[6] The Royal Swedish Academy of Sciences. Global Change: Reducing Uncertainties. International Geosphere-Biosphere Programme, 1992
[7] 世界环境与发展委员会,王之佳,柯金良等译.我们共同的未来,长春:吉林人民出版社,1997
[8] 桂世勋.人口社会学,济南:山东人民出版社,1986
[9] 陈述彭主编.地球系统科学,北京:中国科学技术出版社,1998
[10] J. P. 佩索托,A. H. 奥特,吴国雄,刘辉等译.气候物理学,北京:气象出版社,1995
[11] J. T. 霍顿主编;金奎译.全球气候,北京:气象出版社,1986
[12] 陆渝蓉.地球水环境学,南京:南京大学出版社,1999
[13] 美国国家航空和宇航管理局地球系统科学委员会,陈泮勤等译.地球系统科学,北京:地震出版社,1992

思 考 题

1. 简述地球表层系统中六大圈层的基本性质与功能。
2. 动态和演化的主要区别和联系是什么?
3. 地球表层系统中的事件和过程可以区分为哪几种时间尺度? 为什么自然地理学注重研究中间尺度的事件和过程?
4. 地球表层系统中的事件和过程可以区分为哪几种空间尺度? 如何理解自然地理学从全球着眼,从区域入手的方法论?
5. 时、空尺度之间的联系性和转换关系对于自然地理学的研究有什么启示? 举例说明之。
6. 大气、海洋、陆地之间的相互作用主要表现在哪些方面?
7. 物理、化学、生物过程之间的相互作用在哪些圈层之间的交界面上最为显著,为什么?
8. 如何理解"减少人类圈的资源与物质输入量是促进人与环境协调发展的根本途径"?
9. 地球表层系统的概念模型有什么认识上的意义?

索 引

B

部门自然地理学　sectorial physical geography 2
饱和水汽压　saturation vapour pressure 20
边界海流　boundary currents 60
饱气带　zone of aeration 93
饱水带　zone of saturation 93
变质作用　metamorphism 116
剥蚀作用　denudation 118
搬运作用　transportation 118
板块构造学说　the theory of plate tectonics 129

C

臭氧层　ozonosphere 24
长波辐射　long wave radiation 29
承压水　confined ground water 94
沉积作用　sedimentation 118
成土因素　factors of soil formation 148
城市生态系统　urban ecosystems 180
超年节律　interannual rhythm 189

D

地理学　geography 1
地球表层系统　the earth surface system 9
短波辐射　short wave radiation 13
对流层　troposphere 24
大气吸收　atmosphere absorption 25
地面有效辐射　effective radiation of the earth's surface 30
大陆度　continentality 36
大气环流　atmospheric circulation 43
大洋环流　ocean currents 56
大洋涡旋　ocean gyres 56
地转流　geostrophic currents 59
大气垂直稳定度　atmospheric static stability 81
地震波　seismic waves 106
地壳　crust 107
地幔　mantle 108
地核　core 109
地壳均衡原理　principle of isostasy 113
地震作用　seismism 115
地质循环　geologic cycle 127
大地女神假说　Gaia Hypothesis 170
地球表层系统的结构　structure of the earth surface system 183
大气圈　atmosphere 183
地球表层系统的功能　function of the earth surface system 193

E

二十四节气　twenty-four solar terms 16
埃克曼输送　Ekman transport 59
厄尔尼诺　El Nino 68

F

封闭系统　closed system 4
反馈　feedback 6
负反馈　negative feedback 7
非均质层　heterosphere 22
反射　reflection 25
反射率　albedo 29
风海流　wind-drift currents 56
风化作用　weathering 118
负荷地质作用　loading process 119
腐殖质　humus 135
分解者　decomposers 154
非生物环境　abiotic environment 155

G

功能　function 4
孤立系统　isolated system 4
隔水层　aquiclude 93
构造运动　tectonism 114
光周期现象　photoperiodicity 155

光合作用　photosynthesis 157

H

耗散结构　dissipative structure 9
混合层　mixed layer 64
河流　river 89
洪水　flood 92
含水层　aquifer 93
缓冲作用　buffer action 144
呼吸作用　respiration 157
荒漠化　desertification 177

J

结构　structure 4
机理模型　mechanistic model 8
经验模型　empirical model 8
均质层　homosphere 23
净辐射　net radiation 30
季风　monsoon 52
降水　precipitation 83
径流　runoff 89
径流形成过程　process of runoff formation 89
径流总量　total runoff 91
径流模数　runoff modulus 91
径流深度　runoff depth 91
径流系数　runoff coefficient 91
季相　seasonal aspect 154
净初级生产量(NPP)　net primary production 158
季节节律　seasonal rhythm 189

K

开放系统　open system 4
可持续发展　sustainable development 10
枯水　runoff of low water 92
柯本气候分类　Koeppen's climatic classification 101

L

露点温度　dew-point temperature 21
拉尼娜　La Nina 69
流域　drainage basin 89
流量　discharge 91
陆地生态系统　terrestrial ecosystems 172

M

密跃层　pycnocline 64

N

南方涛动　southern oscillation 69
凝结　condensation 78
内力地质作用　endogenic process 114
农业生态系统　agricultural ecosystems 180

P

平流层　stratosphere 24

Q

区域自然地理学　regional physical geography 2
气温　air temperature 19
气压　air pressure 20
全球变暖　global warming 42
潜水　underground water 94
气候　climate 100
气候系统　climate system 103
气候变化　climate change 104

R

人文地理学　human geography 1
入渗　infiltration 86
软流圈　asthenosphere 109
人类圈　anthroposphere 187

S

湿度　humidity 20
散射　scattering 24
水系　river system 89
水分循环　hydrologic cycle 95
水量平衡　water balance 96
生物地球化学循环　biogeochemical cycles 134
生态系统　ecosystem 153
生物群落　biome 153
生产者　producers 153
食物链　food chain 156
生物量　biomass 158
生物多样性　biodiversity 171
水域生态系统　aquatic ecosystems 178

水圈　hydrosphere 184
生物圈　biosphere 185
生态包袱　ecological rucksack 195

T

太阳黑子　sunspots 12
太阳风　solar wind 13
太阳常数　solar constant 13
天文辐射　extraterrestrial solar radiation 15
田间持水量　field capacity 88
土壤　soil 134
土壤肥力　soil fertility 134
土壤剖面　soil profile 136
土体　solum 137
土壤质地　soil texture 137
土壤结构　soil structure 139
土壤孔隙度　soil porosity 140
土壤温度　soil temperature 140
土壤胶体　soil colloids 141
土壤反应　soil acidity and alkalinity reaction 143
土壤分类　soil classification 150
土壤圈　pedosphere 185

W

温室效应　greenhouse effect 30
温跃层　thermocline 64
无霜冻期　frost-free period 80
萎蔫点　wilting point 88

外力地质作用　exogenic process 118

X

系统　system 4
相对湿度　relative humidity 21
消费者　consumers 154

Y

岩石圈　lithosphere 109,185
岩浆作用　magmatism 116
岩石循环　rock cycle 128
阳离子交换量　cation exchange capacity 142
盐基饱和度　degree of base saturation 142
氧化还原反应　oxidation-reduction 145
演替　succession 154
营养结构　trophic structure 156

Z

自然地理学　physical geography 1
综合自然地理学　integrated physical geography 2
正反馈　positive feedback 6
总辐射　global radiation 28
蒸发　evaporation 77
总初级生产量（GPP）　gross primary production 158
周转率　turnover rate 163
周转时间　turnover time 163
昼夜节律　circadian rhythm 189